实时操作系统应用技术

基于RT-Thread与ARM的编程实践

王宜怀　刘　洋　黄　河　史洪玮　编著

机械工业出版社

嵌入式实时操作系统是嵌入式人工智能与物联网终端的重要工具。本书以国产 RT-Thread 实时操作系统为蓝本，以 ARM 架构 MCU 为载体，基于应用开发的视角，阐述实时操作系统的线程、调度、延时函数、事件、消息队列、信号量、互斥量等基本知识要素，重点讲解实时操作系统下的程序设计方法。对于原理部分，本书从知其然且了解其所以然的角度，用一章篇幅以在内核代码中注入显示输出的方式给出原理浅析。全书共 9 章，分别为 RTOS 的基本概念与线程基础知识、RT-Thread 第一个样例工程、RTOS 下应用程序的基本要素、RTOS 中的同步与通信、底层硬件驱动构件、RTOS 下的程序设计方法、嵌入式人工智能、基于 WiFi 通信的物联网应用开发、初步理解 RT-Thread 的调度原理等。

本书面向高等学校计算机类、电子信息类、自动化类等相关专业的师生及应用开发工程师，也可作为实时操作系统应用开发技术的培训用书。

本书赠送 AHL-STM32L431 嵌入式开发板，可完成书中实验；本书还配有网上电子资源，读者可在“苏州大学嵌入式学习社区”官网中找到“教材”→“RT-Thread-RAM 教材”栏目，下载与本书配套的电子资源（文档、硬件资源、软件资源、工具等）。

图书在版编目（CIP）数据

实时操作系统应用技术：基于 RT-Thread 与 ARM 的编程实践/王宜怀等编著. —北京：机械工业出版社，2024.3

ISBN 978-7-111-75201-1

Ⅰ. ①实… Ⅱ. ①王… Ⅲ. ①实时操作系统 Ⅳ. ①TP316.2

中国国家版本馆 CIP 数据核字（2024）第 043487 号

机械工业出版社（北京市百万庄大街 22 号　邮政编码 100037）

策划编辑：李馨馨　　　　责任编辑：李馨馨　侯　颖

责任校对：张雨霏　王　延　　责任印制：郜　敏

北京富资园科技发展有限公司印刷

2024 年 4 月第 1 版第 1 次印刷

184mm×260mm · 14.5 印张 · 377 千字

标准书号：ISBN 978-7-111-75201-1

定价：89.80 元（含 1 开发板）

电话服务　　　　　　　　　网络服务

客服电话：010-88361066　　机　工　官　网：www.cmpbook.com

　　　　　010-88379833　　机　工　官　博：weibo.com/cmp1952

　　　　　010-68326294　　金　　书　　网：www.golden-book.com

封底无防伪标均为盗版　　机工教育服务网：www.cmpedu.com

前　　言

嵌入式实时操作系统（RTOS）是面向微控制器类应用的嵌入式人工智能与物联网终端的重要工具。它的种类繁多，但是其共性是一致的，就是多线程编程，内核负责调度，线程之间或线程与中断服务例程之间采用通信机制。虽然不同 RTOS 的性能及对外接口函数等有一定的差异，但均包含调度、延时函数、事件、消息队列、信号量、互斥量等基本要素。学习 RTOS 有两个出发点：一是学会在 RTOS 场景下进行基本应用程序开发；二是在掌握应用编程的前提下，理解其运行原理，进行深度应用程序开发。本书基于第一个出发点撰写，对于其原理，仅用一章篇幅进行高度概括，达到知其然且了解其所以然的目的，服务于应用程序开发。

RTOS 的种类繁多：有国外的，也有国产的；有收费的，也有免费的；有带有官方持续维护升级的，也有依赖爱好者更新升级的。面对众多的 RTOS，初学者会不知所措，但实际上，不同的 RTOS，其应用方法及原理大同小异，掌握其共性是学习的关键，这样才能达到举一反三的效果。需要特别说明的是，学习的目的是应用，注意在应用时不能陷入收费陷阱。

本书推荐的国产 RT-Thread 实时操作系统是上海睿赛德电子科技有限公司于 2006 年推出的开源 RTOS，面向嵌入式人工智能与物联网领域，装机量大、开发者数量多。本书以 RT-Thread 为蓝本，以采用 ARM 架构的意法半导体 STM32L431 微控制器构建的通用嵌入式计算机（GEC）作为硬件载体，阐述了 RTOS 中的线程、调度、延时函数、事件、消息队列、信号量、互斥量等基本知识要素，说明了 RTOS 下程序设计方法，并简要给出了 RT-Thread 的运行原理。需要说明的是，为了做到通俗易懂，一些表述不那么严谨，但贴近应用编程的需求。

为了使读者更容易学习与应用 RTOS，书中将 RT-Thread 驻留于 BIOS 内部，在此基础上进行 RTOS 下应用开发的学习实践，架构简洁明了，编译链接速度快，符合应用开发的特点。应用实例部分给出了基于 RISC-V 架构 D1-H 芯片的嵌入式人工智能（物体认知）系统，以及基于 WiFi 通信的物联网系统。原理浅析部分采用源码级剖析，利用 printf 输出至工具计算机屏幕，清晰地说明运行原理，期望达到知其然也了解其所以然的目的。当然，对于原理部分，希望做到知其然还要知其所以然，但是限于原理内容较深，退其次，在重点面向应用开发的前提下，改为了解其所以然，服务于应用编程。需要深入理解原理的读者，可参阅编者在 2021 年撰写的《嵌入式实时操作系统：基于 RT-Thread 的 EAI&IoT 的系统开发》一书。本书在该著作基础上，简化原理、突出应用，面向教学。

本书配有网上电子资源，在“百度”中搜索“苏州大学嵌入式学习社区”官网，在“教材”→“RT-Thread-RAM 教材”栏目中可下载与本书配套的电子资源（文档、硬件资源、软件资源、工具等）。

本书由王宜怀、刘洋、黄河、史洪玮编著。苏州大学嵌入式实验室的研究生李志媛、夏威等参与了本书程序设计与素材的梳理，上海睿赛德电子科技有限公司罗齐熙先生在本书撰写过程中给予了大力支持，在此一并致谢！

编者虽撰写过多本实时操作系统类书籍，本书也融入了一些经过梳理的心得体会，但由于编写水平有限，还有许多值得斟酌提高之处，恳请读者批评指正。

编　者

2024 年 1 月

目　录

第1章 RTOS的基本概念与线程基础知识

在进行嵌入式应用产品开发时，根据项目需求、主控芯片的资源状况、软件可移植性要求等情况，可选用一种实时操作系统作为嵌入式软件设计的载体。特别是随着嵌入式人工智能与物联网的发展，对嵌入式软件的可移植性要求不断增强，基于实时操作系统的应用程序开发也将更加普及。从知识结构角度来说，掌握基于实时操作系统的应用程序开发技术是嵌入式软件开发人员知识结构的重要组成部分。本书主要阐述实时操作系统下的应用程序的设计方法。

作为全书的开始，本章首先从一般意义上简要阐述实时操作系统的基本含义；给出线程与调度的基本含义及相关术语；阐述线程的三要素、四种状态及三种基本形式。通过本章的学习，读者能够对实时操作系统的基本概念有一个初步的认识，这是在实时操作系统下进行应用编程和理解运行原理的基础。

1.1 实时操作系统的基本含义

学习基于实时操作系统的编程技术可以从了解实时操作系统的基本含义与基本功能开始。本节首先简要阐述无操作系统下程序运行流程与实时操作系统下程序运行流程的区别，由此初步了解实时操作系统的基本功能，随后介绍实时操作系统与非实时操作系统的基本差异。

1.1.1 无操作系统与实时操作系统

1. 无操作系统下程序的运行流程

在嵌入式系统中，软件开发可以不使用操作系统，也可以根据资源情况，使用实时操作系统或非实时操作系统。**所谓嵌入式系统，即嵌入式计算机系统，它是不以计算机形态出现的“计算机”。这类计算机隐含在各种具体的智能化电子产品之中，在这些产品中，计算机程序起关键核心作用。**嵌入式产品如工业控制系统、冰箱、月球车、手机等。应用于嵌入式系统的处理器，被称为嵌入式处理器。嵌入式处理器按其应用范围可以分为电子系统智能化（微控制器）和计算机应用延伸（应用处理器）两大类。微控制器（Microcontroller Unit，MCU）主要面向测控领域、家用电器、汽车电子等；应用处理器主要面向平板计算机、智能手机等。一般来说，微控制器的资源小于应用处理器的资源。

在**无操作系统**（No Operating System，NOS）的嵌入式系统中，在系统复位后，首先进行系统时钟、堆栈、中断向量、内存变量、部分硬件模块等的初始化工作，然后进入一个“无限循环”，在这个无限循环中，中央处理器（Central Processing Unit，CPU）一般根据一些全局变量的值来决定执行各种功能程序（类似后面将要讲到的线程），这是**第一条运行路线**。若发生中断，则响应中断，执行中断服务例程（Interrupt Service Routines，ISR），这是**第二条运行路线**，执行完ISR后，返回中断处继续执行。从操作系统的调度视角来理解，NOS中的主程序，可以被简单地理解为“调度者”，它类似于实时操作系统内核，这个内核负责调度其他“线程”。

2. RTOS下程序的运行流程

实时操作系统（Real Time Operation System，RTOS）是面向对实时性有较高要求的工业控制领域智能化产品的一种系统软件，从进程角度来说，它属于单进程多线程的系统，RTOS内核负责线程调度。

基于 RTOS 的程序运行，也存在两条路线：一条是**线程线**，一条是**中断线**。在 RTOS 下编程，线程线通常把一个较大工程分解成几个较小的工程（被称为线程或任务），**调度者**（RTOS 内核）负责这些线程何时运行；另一条路线是中断线，与 NOS 情况一致，若发生中断，将响应中断，执行完 ISR 后，返回中断处继续执行。

3. RTOS 的基本功能

RTOS 的基本功能如下：RTOS 是一段包含在目标代码中的程序，系统复位后首先执行它，用户的其他应用程序（线程）都建立在 RTOS 之上。RTOS 为每个线程建立一个可执行的环境，在线程之间，或者 ISR 与线程之间，传递事件或消息，区分线程执行的优先级，管理内存，维护时钟及中断系统，并协调多个线程对同一个 I/O 设备的调用等。**简而言之，RTOS 的基本功能就是线程管理与调度、线程间的同步与通信、存储管理、时间管理、中断管理等。**

这里给出的 RTOS 的基本功能描述还比较抽象，待完成第 1.2 和 1.3 节的线程概念的学习及第 2 章的基本实践后，再回过头来看，对 RTOS 能提供哪些服务就会有更清晰的认识。

4. RTOS 的应用场合

一个具体的嵌入式系统产品是否需要使用操作系统，使用何种操作系统，必须根据系统的具体要求做出合理的决策，这就依赖于对系统的理解和所具备的操作系统知识。是否使用操作系统，可以从以下几个方面来考虑。

1）系统是否复杂到一定需要使用一个操作系统？

2）硬件是否具备足够的资源支撑这个操作系统的运行？

3）是否需要并行运行多个较复杂的线程，线程间是否需要进行实时交互？

4）应用层软件的可移植性可否得到更好的保证？

即使决定使用操作系统，还要考虑选择哪一种操作系统、是否是实时操作系统等。此外，还要从操作系统的性能、熟悉程度、是否免费、是否有产品使用许可、是否会出现收费陷阱等方面考虑。

本书阐述的 RT-Thread 是一款国产开源免费的实时操作系统。

1.1.2 实时操作系统与非实时操作系统

操作系统（Operating System，OS）是一套用于管理计算机硬件与软件资源的程序，是计算机的系统软件。个人计算机（Personal Computer，PC）系统的硬件一般由主机、显示器、键盘、鼠标等组成，操作系统则提供对这些硬件设备的驱动管理，以及对用户软件进程管理、存储管理、文件系统、安全机制、网络通信及用户界面等功能。这类操作系统通常称为桌面操作系统，主要有 Windows、macOS、Linux 等。

嵌入式操作系统是一种工作在嵌入式计算机上的系统软件。一般情况下，它固化到微控制器、应用处理器内的非易失存储体中，它具有一般操作系统最基本的功能，负责嵌入式系统的软/硬件资源分配、线程调度、同步机制、中断处理等。

嵌入式操作系统有**实时与非实时**之分。一般情况下，资源较丰富的应用处理器使用的嵌入式操作系统，对实时性要求不高，主要关心功能。应用于这类处理器中的操作系统就是**非实时操作系统**，如 Android、iOS、Linux 等。而以微控制器为核心的嵌入式系统，如工业控制设备、军事设备、航空航天设备等，它们大多对实时性要求较高，期望能够在较短的确定时间内完成特定的系统功能或中断响应。应用于这类控制器中的操作系统就是**实时操作系统**，如

RT-Thread、FreeRTOS、MQX、μC/OS 等。

与一般运行于 PC 或服务器上的通用操作系统相比，RTOS 的突出特点是“强实时性”。一般的通用操作系统（如 Windows、Linux 等）大都从“分时操作系统”发展而来。在单 CPU 条件下，分时操作系统的主要运行方式是：对于多个线程，CPU 的运行时间被分为多个时间段，并且将这些时间段平均分配给每个线程，轮流让每个线程运行一段时间，或者说每个线程独占 CPU 一段时间，如此循环，直至完成所有线程。这种操作系统注重所有线程的平均响应时间而较少关心单个线程的响应时间，对于单个线程来说，注重每次执行的平均响应时间而不关心某次特定执行的响应时间。而 RTOS 系统，要求能“立即”响应外部事件的请求，这里的“立即”含义是相对于一般操作系统而言的，指在更短的时间内响应外部事件。与通用操作系统不同的是，RTOS 注重的不是系统的平均表现，而是要求每个实时线程在最坏情况下都要满足其实时性要求。也就是说，RTOS 注重的是个体表现，更准确地讲是个体最坏情况的表现。

1.2　RTOS 中的基本概念

在 RTOS 中，线程与调度是两个最重要的概念，本节首先阐述这两个概念，然后给出 RTOS 的其他相关术语的概念，这些术语可简单地分为内核类与线程类。理解这些基本概念是学习 RTOS 的关键一环。这里的内核是指 RTOS 的核心部分，是 RTOS 厂家提供的程序；而线程则是指应用程序设计者编写的程序，它在内核的调度下运行。

1.2.1　线程与调度的基本含义

线程与调度是 RTOS 中两个不可分割的重要的基本概念。透彻地理解它们，对 RTOS 的学习至关重要。

1. 线程的基本含义

在 RTOS 下，把一个复杂的嵌入式应用工程按一定规则分解成一个个功能清晰的小工程，然后设定各个小工程的运行规则，交给 RTOS 管理，这就是基于 RTOS 编程的基本思想。这些一个个小工程被称为**线程**（Thread）。

要给 RTOS 中的线程下一个准确而完整的定义并不十分容易，可以从线程调度、软件设计、占用 CPU 等不同视角理解线程。

1）**从线程调度视角理解**，可以认为，RTOS 中的线程是一个功能清晰的小程序，是 RTOS 调度的基本单元。

2）**从软件设计视角来理解**，在使用 RTOS 进行应用软件设计时，需要根据具体应用，划分出独立的、相互作用的程序集合，这样的程序集合就被称为线程，每个线程都被赋予一定的优先级。

3）**从占用 CPU 视角理解**，非严格描述是，在单 CPU 下，任何一个时刻只能有一个线程占用 CPU，或者说，任何一个时刻 CPU 只能运行一个线程。RTOS 内核的关键功能就是以合理的方式为系统中的每个线程分配时间（即调度），使之得以运行。

实际上，根据特定的 RTOS，线程可能被称为任务（Task），也可能使用其他名词，表述或许稍有差异，但本质不变，不必花过多精力追究其精确语义，因为**学习 RTOS 的关键在于掌握线程的设计方法、理解调度过程、提高程序的鲁棒性、理解底层驱动原理，特别是提高程序的规范性、可移植性与可复用性，提高嵌入式系统的实际开发能力等**。要真正理解与掌握利用线程进行基于 RTOS 的嵌入式软件开发，需要从线程的状态、优先级、调度、同步等方面来学习，这些将在后续章节中一一详细阐述。

2. 调度的基本含义

在多线程系统中，RTOS 内核（Kernel）负责管理线程，即为每个线程分配占用 CPU 的时间，并且负责线程间的通信。**调度**（Scheduling）就是决定多个线程的运行顺序，它是内核最重要的功能。例如，一台晚会有小品、相声、唱歌、诗朗诵等节目，而舞台只有一个，在晚会过程中导演会指挥每个节目什么时间进行候场、什么时间上台进行表演、表演多长时间等，这个过程就可以看作导演在对各个独立的节目进行调度，通过导演的调度各个节目有序演出，观众就能看到一台精彩的晚会了。

每个线程根据其重要程度不同，被赋予了一定的优先级。不同的调度算法对 RTOS 的性能有较大影响，一般的 RTOS 大多是基于优先级的调度。**优先级的调度算法的核心思想是：总是让处于就绪态的、优先级最高的线程先运行。**

1.2.2　内核类其他基本概念

RTOS 一般由内核与扩展部分组成：内核最主要的功能是线程调度，扩展部分最主要的功能是提供应用程序编程接口（Application Programming Interface，API）。在 RTOS 场景下编程，芯片启动时先运行的一段程序代码被称为 **RTOS 内核**，**RTOS 内核的功能**是开辟好用户线程的运行环境，准备好对线程进行调度。内核类其他基本概念主要有：时钟节拍、代码临界段、不可抢占型内核与可抢占型内核、实时性及 RTOS 实时性指标等。

1. 时钟节拍

时钟节拍有时也直接译为时钟嘀嗒（Clock Tick），它是特定的周期性中断。通过定时器产生周期性的中断，以便内核判断是否有更高优先级的线程已进入就绪状态。

2. 代码临界段

代码临界段也称为临界区，是指运行时不可分割的代码，一旦这部分代码开始执行，则不允许任何中断打断。为确保临界段代码的执行，在进入临界段之前要关中断，且临界段代码执行完后应立即开中断。

3. 不可抢占型内核与可抢占型内核

不可抢占型内核（Non-preemptive Kernel）要求每个线程主动放弃 CPU 的使用权。不可抢占型调度算法也称为合作型多线程，各个线程彼此合作共享一个 CPU。但异步事件还是由中断服务来处理，中断服务可使高优先级的线程由挂起态变为就绪态，但中断服务以后，使用权还是回到原来被中断了的那个线程，直到该线程主动放弃 CPU 的使用权，新的高优先级的线程才能获得 CPU 的使用权。当系统响应时间很重要时，必须使用可抢占型内核（Preemptive Kernel）。在可抢占型内核中，一个正在运行的线程可以被打断，而让另一个优先级更高且变为就绪态的线程运行。如果是中断服务子程序使高优先级的线程进入就绪态，中断完成时，被中断的线程被挂起，优先级高的线程开始运行。大部分 RTOS 内核属于可抢占型内核，RT-Thread 内核也是可抢占型的。

4. 实时性及 RTOS 实时性指标

实时性可以理解为在规定时间内系统的反应能力。RTOS 的实时性包括硬实时和软实时。硬实时要求在规定的时间内必须完成操作，这是在设计操作系统时保证的。通常，将具有优先级驱动的、时间确定性的、可抢占调度的 RTOS 系统称为**硬实时系统**。软实时则没有那么严格，只要按照线程的优先级，尽可能快地完成操作即可。

RTOS 追求的是调度的实时性、响应时间的可确定性、系统的高度可靠性，评价一个

RTOS 一般可以从**线程调度、中断延迟、内存开销**等几个方面来衡量。

1）**线程调度的时间指标。**线程调度的主要时间指标有**调度延时与线程切换时间。调度延时**是指一个线程由就绪到开始运行的时间。**线程切换时间**是指由于某种原因使一个线程退出运行时，RTOS 保存它的运行现场信息，并插入相应列表，依据一定的调度算法重新选择一个新线程使之投入运行，这一过程所需时间称为线程切换时间。线程切换时间越短，RTOS 的实时性就越高。

2）**中断禁止时间与中断延迟时间。**中断是一种硬件机制，用于通知 CPU 发生了一个异步事件。CPU 一旦识别出一个中断，保存线程上下文后，跳至该中断服务例程（ISR）执行，处理完这个中断后，一般返回到中断前线程处继续运行。**中断禁止时间**是指当 RTOS 运行在核心态或执行某些系统调用的时候，不会因为外部中断的到来而立即执行中断服务例程，只有当 RTOS 重新回到用户态时才响应外部中断请求，这一过程所需的最大时间被称为中断禁止时间。**中断延迟时间**是指系统确认中断开始直到执行中断服务例程第一条指令为止，整个处理过程所需要的时间。中断禁止时间越短，则中断延迟时间就越短，那么系统的实时性就越强。

3）**最小内存开销。最小内存开销**是指 RTOS 在运行用户程序时所需要的最小内存空间大小。在嵌入式系统的设计过程中，由于成本限制，嵌入式系统产品内存的配置一般都不大，而在有限的内存空间内不仅要装载 RTOS，还要装载用户程序。最小内存开销是 RTOS 的一个重要指标，这是 RTOS 设计与其他操作系统设计的明显区别之一。

1.2.3　线程类其他基本概念

这里归纳线程类其他基本概念主要有：线程的上下文及线程切换、线程的优先级、线程间通信、资源等。

1. 线程的上下文及线程切换

线程的上下文是指某一时间点 CPU 内部寄存器的内容。当多线程内核决定运行另外的线程时，它要将正在运行线程的上下文，保存在线程自己的堆栈之中。入栈工作完成以后，就把下一个将要运行线程的上下文，从其线程堆栈中重新装入 CPU 的寄存器，开始该线程的运行，这一过程叫作**线程切换**或**上下文切换**。上下文的英文单词是 context，这个词具有场景、语境、来龙去脉的含义。举个例子来说明，CPU 内部有个寄存器叫作程序计数器（PC），它的内容表示下面简要执行指令的地址，但要从一个线程切换到另一个线程运行，现在的 PC 值必须保存起来，从另一个线程的堆栈中，把那个线程暂停运行时所保存的 PC 值读取出来重新装入 CPU 的 PC 中，那么，CPU 就开始运行这个新的线程了，实现了线程的切换。当然，CPU 中堆栈寄存器、标志寄存器、用于数据缓存的一些寄存器也有类似的保存与恢复过程，以便线程的运行场景完全切换。

2. 线程的优先级

在一个多线程系统中，每个线程都有一个**优先级**，RTOS 根据线程的优先级等进行线程调度，一般情况下优先级高的线程先运行。

优先级驱动：在一个多线程系统中，正在运行的线程总是优先级最高的线程。在任何给定的时间内，总是把 CPU 分配给优先级最高的线程。

优先级反转：指当一个线程等待比它优先级低的线程释放资源而被阻塞的现象。这是一个需要在编程时必须注意的问题。

优先级继承：用来解决优先级反转问题的一种技术。当优先级反转发生时，RTOS 内核使较低优先级线程的优先级暂时提高，以匹配较高优先级线程的优先级。这样，就可以使较低优先级线程尽快得到执行，并且释放较高优先级线程所需要的资源。目前，大多数商用操作系统都具备优先级继承技术。

3. 线程间通信

线程间通信是指线程间的信息交换，其作用是实现线程间同步及数据传输。同步是指根据线程间的合作关系，协调不同线程间的执行顺序。线程间通信的方式主要有事件、消息队列、信号量、互斥量等。

4. 资源

RTOS中的资源是指任何被线程所占用的实体，可以是输入/输出设备，例如显示器，也可以是一个变量、结构或数组等。

涉及资源的主要概念有：共享资源、互斥与死锁等。

共享资源是指可以被一个以上线程使用的资源。为了防止数据被破坏，每个线程在使用共享资源时，必须独占资源，即互斥。

互斥是用于控制多线程对共享资源进行顺序访问的一种同步机制。在多线程应用中，当两个或更多的线程同时访问同一资源时，就会造成访问冲突，互斥能使它们依次访问共享资源而不引起冲突。

死锁是指两个或两个以上的线程无限期地互相等待对方释放其所占资源。死锁产生的必要条件有四个，即资源的互斥访问、资源的不可抢占、资源的请求保持，以及线程的循环等待。解决死锁问题的方法是破坏产生死锁的任一必要条件，例如规定所有资源仅在线程运行时才分配，其他任何状态都不可分配，破坏其资源请求保持特性。

有关线程间通信及优先级反转、优先级继承、资源、共享资源与互斥等概念将在后续章节中详细阐述。

1.3 线程的三要素、四种状态及三种基本形式

从源代码的形式来看，线程就是完成一定功能的函数，但是并不是所有的函数都可以被称为线程。一个函数只有在给出其线程描述符及线程堆栈的情况下，才可以被称为线程，才能够被调度与运行。本节首先给出线程的三要素（线程函数、线程堆栈、线程描述符），随后给出线程的四种状态（终止态、阻塞态、就绪态和激活态），最后给出线程的三种基本形式（单次执行、周期执行、资源驱动）。

1.3.1 线程的三要素：线程函数、线程堆栈、线程描述符

从线程的存储结构上看，线程由三个部分组成：线程函数、线程堆栈、线程描述符。这就是线程的三要素。线程函数就是线程要完成具体功能的程序；每个线程拥有自己独立的线程堆栈空间，用于保存线程在被调度时的上下文信息及线程内部使用的局部变量；线程描述符是关联了线程属性的程序控制块，记录线程的各个属性。

1. 线程函数

一个线程对应一段函数代码，完成一定功能，可被称为线程函数。从代码角度看，线程函数与一般函数并无区别，被编译链接生成机器码之后，一般存储在Flash。但是从线程自身视角来看，它认为CPU就是属于它自己的，并不知道还有其他线程的存在。线程函数也不是用来被其他函数直接调用的，而是由RTOS内核调度运行的。要使线程函数能够被RTOS内核调度运行，必须对线程函数进行“登记”，给线程函数设定优先级、设置线程堆栈大小、给线程

编号等。不然，几个线程函数都要运行起来，RTOS内核如何知道哪个该先运行呢？由于任何时刻只能有一个线程函数在运行（处于激活态），当RTOS内核使一个线程函数运行时，之前的运行线程函数就会退出激活态。CPU被处于激活态的线程所独占，从这个角度看，线程函数与无操作系统（NOS）中的“main函数”性质相近，一般被设计为“永久循环”，认为线程函数一直在执行，永远独占处理器。但其也有一些特殊性，将在后续章节中讨论。

2. 线程堆栈

线程堆栈是独立于线程函数之外的RAM，是按照“先进后出”（First In Last Out，FILO）策略组织的一段连续存储空间，是RTOS中线程概念的重要组成部分。在RTOS中，被创建的每个线程都有自己私有的堆栈空间，在线程的运行过程中，堆栈用于保存线程运行过程中的局部变量，在线程调用普通函数时，堆栈会为线程保存返回地址等参数变量，以及保存线程的上下文等。

虽然前面已经简要描述过“线程的上下文”这个概念，但这里还要多说几句，以便对线程堆栈用于保存线程的上下文的作用有更充分的认识。在多线程系统中，每个线程都认为CPU寄存器是自己的，一个线程正在运行时，当RTOS内核决定不让当前线程运行，而转去运行别的线程，就要把CPU的当前状态保存在属于该线程的堆栈中，当RTOS内核再次决定让其运行时，就从该线程的堆栈中恢复原来的CPU状态，就像线程未被暂停过一样。

在系统资源充裕的情况下，可分配尽量多的堆栈空间，可以是KB数量级的（例如常用的1 KB）。但若系统资源受限，就得精打细算了，具体的数值要根据线程的执行内容才能确定。对线程堆栈的组织及使用由系统维护，对于用户而言，只要在创建线程时指定其大小即可。

3. 线程描述符

线程被创建时，系统会为每个线程创建一个唯一的线程描述符（Task Descriptor，TD），它相当于线程在RTOS中的一个“身份证”，RTOS就是通过这些“身份证”来管理线程和查询线程信息的。这个概念在不同操作系统中名称不同但含义相同，在RT-Thread中被称为线程控制块（Thread Control Block，TCB），在μC/OS中被称作任务控制块（Task Control Block，TCB），在Linux中被称为进程控制块（Process Control Block，PCB）。线程函数只有配备了相应的线程描述符才能被RTOS调度，是不会被RTOS内核调度的。

多个线程的线程描述符被组成链表，存储于RAM中。每个线程描述符中含有指向前一个节点的指针、指向后一个节点的指针、线程状态、线程优先级、线程堆栈指针、线程函数指针（指向线程函数）等字段，RTOS内核通过线程描述符来执行线程。

在RTOS中，一般情况下**使用列表来维护线程描述符**。例如，在RT-Thread中**阻塞列表**用于存放因等待某个信号而中止运行的线程，**延时阻塞列表**用于存放因调用延时函数而暂停运行的线程，**就绪列表**则按优先级的高低存放准备要运行的线程。RTOS内核在调度线程时，可以通过就绪列表的头节点查找链表，获取就绪列表上所有线程描述符的信息。

1.3.2 线程的四种状态：终止态、阻塞态、就绪态和激活态

RTOS中的线程一般有四种状态，分别为**终止态、阻塞态、就绪态和激活态**。在线程被创建后任一时刻，其所处的状态一定是这四种状态之一。

1. 线程状态的基本含义

1）终止态（Terminated，Inactive）：线程已经完成或被删除，不再需要使用CPU。

2）阻塞态（Blocked）：又可称为“挂起态”。线程未准备好，不能被激活，因为该线程需要等待一段时间或某些情况发生；当等待时间到或等待的情况发生时，该线程才变为就绪

态。处于阻塞态的线程描述符存放于等待列表或延时列表中。

3）就绪态（Ready）：线程已经准备好可以被激活，但未进入激活态，因为其优先级等于或低于当前的激活线程，它一旦获取 CPU 的使用权就可以进入激活态。处于就绪态的线程描述符存放于就绪列表中。

4）激活态（Active，Running）：又称“运行态”，该线程在运行中，线程拥有 CPU 的使用权。

如果一个激活态的线程变为阻塞态，则 RTOS 将执行切换操作，从就绪列表中选择优先级最高的线程进入激活态，如果有多个具有相同优先级的线程处于就绪态，则就绪列表中的首个线程被激活。也就是说，每个就绪列表中相同优先级的线程是按先进先出（First in First out，FIFO）的策略进行调度的。

在一些操作系统中，还把线程分为“中断态”和“休眠态”。对于被中断的线程，RTOS 把它归为就绪态；休眠态是指该线程的相关资源虽然仍驻留在内存中，但并不被 RTOS 所调度的状态，其实它就是一种终止的状态。

2. 线程状态之间的转换

RTOS 线程的四种状态是动态转换的，有的情况是系统调度自动完成，有的情况是用户调用某个系统函数完成，有的情况是等待某个条件满足后完成。线程的四种状态转换关系如图 1-1 所示。

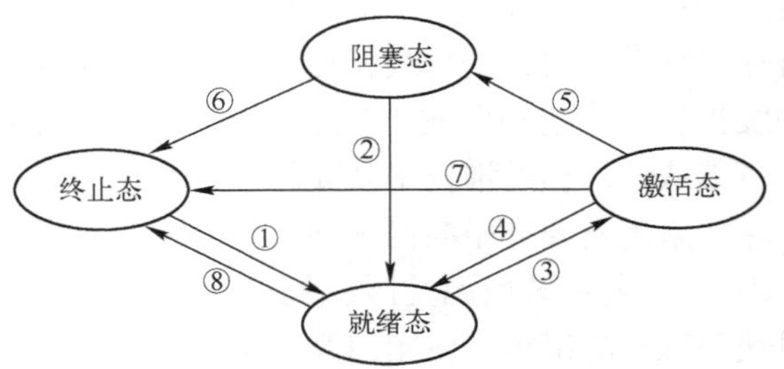

图 1-1　线程状态之间的转换

1）**阻塞态、激活态、就绪态转为终止态**。阻塞态、激活态、就绪态转为终止态，分别如图 1-1 中的⑥、⑦、⑧。处于阻塞态、激活态和就绪态的线程，可以根据需要调用相关函数而直接进入终止态。例如在 RT-Thread 中，可调用 rt_thread_delete( )、rt_thread_detach( )、rt_thread_exit( ) 函数。

2）**终止态转为就绪态**。终止态转为就绪态（①）：线程准备重新运行，根据线程优先级进入就绪态。例如在 RT-Thread 中，调用 rt_thread_init( ) 或 rt_thread_create( ) 函数再次创建线程，调用 rt_thread_startup( ) 启动线程。

3）**阻塞态转为就绪态**。阻塞态转为就绪态（②）：阻塞条件被解除，例如中断服务或其他线程运行后释放了线程等待的信号量，从而使线程再次进入就绪状态。又如，延时列表中的线程延时到达唤醒的时刻。在 RT-Thread 中，会自动调用 rt_thread_resume( ) 函数。

4）**就绪态转为激活态**。就绪态转为激活态（③）：就绪线程被调度而获得了 CPU 资源进入运行；也可以直接调用函数进入激活态。例如在 RT-Thread 中，调用 rt_thread_yield( ) 函数。

5）**激活态转为就绪态、阻塞态**。激活态转为就绪态（④）：正在执行的线程被高优先级线程抢占进入就绪列表；或使用时间片轮询调度策略时，时间片耗尽，正在执行的线程让出 CPU；或被外部事件中断。激活态转为阻塞态（⑤）：正在执行的线程等待信号量、事件或者 I/O 资源等。在 RT-Thread 中，调用 rt_thread_suspend( ) 函数。

1.3.3　线程的三种基本形式：单次执行、周期执行、资源驱动

线程函数一般分为两个部分：初始化部分和线程体部分。初始化部分实现对变量的定义、初始化变量及设备的打开等；线程体部分负责完成该线程的基本功能。线程的一般结构如下：

```
void thread_a ( uint32_t initial_data )
{
```

```
    //初始化部分
    //线程体部分
}
```

线程的基本形式主要有单次执行线程、周期执行线程及资源驱动线程三种，下面分别介绍其结构特点。

1. 单次执行线程

单次执行线程是指线程在创建完之后只会被执行一次，执行完后就会被销毁或阻塞。该类线程函数的结构如下：

```
void thread_a ( uint32_t initial_data )
{
    //初始化部分
    //线程体部分
    //线程函数被销毁或阻塞
}
```

单次执行线程由三部分组成：线程函数初始化、线程函数体及线程函数销毁或阻塞。初始化部分包括对变量的定义和赋值，以及打开需要使用的设备等；第二部分包括线程函数的执行，即该线程的基本功能实现；第三部分包括线程函数的销毁或阻塞，即调用线程销毁或者阻塞函数将自己从线程列表中删除。销毁与阻塞的区别：销毁除了停止线程的运行之外，还将回收该线程所占用的所有资源，如堆栈空间等；而阻塞只是将线程描述符中的状态设置为阻塞而已。

2. 周期执行线程

周期执行线程是指需要按照一定周期执行的线程。该类线程函数的结构如下：

```
void thread_a ( uint32_t initial_data )
{
  //初始化部分
    …
  //线程体部分
  while(1)
     {
       //循环体部分
     }
}
```

初始化部分与单次执行线程相同，实现包括对变量的定义和赋值、打开需要使用的设备等。与单次执行线程不一样的地方在于，周期执行线程的函数体内存在永久循环部分。由于该线程需要按照一定周期执行，所以线程内一般存在如延时函数、等待事件、等待消息等代码，在执行过程中，该线程会将自己放入相应的阻塞列表中，等到条件满足后重新进入就绪态。

3. 资源驱动线程

除了上面介绍的两种线程类型之外，还有一种线程形式，那就是资源驱动线程。这里的资源主要指信号量、事件等线程通信与同步中的方法。这种类型的线程比较特殊，它是操作系统特有的线程类型，因为只有在操作系统下才会导致资源的共享使用问题，同时也引出了操作系统中另一个主要的问题，那就是线程同步与通信。该线程与周期执行线程的不同在于它的执行时间不是确定的，只有在它所要等待的资源可用时，它才会转入就绪态，否则就会被加入等待该资源的等待列表中。资源驱动的线程函数的结构如下：

```
void thread_a ( uint32_t initial_data )
{
    //初始化部分
```

```
    ...
    while(1)
    {
        //调用等待资源函数
        //线程体部分
    }
}
```

初始化部分和线程体部分与之前两个类型的线程类似，主要区别就是，在线程体执行之前会调用等待资源函数，以等待资源实现线程体部分的功能。

以上就是三种线程的基本形式，其中，周期执行线程和资源驱动线程从本质上来讲可以归结为一种，也就是资源驱动线程。因为时间也是操作系统的一种资源，只不过时间是一种特殊的资源，特殊在该资源是整个操作系统的实现基础。系统中大部分函数都是基于时间这一资源的，所以在分类中将周期执行线程单独作为一类。

1.4 本章小结

在 RTOS 下编程与在 NOS 下编程相比有显著优点，这个优点就是有个调度者，它指挥协调着各个线程的运行。这样，编程者可以把一个大工程分解成一个个小工程，交由 RTOS 管理，这符合软件工程的基本原理。

线程是 RTOS 中最重要的概念之一。在 RTOS 下，把一个复杂的嵌入式应用工程按一定规则分解成一个个功能清晰的小工程，然后设定各个小工程的运行规则，交给 RTOS 管理，这就是基于 RTOS 编程的基本思想。这一个个小工程被称为线程，RTOS 管理这些线程，被称为调度。线程可以分别从线程调度、软件设计、占用 CPU 等不同视角来理解。调度就是以合理的方式为每个线程分配 CPU 时间，使之得以运行。

一个函数只有在给出其线程描述符及线程堆栈的情况下，才可以被称为线程，才能够被调度与运行。线程一般有四种状态，分别为：终止态、阻塞态、就绪态和激活态。线程有三种基本形式，分别是单次执行形式、周期执行形式及资源驱动形式。

习题

1. 简述无操作系统下程序的运行流程和 RTOS 下程序的运行流程。

2. 简述线程与调度的基本含义。

3. 简述线程上下文的含义及作用。

4. RTOS 实时性指标主要有哪些？如何提高 RTOS 的实时性？

5. 线程有哪四种基本状态？在火车站安检时乘客有以下四种状态，请给出与线程四个状态的对应关系。

1）乘客在广场上。

2）乘客到安检区排队。

3）乘客正在进行安检。

4）乘客忘记带身份证，无法进行安检。

6. 用生活中的一个场景类比描述线程的四种状态及其转换过程。

第2章　RT-Thread第一个样例工程

学习RTOS，首先要以一个芯片为基础，按照“分门别类，各有归处”的原则，从建立无操作系统框架开始，建立起RTOS的工程框架，让几个最简单的线程“跑”起来，以初步理解线程被调度运行的基本过程，随后就可以进行RTOS下程序设计的学习了。本章给出RT-Thread的工程框架及第一个样例工程。

2.1　RT-Thread简介

RT-Thread是当前应用非常广泛的国产嵌入式实时操作系统。本节首先对RT-Thread进行概述，随后介绍其基本特点，最后说明RT-Thread源码的下载方式。

2.1.1　RT-Thread概述

RT-Thread（Real Time-Thread）是上海睿赛德电子科技有限公司于2006年推出的开源及社区化发展的一款实时操作系统，具有高可靠性、超低功耗、高可伸缩性和中间组件丰富易用等优点，面向嵌入式人工智能与物联网领域。自2006年推出以来，RT-Thread经历了多次版本更新。RT-Thread已经成为装机量大、开发者数量多、软/硬件生态好的嵌入式实时操作系统之一，被广泛应用于智能家居、工业车载设备、智慧城市、嵌入式人工智能与物联网等众多领域。

本书以RT-Thread为蓝本，以使用ARM架构的意法半导体STM32L431微控制器构建的通用嵌入式计算机（General Embedded Computer，GEC）作为硬件载体，阐述RTOS中的线程、调度、延时函数、事件、消息队列、信号量、互斥量等基本要素，给出RTOS下程序设计方法，并简要说明RT-Thread的运行原理。

2.1.2　RT-Thread的基本特点

RT-Thread涵盖了ARM Cortex-M系列微控制器产品开发所需的所有功能，包括安全性和连接性，非常适用于嵌入式人工智能与物联网领域的应用程序。RT-Thread的主要特点及选择RT-Thread的理由可以归纳为以下四点。

1）**开源免费且有技术支持**。遵循Apache 2.0开源许可协议，可以放心地在商业和个人项目中使用。RT-Thread源码可以在官网免费下载，由睿赛德公司及其合作伙伴提供技术支持。

2）**浅显易懂，方便移植**。RT-Thread主要采用C语言编写，代码浅显易懂，它把面向对象的设计方法应用到实时系统设计中，架构清晰、系统模块化。虽然32位的MCU是RT-Thread的主要运行平台，但实际上很多带有MMU、基于ARM9/ARM11，甚至Cortex-A系列级别CPU的应用处理器在特定应用场合也适合使用RT-Thread。

3）**可裁剪性强**。针对资源受限的MCU系统，可通过方便易用的工具，将RT-Thread裁剪出仅需要3KB Flash、1.2KB RAM内存资源的Nano版（精简内核版本）；而对于资源丰富的物联网设备，RT-Thread又能使用在线的软件包管理工具，配合系统配置工具实现直观、快速的模块化裁剪，无缝导入丰富的软件功能包，实现类似 Android 的图形界面，以及触摸滑动效果、智能语音交互效果等复杂功能。

4）**占用资源小、功耗低**。相较于 Linux 操作系统，RT-Thread 体积小、成本低、功耗低、启动速度快。除此之外，RT-Thread 还具有实时性高、占用资源少等特点，非常适用于各种资源受限（如成本、功耗限制等）的场合。

2.1.3 下载与更新 RT-Thread 源码

上海睿赛德电子科技有限公司在 2006 年推出 RT-Thread 的第一个版本 V0.0.1 后，不断进行升级和更新，功能不断加强，本书使用的是 RT-Thread Nano 3.1.5。若读者后期想要更新工程内 RT-Thread 的版本，可以从该公司官网下载需要的版本更新自己的工程，将对应文件夹覆盖修改。需要说明的是，本书第 9 章之前均将 RT-Thread 驻留在 BIOS 中，在 User 工程中启动并使用 RT-Thread，基于 RT-Thread 进行应用编程。从网上下载的 RT-Thread Nano 的源码包含 CPU 接口、板级文件、系统内核、功能组件、文档文件五个部分。具体更新方法请参见附录 A。

2.2 软/硬件开发平台

学习和应用实时操作系统离不开硬件与开发环境。为了帮助读者更好地学习 RT-Thread 实时操作系统，本书使用苏州大学嵌入式实验室研发的硬件系统与开发环境。硬件系统是以意法半导体的 STM32L431 芯片为核心的通用嵌入式计算机 AHL-STM32L431，软件系统是金葫芦集成开发环境 AHL-GEC-IDE。对于本书例程，兼容意法半导体的集成开发环境 STM32CubeIDE。本节首先介绍本书配套电子资源，随后介绍软/硬件开发平台。

2.2.1 网上电子资源

本书配有网上电子资源。**下载方式为：登录“苏州大学嵌入式学习社区”官网，在“教材”→“RT-Thread-RAM 教材”栏目中下载**。内含与本书相关的文档资料、硬件原理图、源程序及常用软件工具等，见表 2-1。

表 2-1 网上电子资源内容索引

文 件 夹	主 要 内 容
01-Document	文档文件夹（AHL-STM32L431 用户手册、参考资料等）
02-Hardware	硬件文件夹（硬件资源电子文档）
03-Software	软件文件夹（各章样例源程序，按照章进行编号）
04-Tool	工具文件夹（编程实践中可能用到的软件工具）

2.2.2 硬件平台：AHL-STM32L431

1. 为什么需要硬件平台？

嵌入式软件开发有别于 PC 软件开发的一个显著的特点在于，它需要一个交叉编译和调试环境，即工程的编辑和编译所使用的软件通常在 PC 上运行，而编译生成的嵌入式软件的机器码文件则需要通过写入工具下载到目标机上执行。主机和目标机的体系结构存在差异，从而增加了嵌入式软件开发的难度。因此，选择好的开发套件将有助于学习与开发。

学习 RTOS 应该在一个实际的硬件系统中进行。在具备基本硬件条件下，不建议读者使用仿真平台进行学习，所谓“仿真”，其实不真，无法达到学习目标。实际上，随着技术的不断发展和芯片制造成本的下降，市场上已有价格十分低廉且功能十分强大的 RTOS 硬件学习平台。

2. AHL-STM32L431 开发板的引出脚

AHL- STM32L431 开发套件分为迷你型（见图 2-1）、扩展型两种。其详细介绍见本书电子资源文档。迷你型可以完成本书实时操作系统基本内容的实践，扩展型可用于创新应用实践。其具体引出脚的含义请参见附录 B。

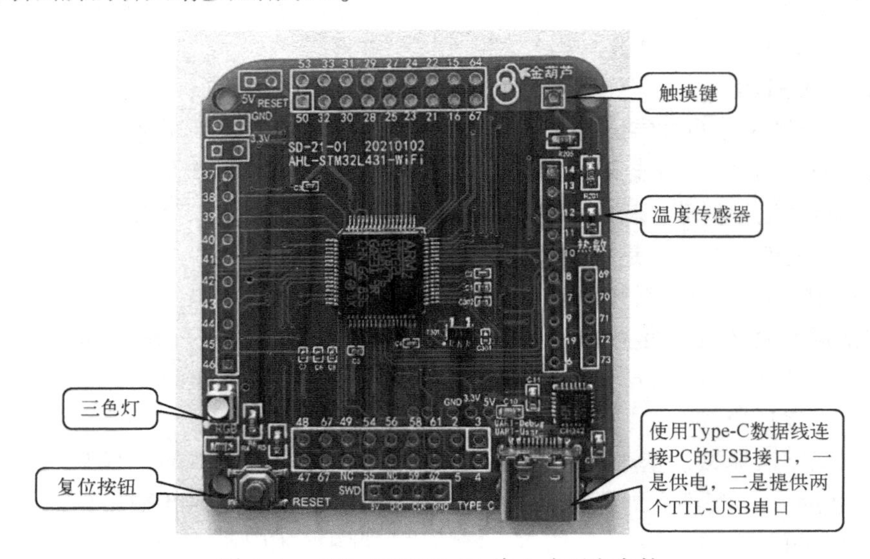

图 2-1　AHL-STM32L431 嵌入式开发套件

3. AHL-STM32L431 开发板的特点

本书介绍的可用于 RTOS 学习的开发套件的型号为 AHL- STM32L431。其主要特点如下。

1）**核心芯片**。核心芯片为 64 引脚 LQFP 封装的 STM32L431RC 芯片，内含 256 KB Flash（共有 128 个扇区）、64 KB RAM，包含 SysTick、GPIO、串口、A/D、D/A、I^2C、SPI 等模块。

2）**硬件功能**。开发套件由硬件最小系统、三色灯、触摸键、温度传感器、两路 TTL-USB 等构成。其中，“三色灯”部件内含蓝、绿、红三个发光二极管，俗称“小灯”，这三个小灯的正极过 1 kΩ 电阻接电源正极，三个小灯的负极分别接 MCU 的三个引脚，具体接在 MCU 的哪三个引脚，可参见电子资源下样例工程“..\03-Software\CH02-First-Example\NOS”中的“..\05_UserBoard\User.h”文件。用户使用的所有硬件引脚在此进行宏定义，这样符合嵌入式软件设计规范。

3）**Type-C 接口**。开发套件硬件的扩展底板上还有个 Type-C 接口。实际上它是两路 TTL 串口，默认它与 PC 进行串行通信，将普通的 Type-C 线的 USB 一端接 PC 的 USB 接口，另一端接硬件底板上的 Type-C 接口。这样就可以通过串口下载程序，也可以使用 printf 输出进行跟踪调试。printf 输出的字符信息将送到 PC 的串口工具显示栏，方便嵌入式程序的调试。

4）**可扩展应用**。AHL-STM32L431 开发套件不仅可以用于 RT-Thread 实时操作系统的学习，也适用于通过板上的开放式外围引脚，外接其他接口模块进行创新性实验。

当然，读者可以使用自己的硬件平台，参考本书的工程框架，完成自身硬件平台下的工程组织。

2.2.3 软件平台：金葫芦集成开发环境

目前，大多数嵌入式集成开发环境（Integrated Development Environment，IDE）是基于 Eclipse架构[㊀]开发的。本书使用的 IDE 主要有两种：苏州大学嵌入式实验室推出的 AHL-GEC-IDE 与意法半导体推出的 STM32CubeIDE。本书给出的基于 STM32L431 的程序实例兼容 AHL-GEC-IDE 与 STM32CubeIDE。

建议使用 AHL-GEC-IDE，必要时，利用 AHL-GEC-IDE 的“外接软件”菜单命令，将 STM32CubeIDE 作为外接软件使用。

1. AHL-GEC-IDE

该集成开发环境是苏州大学嵌入式实验室于 2018 年开始逐步推出的免费嵌入式集成开发环境。其优点是操作简单、功能实用、兼容几个芯片公司的常用开发环境及厂家工程模板，集成了 GNU 编译器、汇编器等，面向 ARM Cortex-M 微处理器开发，具有编辑、编译、程序下载、printf 打桩调试等功能。它是一个简捷易用的嵌入式开发工具。

AHL-GEC-IDE 与其他常用开发环境相比，有如下特点。

1）**兼容常用开发环境**。对于 STM32L431 芯片，兼容 STM32CubeIDE 及 Keil 开发环境；对于 TI 芯片，兼容 CCS（Code Composer Studio）开发环境；对于 NXP 芯片，兼容 KDS（Kinetis Design Studio）开发环境。

2）**支持串口下载调试**。基于 BIOS 与 User 框架，支持通过串口的下载调试，不需要其他烧录工具，下载后 User 程序立即执行。可应用类似于 PC 编程的 printf 输出调试语句，跟踪程序运行过程，提示信息立即显示在 PC 显示器的文本框中，使得嵌入式编程与 PC 编程过程几乎一致。

3）**具有外接软件功能**。可自行外接其他软件，在菜单栏中打开运行用户需要的软件，方便功能集成与开发应用。

4）**包含丰富的常用工具**。程序调试过程可以通过串口实现对存储器的某个区域进行读取和修改，支持对 Flash、RAM 的读出。可以直接通过软件中的串口工具，观察串口输出情况，不需要借助其他外部串口工具。

5）**简化工程配置**。当工程文件中有新增的文件或文件夹时，其他的开发环境需要通过工程配置操作将该文件包含在工程中，而 AHL-GEC-IDE 中默认工程下级文件夹为工程编译所需，不需在工程中设置。自动支持 C 语言、汇编语言等，在 AHL-GEC-IDE 环境下，通过自行识别，可直接编译 C 语言或者汇编语言下的工程，不需要对编译器进行选择。

6）**提供可扩展功能**。AHL-GEC-IDE 除具备一般开发的基本功能（导入工程、编辑、查找和替换、程序编译和烧写等）之外，还提供了很多扩展的功能。例如，支持远程更新，当目标芯片配置好相应的远程通信硬件后，在 AHL-GEC-IDE 开发环境中可以通过 NB-IoT、2G、4G 等无线方式实现远程的程序更新；再如，支持动态命令，可将机器码下载到特定的 Flash 区域，直接运行该机器码，实现命令的动态扩充。

㊀ Eclipse 架构最初由 IBM 提出，2001 年贡献给开源社区，是一种可扩展的开发平台框架。

2. STM32CubeIDE

该集成开发环境适用于意法半导体（ST）公司的 MCU，是免费集成开发环境，可在 ST 官网上下载。STM32CubeIDE 集成了 GNU 编译器集合（GCC）、GNU 调试器（GDB）等在内的免费开源软件，为设计人员提供了一个简单易用的开发工具，具有编辑、编译和调试等功能。

2.3 第一个样例工程

为了帮助读者更好地理解 RTOS 下的编程，本节基于同样的程序功能，分别通过 NOS 工程和 RT-Thread 工程来进行编程实现，以便了解不使用 RTOS 与使用 RTOS 的区别；另一方面，也是希望读者尽快接触实例程序，达到“用中学，学中用”的目的。

2.3.1 样例程序功能

样例程序的硬件是红、绿、蓝三色一体的发光二极管（小灯），由三个 GPIO 引脚控制其亮暗。

软件控制红灯每 5 s、绿灯每 10 s、蓝灯每 20 s 变化一次，对外表现为三色灯的合成色，经过分析，其实际效果如图 2-2 所示，即开始时为暗，依次变化为红、绿、黄（红+绿）、蓝、紫（红+蓝）、青（蓝+绿）、白（红+蓝+绿），周而复始。

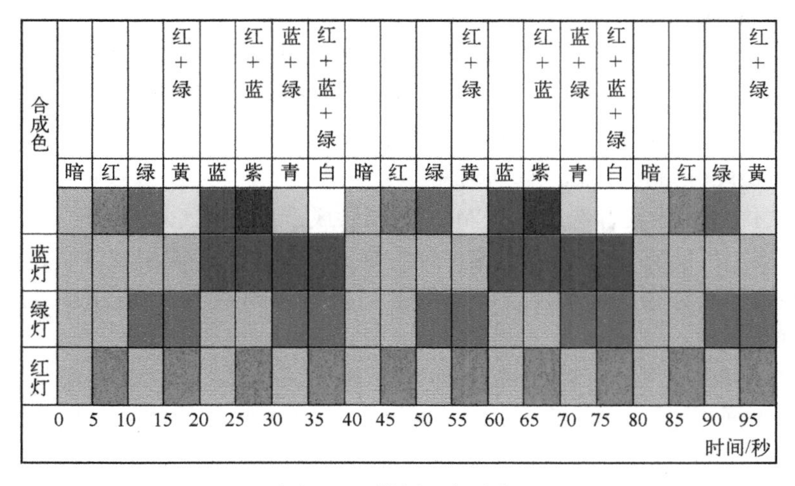

图 2-2　样例程序功能

2.3.2 工程框架设计原则

良好的工程框架是编程工作的重要一环，建立一个组织合理、易于理解的嵌入式软件工程框架需要较深入的思考与斟酌。

所谓**工程框架**是指工程内文件夹的命名、文件的存放位置、文件内容的放置规则。软件工程与一件建筑作品、一幅画作等是一致的。软件工程框架是整个工程的“脊梁”，其主要工作不是完成一个单独的模块功能，而是指出工程应该包含哪些文件夹、这些文件夹里面应该放置什么文件、各个文件的内容又是如何定位的等。

因此，工程框架设计的基本原则是：**分门别类，各有归处**。建立工程文件夹，并考虑随后内容安排及内容定位，建立其下级子文件夹。

一些工程框架混乱、下级文件夹命名不规范、文件内容定位不清晰、文件包含冗余的样例工程，会把学习者与开发者弄得一头雾水，这样的工程框架是不符合软件工程要求的。甚至，一些机构给出的底层驱动中，包含了不少操作系统的内容，违背了底层驱动设计独立于上层软件的基本要求，一旦更换操作系统，该驱动难以使用，给应用开发人员带来了不少麻烦。

2.3.3 NOS 工程框架

1. NOS 工程框架的树形结构

图 2-3 所示为无操作系统（No Operating System，NOS）工程框架的树形结构。

01_Doc	文档文件夹：文档作为工程密切相关部分，是软件工程的基本要求
02_CPU	CPU 文件夹：存放 CPU 相关文件，由 ARM 提供给 MCU 厂家
03_MCU	MCU 文件夹：含有 linker_file、startup、MCU_drivers 下级文件夹
04_GEC	GEC 文件夹：引入通用嵌入式计算机（GEC）概念，预留该文件夹
05_UserBoard	用户板文件夹：含有硬件接线信息的 User.h 文件及应用驱动
06_SoftComponent	软件构件文件夹：含有与硬件无关的软件构件
07_AppPrg	应用程序文件夹：应用程序主要在此处编程

图 2-3　NOS 工程框架树形结构

对无操作系统应用程序文件夹的补充说明如下。

1）MCU 文件夹。把链接文件、MCU 的启动文件、MCU 底层驱动（MCU 基础构件）放入这个文件夹中，分别建立 linker_file、startup、MCU_drivers 三个下级文件夹。linker_file 文件夹内的链接文件，给出了芯片存储器的基本信息；startup 文件夹含有芯片的启动文件；MCU_drivers 存放与 MCU 硬件直接相关的基础构件。

2）用户板文件夹。开发者选好一款 MCU，要做成产品之前总要设计自己的硬件板，这就是用户板。这个板上可能有 LCD、传感器、开关等，这些硬件必须由软件干预才能工作，干预这些硬件的软件构件被称为应用构件。应用构件一般需要调用 MCU 基础构件，应用构件被放置在该文件夹中。

3）应用程序文件夹。该文件夹中包含总头文件（includes. h）、中断服务例程源程序文件（isr. c）、主程序文件（main. c）等。这些文件是工程开发人员进行编程的主要对象。总头文件 includes. h 是 isr. c 及 main. c 使用的头文件，包含用到的构件、全局变量声明、常数宏定义等。中断服务例程文件 isr. c 是中断处理函数编程的地方。主程序文件 main. c 是应用程序启动后的总入口，main 函数即在该文件中实现，在 main 函数中包含了一个永久循环，对具体事务过程的操作几乎都添加在该主循环中。应用程序的执行，有两条独立的线路：一条是主循环运行线，在 main. c 文件中编程；另一条是中断线，在 isr. c 文件中编程。若有操作系统，则可在 main. c 中启动操作系统调度器。

4）编译输出还会产生 Debug 文件夹。其中含有编译链接生成的 . elf、. hex、. list、. map 等文件。

. elf 可执行链接格式（Executable and Linking Format，ELF）文件，最初是由 UNIX 系统实验室（UNIX System Laboratories，USL）作为应用程序二进制接口（Application Binary Interface，ABI）的一部分而制定和发布的。其最大特点在于它有比较广泛的适用性，通用的二进制接口定义使之可以平滑地移植到多种不同的操作环境上。用 UltraEdit 软件工具可查看 . elf 文件内容。

.hex（Intel HEX）文件，即十六进制机器码文件，是由一行行符合 Intel HEX 文件格式的文本所构成的 ASCII 文本文件。在 Intel HEX 文件中，每一行包含一个 HEX 记录，这些记录由对应机器语言码（含常量数据）的十六进制编码数字组成。

.list 文件，即列表文件，提供了函数编译后机器码与源代码的对应关系，用于程序分析。

.map 文件，即映像文件，提供了查看程序、堆栈设置、全局变量、常量等存放的地址信息。由于.map 文件中给出的地址在一定程度上是动态分配的（由编译器决定），故只要工程有任何修改，这些地址就可能发生变动。

2. NOS 样例工程的 main 函数及 isr 函数

基于 NOS 的样例工程（见电子资源“..\03-Software\CH02-First-Example\NOS”）可用 AHL-GEC-IDE 打开，也可以使用 STM32CubeIDE 打开。该程序有两条执行路线：一条是主循环线，为了衔接操作系统概念，可称为线程线；另一条为中断线。这两条执行路线分别对应 main.c 中的 for 循环，以及 isr.c 中的中断服务例程这两个部分。

线程线：程序通过判断全局变量 gSec 来控制三色小灯的开关状态，实现红灯每 5 s 闪烁一次、绿灯每 10 s 闪烁一次、蓝灯每 20 s 闪烁一次，同时通过串口输出开关信息。

中断线：定时器 TIMER_USER 定时周期为 1 s，即每经过 1 s，TIMER_USER 会触发定时器的中断服务例程，在中断服务例程中对变量 gSec 进行累加。

程序运行时首先执行线程线，在执行线程线的过程中若触发定时器中断（即计时时间达到 1s），程序便会从线程线跳转到中断线执行定时器的中断服务函数（对 gSec 累加）；等中断服务例程执行完成后，返回线程线，从刚才跳转的地方继续执行下去。

（1）线程线：main 函数

可以从 main 函数处开始理解执行过程。在 for(;;)的永久循环体内，程序通过当前秒数是否被 5、10、20 整除，获得红、绿、蓝灯的反转标志，然后由标志分别控制红、绿、蓝灯的反转。

```
//======================================================================
//文件名称：main.c（应用工程主函数）
//框架提供：苏州大学嵌入式实验室（sumcu.suda.edu.cn）
//版本更新：201708-202306
//功能描述：见本工程的<01_Doc>文件夹下 Readme.txt 文件
//======================================================================

#define GLOBLE_VAR
#include "includes.h"          //包含总头文件

//----------------------------------------------------------------------
//声明使用到的内部函数（main.c 使用的内部函数声明处）

//----------------------------------------------------------------------
//主函数，一般情况下可以认为程序从此开始运行（实际上有启动过程）
int main(void)
{
   //printf 提示区
   printf("----------------------------------------------------------------\n");
   printf("★金葫芦提示★                                                    \n");
   printf("【中文名称】本程序为 NOS 下的用户程序                            \n");
   printf("【程序功能】                                                    \n");
```

```
printf("   实现红、绿、蓝灯分别每5s、10s、20s 闪烁一次                         \n");
printf("【硬件连接】见本工程 05_UserBoard 文件夹下的 user.h 文件                \n");
printf("-------------------------------------------------------------------\n");

// (1) ======启动部分 (开头) ========================================
// (1.1) 声明 main 函数使用的局部变量
uint8_t  reverse_red;
uint8_t  reverse_green;
uint8_t  reverse_blue;

// (1.2)【不变】关总中断
DISABLE_INTERRUPTS;

// (1.3) main 函数局部变量赋初值

// (1.4) 全局变量赋初值
gSec = 0;
gUpdateSec = 0;

// (1.5) 用户外设模块初始化
uart_init(UART_Debug, 115200);

printf("\n 调用 gpio_init 函数, 分别初始化蓝灯、绿灯和红灯。\n");
gpio_init(LIGHT_BLUE, GPIO_OUTPUT, LIGHT_OFF);
gpio_init(LIGHT_GREEN, GPIO_OUTPUT, LIGHT_OFF);
gpio_init(LIGHT_RED, GPIO_OUTPUT, LIGHT_OFF);

printf("调用 timer_init 函数, 初始化定时器, 定时周期为 1000ms。\n");
timer_init(TIMER_USER, 1000);

// (1.6) 使能模块中断
timer_clear_int(TIMER_USER);    //在打开中断前清除中断标志位, 防止立即进入中断
timer_enable_int(TIMER_USER);

// (1.7)【不变】开总中断
ENABLE_INTERRUPTS;

// (1) ======启动部分 (结尾) ========================================

// (2) ======主循环部分 (开头) ======================================
 for(;;)
{
// (2.1) 判断是否到 1s, 未到 1s, 继续循环
if(gSec == gUpdateSec)   continue;
// (2.2) 1s 到, 执行后续语句
gUpdateSec = gSec;          //用当前时间更新 gUpdateSec 变量
// (2.3) 由 gSec 计算各灯反转标志值
red_reverse_flag = gSec % 5 == 0;          //红灯反转标志
green_reverse_flag = gSec % 10 == 0;       //绿灯反转标志
blue_reverse_flag = gSec % 20 == 0;        //蓝灯反转标志
// (2.4) 根据红灯反转标志, 决定红灯反转
if (red_reverse_flag)
{
```

```
        gpio_reverse(LIGHT_RED);          //反转引脚状态
        printf("红灯改变亮暗!\r\n");  //输出提示
    }
    //(2.5) 根据绿灯反转标志,决定绿灯反转
    if (green_reverse_flag)
    {
        gpio_reverse(LIGHT_GREEN);
        printf("绿灯改变亮暗!\r\n");
    }
    //(2.6) 根据蓝灯反转标志,决定蓝灯反转
    if (blue_reverse_flag)
    {
        gpio_reverse(LIGHT_BLUE);
        printf("蓝灯改变亮暗!\r\n");
    }
  }
  //(2)======主循环部分(结尾)========================================
```

(2) 中断线：isr. c 中断服务例程

当定时器到达定时时间 1 s 时，会执行定时器中断服务例程。在定时器中断服务例程中，首先判断是否是由 TIMER_USER 触发的中断，如果是，对变量 gSec 累加，最后清除中断标志位。

```
//=====================================================================
//文件名称：isr.c（中断服务例程源文件）
//框架提供：苏州大学嵌入式实验室（sumcu.suda.edu.cn）
//版本更新：201708-202306
//功能描述：提供中断服务例程编程框架
//=====================================================================
#include "includes.h"

//=====================================================================
//函数名称：TIMER_USER_Handler（USER 定时器中断服务例程）
//参数说明：无
//函数返回：无
//功能概要：每 1000ms 中断触发本程序一次
//=====================================================================
void TIMER_USER_Handler(void)
{
    DISABLE_INTERRUPTS;                    //关总中断
    if(timer_get_int(TIMER_USER))          //判断 TIMER_USER 是否产生中断
    {
        gSec ++;
        timer_clear_int(TIMER_USER);       //清除中断标志位
    }
    ENABLE_INTERRUPTS;                     //开总中断
}
```

3. NOS 样例工程运行测试

对样例工程进行编译：通过 Type-C 线将 AHL-STM32L431 与 PC 的 USB 接口连接，在 AHL-GEC-IDE 中的“下载”→“串口更新”下，单击“连接 GEC”命令，连接成功后，导入编译产生的机器码文件（.hex），单击“一键自动更新”按钮将程序下载到目标板上，程序

将自动运行。此过程可能会遇到诸如设备连接不上等问题，解决办法请参见附录 C。测试结果如图 2-4 所示。观察 AHL-STM32L431 开发板上的红灯、蓝灯和绿灯的闪烁情况，若与图 2-2 所示的情况一致，则正确。

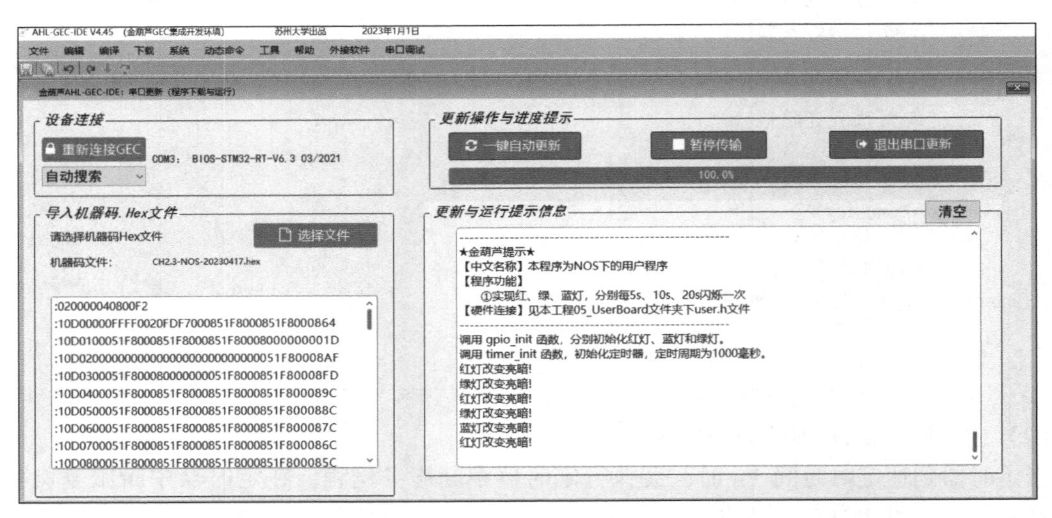

图 2-4　NOS 样例工程测试结果

2.3.4　RT-Thread 工程框架

1. RT-Thread 工程框架的树形结构

RT-Thread 工程框架与 NOS 工程框架基本相同，不同的是：

1）在工程的 05_UserBoard 文件夹中增加了 Os_Self_API. h 和 Os_United_API. h 两个头文件。其中，Os_Self_API. h 头文件给出了 RT-Thread 对外接口函数，如事件（rt_event）、消息队列（rt_messagequeue）、信号量（rt_semaphore）、互斥量（rt_mutex）等有关函数，实际函数代码驻留于 BIOS 中；Os_United_API. h 头文件给出了 RTOS 的统一对外接口，目的是实现不同的 RTOS 应用程序可移植，可以涵盖 RTOS 基本要素函数。

希望统一使用这个框架：01 文档文件夹相当于提供随工程的电子纸张，记录备忘；02 文件夹针对同一内核不再变动；03 文件夹内的面向芯片的驱动，在用到时放入 MCU_drivers 文件夹，在 05 文件夹的 User. h 文件中包含其头文件即可；04 文件夹是为通用嵌入式计算机 GEC 而设置的，实现 BIOS 与 User 独立编译与衔接；05 文件夹作为用户硬件接口而改变；06、07 文件夹希望做到在功能不变，资源满足的条件下，可以在各个芯片、环境下复制使用，达到可移植、可复用的目的。

2）在工程的“..\07_AppPrg\includes. h”文件中，给出了线程函数声明。

```
//线程函数声明
void   app_init(void);
void   thread_redlight();
void   thread_greenlight();
void   thread_bluelight();
```

3）在工程的“..\07_AppPrg\main. c”文件中，给出了操作系统的启动。

```
#define GLOBLE_VAR
#include   "includes. h"
```

```
//-------------------------------------------------------------------------
//声明使用到的内部函数
//main.c 使用的内部函数声明处
//-------------------------------------------------------------------------
//主函数，一般情况下可以认为程序从此开始运行
int main(void)
{
    OS_start(app_init);//启动 RTOS 并执行主线程
}
```

4）工程的 07_AppPrg 文件夹中的 threadauto_appinit.c 是主线程文件，含有 app_init 函数。该函数在 RTOS 启动过程中被变成线程，作为上述主函数中调用的 OS_start()函数的入口参数。此时，app_init 线程也被称为自启动线程，也就是说，操作系统启动后立即运行这个线程。它的作用是将该文件夹中的其他三个文件中的函数变成线程，从而能被调度运行。

5）工程的 07_AppPrg 文件夹中的三个功能性函数文件，即 thread_bluelight.c、thread_greenlight.c、thread_redlight.c，其内的函数，由于被变成了线程，因此可分别称为蓝灯线程、绿灯线程、红灯线程，它们在内核调度下运行。至此，可以认为有三个独立的“主函数”在操作系统的调度下独立地运行，一个大工程变成了三个独立运行的小工程。

2. RT-Thread 的启动

基于 RT-Thread 的样例工程（见“..\CH02-First-Example\RT-Thread”），可用 AHL-GEC-IDE 导入。在该样例工程中，共创建了 5 个线程，见表 2-2。

表 2-2　样例工程线程一览表

归属	线程名	执行函数	优先级	线程功能	中文含义
内核	main_thread	app_init	10	创建其他线程	主线程
	idle	idle	31	空闲线程	空闲线程
用户	thd_redlight	thread_redlight	15	红灯以 5 s 为周期闪烁	红灯线程
	thd_greenlight	thread_greenlight	15	绿灯以 10 s 为周期闪烁	绿灯线程
	thd_bluelight	thread_bluelight	15	蓝灯以 20 s 为周期闪烁	蓝灯线程

执行 OS_start(app_init)进行 RT-Thread 的启动，在启动过程中依次创建了**主线程**（app_init）和**空闲线程**（idle）。app_init 源码是在本工程中直接给出的；idle 被驻留在 BIOS 中。

3. 主线程的执行过程

（1）主线程过程概述

主线程被内核调度首先运行，过程如下所示。

1）在主线程中依次创建红灯线程、绿灯线程和蓝灯线程。红灯线程实现红灯每 5 s 闪烁一次，绿灯线程实现绿灯每 10 s 闪烁一次，蓝灯线程实现蓝灯每 20 s 闪烁一次。创建完这些用户线程之后主线程被终止。

2）此时，在就绪列表中剩下红灯线程、绿灯线程、蓝灯线程和空闲线程这四个线程。

3）由于**就绪列表**优先级最高的第一个线程是 thd_redlight，它优先得到激活运行。thd_redlight 线程每隔 5 s 控制一次红灯的亮灭状态，若 thd_redlight 线程调用系统服务 delay_ms 执行延时，则调度系统暂时剥夺该线程对 CPU 的使用权，将该线程从就绪列表中移出，并将该线程的定时器放入延时列表中。

4）系统开始依次执行 thd_bluelight 线程和 thd_greenlight 线程，根据延时时长将线程从就绪列表中移出，并将线程的定时器放到**延时列表**中。

5）当这三个线程的定时器都被放到延时列表时，就绪列表中只剩下空闲线程，此时空闲线程会得到运行。

从工作原理角度来说，调度切换是基于每 1 ms（时钟嘀嗒）的 SysTick 中断。在 SysTick 中断服务例程中，查看延时列表中的线程的定时器是否到期，若有线程的定时器到期，则将线程的定时器从延时列表移出，并将线程放到就绪列表中。同时，由于到期线程的优先级大于空闲线程的优先级，会抢占空闲线程 CPU 的使用权，通过上下文切换激活，再次得到运行。这些工作属于 RTOS 内核，应用层面只要了解即可。在本样例工程中，SysTick 中断相关程序属于 RT-Thread 内核，被驻留于 BIOS 中。

由于蓝、绿、红三个小灯物理上对外表现是一盏灯，所以样例工程功能的对外表现应该达到图 2-2 的效果（与 NOS 样例工程运行效果相同）。

（2）主线程源码解析

这里给出的源码解析，读者只要了解即可。本章只希望程序运行起来，对其有个初始感受，为后面的学习提供基础。

主线程的运行函数 app_init 主要完成全局变量初始化、外设初始化、创建其他用户线程、启动用户线程等工作。它在 07_AppPrg\threadauto_appinit. c 中定义。

1）创建用户线程。在 threadauto_appinit. c 文件中，首先创建三个用户线程，即红灯线程 thd_redlight、蓝灯线程 thd_bluelight 和绿灯线程 thd_greenlight，它们的堆栈空间设置为 512 B，优先级都设置为 15[⊖]，时间片设置为 10 个时钟嘀嗒。

```
thread_t   thd_redlight;
thread_t   thd_greenlight;
thread_t   thd_bluelight;
thd_redlight = rt_thread_create("redlight",          //线程名称
        (void *)thread_redlight,                     //线程的入口函数
        0,                                           //线程参数
        512,                                         //线程堆栈空间
        15,                                          //线程的优先级
        10);                                         //线程轮询调度的时间片
thd_greenlight=rt_thread_create("greenlight",(void *)thread_greenlight,0,512,10,10);
thd_bluelight=rt_thread_create("bluelight",(void *)thread_bluelight,0,512,10,10);
```

2）启动用户线程。在 07_AppPrg 文件夹下创建了 thread_redlight. c、thread_bluelight. c 和 thread_greenlight. c 三个文件，在这三个文件中分别定义了三个用户线程执行函数 thread_redlight、thread_bluelight 和 thread_greenlight。这三个用户线程执行函数在定义上与普通函数无差别，但是在使用上不是作为子函数进行调用，而是由 RT-Thread 进行调度，并且这三个用户线程执行函数基本上是一个无限循环，在执行过程由 RT-Thread 分配 CPU 的使用权。

```
thread_startup(thd_redlight);          //启动红灯线程
thread_startup(thd_greenlight);        //启动绿灯线程
thread_startup(thd_bluelight);         //启动蓝灯线程
```

⊖ RT-Thread 中优先级数值范围是 0~31，数值越小，所表示的优先级越高。

（3）app_init 函数代码解析

```
void app_init(void)
{
  printf("-------------------------------------------------------------\n");
  printf("★金葫芦提示★                                                  \n");
  printf("【中文名称】本程序为带 RT-Thread 的用户程序                      \n");
  printf("【程序功能】                                                     \n");
  printf("    ①在 RTOS 启动后创建红灯、绿灯和蓝灯三个用户线程              \n");
  printf("    ②实现红、绿、蓝灯，分别每 5s、10s、20s 闪烁一次              \n");
  printf("【硬件连接】见本工程 05_UserBoard 文件夹下 user.h 文件            \n");
  printf("-------------------------------------------------------------\n");

  //（1）======启动部分（开头）=========================================
  //（1.1）声明 main 函数使用的局部变量
  thread_t  thd_redlight;
  thread_t  thd_greenlight;
  thread_t  thd_bluelight;
  //（1.2）【不变】BIOS 中 API 接口表首地址、用户中断服务例程名初始化
  //（1.3）【不变】关总中断
  DISABLE_INTERRUPTS;
  //（1.4）给主函数使用的局部变量赋初值
  //（1.5）给全局变量赋初值
  //（1.6）用户外设模块初始化
  printf("调用 gpio_init 函数，分别初始化红灯、绿灯、蓝灯\r\n");
  gpio_init(LIGHT_RED,GPIO_OUTPUT,LIGHT_OFF);
  gpio_init(LIGHT_GREEN,GPIO_OUTPUT,LIGHT_OFF);
  gpio_init(LIGHT_BLUE,GPIO_OUTPUT,LIGHT_OFF);
  //（1.7）使能模块中断
  //（1.8）【不变】开总中断
  ENABLE_INTERRUPTS;

  //(2)【根据实际需要增删】线程创建(不能放在步骤 1.1~1.8 之间)
  thd_redlight=thread_create("redlight",                  //线程名称
               (void *)thread_redlight,                   //线程的入口函数
               0,                                         //线程参数
               512,                                       //线程堆栈空间
               15,                                        //线程的优先级
               10);                                       //线程轮询调度的时间片

  thd_greenlight=thread_create("greenlight",(void *)thread_greenlight,0,512,10,10);
  thd_bluelight=thread_create("bluelight",(void *)thread_bluelight,0,512,10,10);
  //（3）【根据实际需要增删】线程启动
  thread_startup(thd_redlight);      //启动红灯线程
  thread_startup(thd_greenlight);    //启动绿灯线程
  thread_startup(thd_bluelight);     //启动蓝灯线程
}
```

4. 红灯、绿灯、蓝灯线程函数

根据 RT-Thread 样例程序的功能，设计了红灯、蓝灯和绿灯三个小灯闪烁线程，对应工程 07_AppPrg 文件夹下的 thread_redlight.c、thread_bluelight.c 和 thread_greenlight.c 三个文件。

小灯闪烁线程首先将小灯初始设置为暗，然后在 while(1)的永久循环体内，通过 delay_ms() 函数实现延时，每隔指定的时间间隔切换灯的亮暗一次。delay_ms()延时操作并非停止其他操

作的空跑等待，而是通过延时列表与线程定时器管理延时线程，从而实现对线程的延时。在延时期间，线程被放入延时列表中，RTOS 可以调度执行其他的线程。

下面给出红灯线程函数 thread_redlight 的具体实现代码。蓝灯线程函数 thread_bluelight 和绿灯线程函数 thread_greenlight 与红灯线程函数 thread_redlight 类似，请读者自行分析。

```
//======================================================================
//函数名称：thread_ redlight
//函数返回：无
//参数说明：无
//功能概要：每 5s 红灯反转
//内部调用：无
//======================================================================
void thread_redlight()
{
  printf("--第一次进入运行红灯线程!\r\n");
  gpio_init(LIGHT_RED,GPIO_OUTPUT,LIGHT_OFF);
  while (1)
  {
    printf("--红灯线程进入延时等待状态 (5s) \r\n");
    delay_ms(5000);          //延时 5s
    printf("--红灯线程延时等待结束：红灯改变亮暗!\r\n");
    gpio_reverse(LIGHT_RED);
  }
}
```

5. RT-Thread 样例工程运行测试

测试过程可参照 NOS 工程样例，可以观察到三色灯随时间的变化与图 2-2 一致。下载后的运行提示如图 2-5 所示。由此体会 NOS 下编程与 RTOS 下编程的异同点。RTOS 可以服务于用户程序设计。

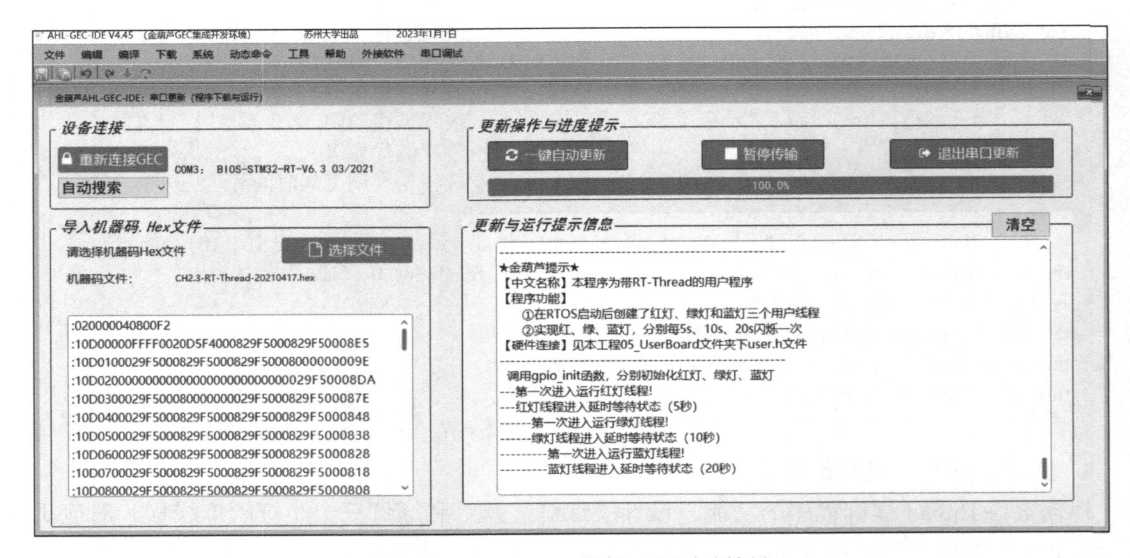

图 2-5 RT-Thread 样例工程测试结果

2.4 本章小结

学习 RTOS 的第一要素就是实践，在实践中体会其基本机制。要进行实践，必须有软/硬件基础平台支持。本章给出了硬件平台 AHL-STM32L431 及软件平台 AHL-GEC-IDE 的介绍，可以满足 RTOS 学习与实践的基本要求，也可以方便地应用于实际产品开发。

良好的工程组织是软件工程的基本要求，也是可移植、可复用、可维护的保证。要按照“分门别类，各有归处”的基本原则组织工程框架，且一级子文件夹不再变动，以使新增内容各有归处，同时保证 NOS 下与 RTOS 下工程中一级子文件夹名称相同，为实际应用开发提供了规范的标准模板。

本章样例只用到 RTOS 下的延时函数，但有三个线程在运行，可以体会到这里的延时函数与运行机器码空延时不同，它让出了 CPU 的使用权，在延时期间，CPU 可以执行其他线程。

习题

1. 简述工程框架的定义、作用和工程框架设计的基本原则。

2. 阅读 NOS 框架下 main. c 主函数代码，根据程序运行流程画出 main. c 主函数的流程图。

3. 针对本章样例，简述在 RT-Thread 框架下，各个线程的执行过程。从运行过程角度，比较一下 NOS 工程与 RT-Thread 工程。

4. 简述在 RTOS 框架下，delay_ms( ) 延时函数的作用。

5. 参照本章 RT-Thread 工程框架，编制一个交通灯控制程序，时间参数自定。

6. 思考一下，在本章 RT-Thread 工程框架中，若把红灯线程中的延时函数改为机器码指令空延时，会出现什么情况？若保证原来效果，如何编程？

第3章　RTOS下应用程序的基本要素

对应用程序设计来说，RTOS是一种工具，是为应用程序服务的，它不应该成为应用程序的负担。但是，要让它能更好地为应用程序开发服务，就必须掌握这个工具的基本使用方法。想要掌握RTOS的使用方法，首先必须理解中断系统、时钟嘀嗒、延时函数、调度策略、线程优先级和常用列表等RTOS下应用程序的基本要素。

3.1　中断的基本概念及处理过程

前面多次提到过，RTOS下应用程序的运行有两条路线：一条是线程线，可能有许多个线程，由内核调度运行；另一条是中断线，线程被某种中断打断后，转去运行中断服务例程（ISR），随后返回原处继续运行，通常情况大多如此。因此，梳理归纳中断基本概念及处理过程，有助于对RTOS下程序运行过程的理解。

3.1.1　中断的基本概念

1. 异常与中断的基本含义

异常（Exception）是CPU强行从正在执行的程序切换到由某些内部或外部条件所要求的处理线程，这些线程的紧急程度优先于CPU正在执行的线程。引起异常的外部条件通常来自外围设备、硬件断点请求、访问错误和复位等；引起异常的内部条件通常为指令、不对界错误、违反特权级和跟踪等，如除数为0就是一种异常。一些文献把硬件复位和硬件中断都归类为异常，把硬件复位看作一种具有最高优先级的异常，而把来自CPU外围设备的强行线程切换请求称为**中断**（Interrupt），软件上表现为将程序计数器（PC）指针强行转到中断服务例程入口地址执行。CPU对复位、中断、异常具有同样的处理过程，本书后面在谈及这个处理过程时**统称为中断**。

2. 中断源、中断服务例程、中断向量号与中断向量表

可以引起CPU产生中断的外部器件被称为**中断源**。中断产生并被响应后，CPU暂停当前正在执行的线程，并在栈中保存当前CPU的状态（即CPU内部寄存器），随后转去执行中断服务例程，执行结束后，恢复中断之前的状态，中断前的线程得以继续执行。CPU被中断后转去执行的程序，被称为**中断服务例程**（Interrupt Service Routine，ISR）。

一个CPU通常可以识别多个中断源，给CPU能够识别的每个中断源编个号，就叫作**中断向量号**，一般采用连续编号，例如$0,1,\cdots,n$。当第i（$i=0,1,\cdots,n$）个中断发生后，需要找到与之相对应的ISR，实际上只要找到对应中断服务例程的首地址即可。为了更好地找到中断服务例程的首地址，通常把各个中断服务例程的首地址放在一段连续的地址中[⊖]，并且按照中断向量号顺序存放，这个连续存储区被称为**中断向量表**。这样，一旦知道发生中断的中断向量号，就可以迅速地在中断向量表中的对应位置取出相应的中断服务例程首地址，把这个首地址赋给程序计数寄存器（PC），即可转去执行中断服务例程（ISR）了。ISR的返回语句不同于

⊖ 本书使用ARM Cortex-M系列微处理器的地址总线32位，即每个中断处理程序的首地址需要4B。

一般子函数的返回语句，它是中断返回语句，中断返回时，从栈中恢复 CPU 中断前的状态，并返回原处继续运行。

从数据结构角度看，中断向量表是一个指针数组，存储的内容是中断服务例程（ISR）的首地址。通常情况下，在编写程序时，中断向量表按中断向量号从小到大的顺序填写 ISR 的首地址，不能遗漏。即使某个中断不需要使用，也要在中断向量表对应的项中填入默认的 ISR 首地址，因为中断向量表是连续存储区，与连续的中断向量号相对应。默认 ISR 的内容一般为直接返回语句，即没有实现任何功能。默认 ISR 的存在，不仅是给未用中断的中断向量表项“补白”，也可以使得未用中断误发生后有个去处，最好为直接返回原处。

在 ARM Cortex-M 微处理器中，还有一个非内核中断请求（Interrupt Request，IRQ）的编号，称为 IRQ 号。IRQ 号将内核中断与非内核中断稍加区分：对于非内核中断，IRQ 中断号从 0 开始递增；而对于内核中断，IRQ 中断号从-1 开始递减。

3. 中断优先级、可屏蔽中断和不可屏蔽中断

在进行 CPU 设计时，一般定义了**中断源的优先级**。若 CPU 在程序执行过程中，有两个以上中断同时发生，则优先级最高的中断最先得到响应。

根据中断是否可以通过程序设置的方式被屏蔽，可将中断划分为可屏蔽中断和不可屏蔽中断两种。**可屏蔽中断**是指可通过程序设置的方式决定不响应该中断，即该中断被屏蔽了；**不可屏蔽中断**是指不能通过程序方式不响应的中断。

3.1.2 中断处理的基本过程

中断处理的基本过程分为中断请求、中断检测、中断响应和中断处理等。

1. 中断请求

当某一中断源需要 CPU 为其服务时，它会向 CPU 发出中断请求信号（一种电信号）。中断控制器获取中断源硬件设备的中断向量号[⊖]，并通过识别的中断向量号将对应硬件模块的中断状态寄存器中的“中断请求位”置位，以便让 CPU 知道发生了何种中断请求。

2. 中断检测

对于具有指令流水线的 CPU，它在指令流水线的译码或者执行阶段识别异常，若检测到一个异常，则强行中止后面尚未达到该阶段的指令。对于在指令译码阶段检测到的异常，以及对于与执行阶段有关的指令异常来说，由于引起的异常与该指令本身无关，指令并没有得到正确执行，所以该类异常保存的程序计数器（PC）的值是指向引起该异常的指令，以便异常返回后重新执行。对于中断和跟踪异常（异常与指令本身有关），CPU 在执行完当前指令后才识别和检测这类异常，故该类异常保存的 PC 的值是指向要执行的下一条指令的。

可以这样理解，CPU 在每条指令结束的时候将会检查中断请求或者系统是否满足异常条件，为此，多数 CPU 专门在指令周期中使用了中断周期。在中断周期中，CPU 将会检测系统中是否有中断请求信号。若此时有中断请求信号，则 CPU 将会暂停当前执行的线程，转而去响应中断请求；若系统中没有中断请求信号则继续执行当前线程。

3. 中断响应与中断处理

中断响应的过程是由系统自动完成的，对于用户来说是透明的。在中断的响应过程中，首先 CPU 会查找中断源所对应的中断模块是否允许产生中断，若中断模块允许中断，则响应该

⊖ 设备与中断向量号可以不是一一对应的。如果一个设备可以产生多种不同中断，允许有多个中断向量号。

中断请求，中断响应的过程要求 CPU 保存当前环境的“上下文”（Context）于栈中。通过中断向量号找到中断向量表中对应的 ISR 的首地址，转而去执行 ISR。在中断处理术语中，“上下文”即指 CPU 内部寄存器，其含义是在中断发生后，由于 CPU 在中断服务例程中也会使用 CPU 内部寄存器，所以需要在调用 ISR 之前，将 CPU 内部寄存器保存至指定的 RAM 地址（栈）中，在中断结束后再将该 RAM 地址中的数据恢复到 CPU 内部寄存器中，从而使中断前后程序的“执行现场”没有任何变化。

4. ARM Cortex-M 微处理器中断编程要点

下面以 ARM Cortex-M 微处理器为例，从一般意义上给出中断编程的要点。

1）**理解初始中断向量表**。在工程框架的“..\03_MCU\startup”文件夹下，有汇编语言编写的启动文件 startup_xxx.s，其内含初始中断向量表，一个 MCU 所能接纳的所有中断源在此体现。

中断向量表一般位于芯片工程的启动文件中，例如：

```
g_pfnVectors:
    .word    _estack
    .word    Reset_Handler
    …
```

其中，除第一项外的每一项都代表着各个中断服务例程（ISR）的首地址；第一项代表着栈顶地址，一般是程序可用 RAM 空间的最大值+1。此外，对于未实例化的中断服务例程，由于在程序中不存在具体的函数实现，也就不存在相应的函数地址。因此，一般在启动文件内，会采用弱定义的方式，将未实例化的 ISR 的起始地址指向一个默认 ISR 的首地址，例如：

```
…
  .weak       USART1_IRQHandler
  .thumb_set USART1_IRQHandler,Default_Handler
  .weak       USART2_IRQHandler
  .thumb_set USART2_IRQHandler,Default_Handler
…
```

其中，默认 ISR 的内容一般为直接返回语句，即没有任何功能，有的也使用一个无限循环语句。前面提到过，默认 ISR 的存在，不仅是给未用中断的中断向量表项“补白”，也可以使得未用中断误发生后有个去处，最好为直接返回原处。

2）**确定对哪个中断源编程**。在进行中断编程时，必须明确对哪个中断源进行编程。也就是说，要知道该中断源的中断向量号是多少，有时还需知道对应的 IRQ 号，以便设置。

3）**宏定义中断服务例程名**。可以根据程序的可移植性，重新给默认的中断服务例程名起个别名，随后使用这个别名。

4）**编制中断服务例程**。在 isr.c 文件中编写中断服务例程，使用已经命名好的别名。在中断服务例程中，一般先关闭总中断，退出前再开放总中断。

5）**RTOS 下的中断初始化**。在 RTOS 下，中断向量表被复制到 RAM 中，因此，中断服务例程名必须在初始化中重新加载，同时使能对应的中断源，开放总中断。这样，当该中断产生时，会执行对应的中断服务例程。

3.2 时钟嘀嗒与延时函数

了解时钟嘀嗒是理解调度的基础。RTOS 的延时函数暂停当前线程的执行去执行其他线程，它不同于 NOS 下的机器周期空跑延时，RTOS 线程调度对 CPU 的利用效率更高，能够让多个任务并发执行。

3.2.1　时钟嘀嗒

时钟嘀嗒（Time Tick），是 RTOS 中时间的最小度量单位，是线程调度的基本时间单元，主要用于系统计时、线程调度等。也就是说，要进行线程切换，至少等一个时钟嘀嗒。时钟嘀嗒由硬件定时器产生，一般以毫秒（ms）为单位。在 RT-Thread 中，由于 ARM Cortex-M 内核中含有 SysTick 定时器，为了操作系统在芯片之间移植方便，时钟嘀嗒由对 SysTick 定时器编程产生。本书用的版本驻留于 BIOS 的 RT-Thread 内核中，时钟嘀嗒设置为 1 ms。

RT-Thread 中还提供了其他几个时钟嘀嗒函数，分别是获取系统时钟嘀嗒值函数 rt_tick_get()，设置系统时钟嘀嗒值函数 rt_tick_set()和毫秒转为嘀嗒数函数 rt_tick_from_millisecond()。它们的源码可在 clock.c 文件中查看。

1）获取系统时钟嘀嗒值。

```
//=============================================================
//函数名称：rt_tick_get
//函数返回：rt_tick，当前时钟嘀嗒计数值
//参数说明：无
//功能概要：获取自操作系统启动到当前的系统时钟计数值
//参数说明：无
//=============================================================
rt_tick_t rt_tick_get(void);
```

2）设置系统时钟嘀嗒值。

```
//=============================================================
//函数名称：rt_tick_set
//函数返回：无
//参数说明：tick，时钟嘀嗒计数值
//功能概要：设置当前系统的时钟嘀嗒计数值
//=============================================================
void rt_tick_set(rt_tick_t tick);
```

3）毫秒转为时钟嘀嗒数。

```
//=============================================================
//函数名称：rt_tick_from_millisecond
//函数返回：计算后的时钟嘀嗒计数值
//参数说明：ms 为时间（ms），为负永远等待，为 0 不等待立即返回，最大值为 0x7fffffff
//功能概要：把毫秒转换为系统时钟嘀嗒计数值
//=============================================================
rt_tick_t rt_tick_from_millisecond(rt_int32_t ms);
```

3.2.2　延时函数

1. RTOS 下延时函数的基本内涵

在有操作系统的情况下，线程一般不采用原地空跑（空循环）的方式进行延时（该方式下线程仍然占用 CPU 的使用权），而往往会使用延时函数（该方式下线程会让出 CPU 的使用权），通过使用延时列表管理延时线程，从而实现对线程的延时。在 RTOS 下使用延时函数，内核把暂时不需执行的线程插入延时列表中，让出 CPU 的使用权，并对线程进行调度。

RT-Thread 提供了一个延时函数 rt_thread_delay，为了直观与通用，在 Os_United_API.h 头文件中将该函数宏定义为 delay_ms，应用程序编程时就使用 delay_ms，提高了应用程序的可移

植性。delay_ms(30)代表延时 30 个时钟嘀嗒。这个函数的**基本原理**是：执行该函数时，将当前线程的定时器按其延时参数指示的时间插入延时列表的相应位置，该列表中的线程的定时器按照延时时长从小到大排序，每一个线程控制块（TCB）都记录了自身的等待唤醒时间（该时间=线程本身的延时时间-所有前驱结点的等待时间）。在延时期间，该线程已经放弃 CPU 的使用权，内核调度正常进行，CPU 可以执行别的就绪线程。当延时时间到达时，线程进入就绪列表，等待 RT-Thread 调度运行。

这里简单了解一下 delay_ms 函数的基本流程。进入 delay_ms( ) 函数内部，其主要执行流程是：①获取对内核数据区的访问；②获取当前线程描述符结构体指针；③根据延时的时间，将当前线程插入延时列表的相应位置；④放弃 CPU 的使用权，由 RTOS 内核进行线程调度。

2. RTOS 下使用延时函数的注意事项

使用 delay_ms 函数时，要注意以下两点。

1）delay_ms 只能用在对时间精度要求不高或者时间间隔较长的场景。delay_ms 函数的延时时长参数 millisec 以时钟嘀嗒为单位，在 RT-Thread 中 1 个时钟嘀嗒等于 1 ms，这样，延时时长参数就可以理解为是以 ms 为单位的，此时实际延时时间与希望延时时间相等。但如果 1 个时钟嘀嗒大于 1 ms，延时时间不是时钟嘀嗒的整数倍，由于内核是在每个时钟嘀嗒到来时（即产生 SysTick 中断）才会去检查延时列表，此时的实际延时时间与希望延时时间会有误差，最坏的情况下误差接近 1 个时钟嘀嗒。所以，delay_ms 只能用在对时间精度要求不高或者时间间隔较长的场景。

2）延时小于 1 个时钟嘀嗒时，不使用 delay_ms 函数。若需延时的时间小于 1 个时钟嘀嗒，则不建议使用 delay_ms 函数，而是根据具体的延时时间，决定采用变量循环空跑（NOP 指令）、插入汇编语言或其他更合理的方式来解决。

3.3 调度策略

调度是 RTOS 中最重要的概念之一，正是因为 RTOS 中有了调度，多线程才变得可能。线程调度策略直接影响应用系统的实时性。

3.3.1 调度基础知识

调度是内核的主要职责之一，它决定将哪一个线程投入运行、何时投入运行及运行多久，协调线程对系统资源的合理使用。对于系统资源非常匮乏的嵌入式系统来说，线程调度策略尤为重要，它直接影响系统的实时性能。

调度是一种指挥方式，有策略问题。调度策略不同，线程被投入运行的时刻也不同。常用的调度策略主要有优先级抢占调度与时间片轮转调度。除了这两种调度策略之外，还有一种被称为显式调度的方式，就是用命令直接让其运行，在 RTOS 中很少用到。

1. 优先级抢占调度

优先级抢占调度总是让就绪列表中优先级最高的线程先运行，对于优先级相同的线程，则采用先进先出（First In First Out，FIFO）的策略。

所谓**优先级**（Priority）是指计算机操作系统在处理多个线程（或中断）时，决定各个线程（或中断）接受系统资源优先等级的参数，操作系统会根据各个线程（或中断）优先级的高低，来决定处理各个线程（或中断）的先后次序。在 ARM Cortex-M 处理器中，中断（异常）的优先级一般在 MCU 设计阶段就确定了，优先级编号越小表示中断（异常）的优先级越高，高优先级可以抢占低优先级的中断（异常）。例如，在 RT-Thread 中，通常使用 32 级优先级，数值分别为 0～31，优先级数值越小表示优先级越高。但线程的优先级数值不宜过大，否则会影响线程管理列表所占的资源和管理的时效性。

基于优先级先进先出的调度策略在运行时有以下三种情况。

第一种情况，假设线程 B 的优先级高于线程 A，当线程 A 正在运行时，线程 B 准备就绪（产生的情景：第一种情景是线程 A 创建了线程 B；第二种情景是线程 B 的延时到期；第三种情景是用户显式地调度线程 B；第四种情景是线程 B 已获得等待的线程信号、事件、信号量或互斥量等），则调度系统在下一个时钟嘀嗒中断发生时，会将 CPU 的使用权从线程 A 处抢夺，将其转入就绪态（即线程 A 被放入就绪列表中），并分配 CPU 的使用权给线程 B。

第二种情况，当线程 A 被阻塞后主动放弃 CPU 的使用权，此时，调度系统将在当前就绪的线程中寻找优先级最高的线程，将 CPU 的使用权分配给它。

第三种情况，当存在同一优先级的多个线程都处于就绪态时，较早进入就绪态的线程优先获得系统分配的一段固定时间片供其运行。

当发生以下任意一种情况时，当前线程会停止运行，并进入 CPU 调度。

第一种情况，由于调用了阻塞功能函数（如等待线程信号、事件、信号量或互斥量等），激活态（运行态）线程主动放弃 CPU 的使用权，并同时被放到等待列表或阻塞列表中。

第二种情况，产生了一个比激活态（运行态）线程所能屏蔽的中断优先级更高的中断。

第三种情况，更高优先级的线程已经处于就绪状态。

在协调同一优先级下的多个就绪线程时，RTOS 一般可能会加入时间片轮询的调度机制，以此协调多个同优先级线程共享 CPU。

2. 时间片轮询调度

时间片轮询（Round Robin，RR）调度策略也总是让就绪列表中优先级最高的线程先运行，但是，对于优先级相同的线程，使用时间片轮转的方式，即给相同优先级的线程分配固定的时间片分享 CPU 的使用权。实际上，当采用 RR 调度时，不同优先级的线程是按照 FIFO 策略排列的，相同优先级的线程才会采用 RR 来调用。

3.3.2　RT-Thread 中使用的调度策略

不同的操作系统采取的线程调度策略有所不同。如 μC/OS 总是运行处于就绪状态且优先级最高的线程；FreeRTOS 支持三种调度方式，即优先级抢占调度、时间片轮询调度和合作式调度，实际应用主要是优先级抢占调度和时间片轮询调度，合作式调度用得很少；MQXLite 采用优先级抢占调度、时间片轮询调度和显式调度。

在 RT-Thread 中，采用基于优先级先进先出（FIFO）和时间片轮询（RR）的综合调度策略。**该调度策略为：**总是将 CPU 的使用权分配给当前就绪的、优先级最高的且是较先进入就绪态的线程，同一优先级的线程采用时间片轮询的调度算法。其中，时间片轮询策略是可选的，是作为 FIFO 调度方式的补充，可以协调同一优先级多个就绪线程共享 CPU 的问题，改善多个同优先级就绪线程的调度问题。

在 RT-Thread 中，每个轮询线程有最长时间限制（时间片），在此时间片内该线程可以被激活。时间片由每个线程在创建时自主设置，例如在第 2.3 节的样例工程中，红灯线程创建时定义了其时间片为 10，这就意味着该线程在时间片轮询调度过程中每次被调度所占用的时间为 10 个时钟嘀嗒，若每个时钟嘀嗒为 1 ms，时间片就是 10 ms。同时，在线程执行的时间片期间并不禁止抢占，这就意味着 CPU 的使用权可能被其他优先级高的线程抢占。

在 RT-Thread 中，如果设置所有线程的时间片大小为 0，则不会进行时间片轮询调度，若未出现优先级抢占或者线程阻塞的情况，正在运行的线程不会主动放弃对 CPU 的使用权。反之，当线程运行到规定时间片之后，会产生一次调度判断，若此时有同优先级的线程处于就绪态，则让出 CPU 的使用权，否则继续运行。

在 RT-Thread 中，调度策略是通过可挂起系统调用 PendSV（Pendable Supervisor）中断和定时器 SysTick 中断来实现的。

3.3.3 RT-Thread 中固有线程

RT-Thread 中固有线程有自启动线程和空闲线程。其中，空闲线程的优先级为 31，自启动线程的优先级为 10。在第 2.3.4 小节的样例中已经给出了列表。

1. 自启动线程

在内核启动之前，需要创建一个自启动线程，以便内核启动后执行它，由它来创建其他用户线程。自启动线程被创建时，其状态为就绪态，会自动被放入就绪列表中。在 RT-Thread 中，自启动线程的优先级为 10。由于在启动过程中，是由自启动线程来创建其他用户线程的，因此它的优先级必须要高于或等于其他用户线程的优先级，这样才能保证其他用户线程被正常创建并运行。否则，若自启动线程的优先级低于它所创建的用户线程的优先级，则一旦创建一个新线程后，自启动线程会被抢占，无法继续创建其他线程。

2. 空闲线程

为了确保在内核无用户线程可执行的时候，CPU 能继续保持运行状态，就必须安排一个空闲线程，该线程不完成任何实际工作，其状态为就绪态，始终在就绪列表中。在 RT-Thread 中，空闲线程是在内核启动的过程中被创建的，其优先级为 31，是所有线程中最低的。

3.4 RTOS 中的列表

在第 1.3 节中已经介绍过线程有终止态、阻塞态、就绪态和激活态四种状态。在 RTOS 中每一时刻总是有多个线程处于相同的状态，这就如同人们进入火车站一样，有多人在车站广场等待进入火车站，同时有多人在安检口排队等待安检，在广场的人和在安检口排队的人属于不同的队伍。操作系统会安排不同内存空间放置处于不同状态的线程标识。对应处于就绪状态的线程放置在就绪列表，被延时函数阻塞的线程放置在延时阻塞列表中。因等待事件或消息等而被阻塞的线程放置在条件阻塞列表中。RTOS 会根据各个列表对线程进行管理与调度。

1. 就绪列表

RTOS 中要运行的线程大多先放入就绪列表，即就绪列表中的线程是即将运行的线程，随时准备被调度运行。至于何时被允许运行，由内核调度策略决定。就绪列表中的线程，按照优先级高低及先进先出排列。当内核调度器确认哪个线程运行，则将该线程状态标志由就绪态改为激活态，线程会从就绪列表中被取出并执行。

2. 延时阻塞列表

延时阻塞列表按线程的延时时间长短排列。线程进入延时阻塞列表后，存储的延时时间与调用延时函数实参不同，存储的延时时间=延时函数实参-所有前面线程存储时间之和。当线程调用了延时函数，则该线程就会被放入延时阻塞列表中，其状态由激活态转化为阻塞态。当延时时间到达时，该线程状态由阻塞态转化为就绪态，线程将被从延时阻塞列表移出并放入就绪列表中，线程状态被设置为就绪态，等待被调度执行。

3. 条件阻塞列表

当线程进入永久等待状态或因等待事件、消息、信号量、互斥量时，其状态由激活态转化为阻塞态，线程就会被放到条件阻塞列表中。当等待的条件满足时，该线程状态由阻塞态转化为就绪态，线程会从相应的条件阻塞列表中移出并放入就绪列表中，由 RTOS 进行调度执行。

为了方便对线程进行分类管理，在 RTOS 中会根据线程等待的事件、消息、信号量、互斥量等条件，将线程放入对应的条件阻塞列表。根据线程等待的条件不同，这些条件阻塞列表在不同的 RTOS 中又可分为事件阻塞列表、消息阻塞列表、信号量阻塞列表、互斥量阻塞列表。这里只给出这些列表的基本含义，其运行机制将在第 9 章介绍。

3.5　本章小结

本章给出的 RTOS 下应用程序的基本要素主要是针对应用开发者的，要理解 RTOS 下程序运行的基本流程，这些基本要素是必须掌握的。

异常与中断在程序设计中有着特殊作用。使用一个芯片编程，必须知道这个芯片在硬件上支持哪些异常与中断、中断条件是什么、在何处进行中断服务例程的编程等。为使中断服务例程 isr. c 具有可移植性，在 user. h 头文件中对中断服务例程名字进行了宏定义。

在 RTOS 中，时钟嘀嗒是时间的最小度量单位，是线程调度的基本时间单元，主要用于系统计时、线程调度等。要进行线程切换，至少等 1 个时钟嘀嗒。时钟嘀嗒由硬件定时器产生，一般以毫秒（ms）为单位。在 RT-Thread 中，时钟嘀嗒设置为 1ms。

在 RTOS 中，延时函数具有让出 CPU 使用权的功能。调用延时函数的线程将进入延时阻塞列表，时间到达后，内核将其从延时阻塞列表中移入就绪列表，等待被调度运行。这种延时只适用于延时大于 1 个时钟嘀嗒的情况，更短延时不能用这种方式。

在 RTOS 中，调度是内核的主要职责之一，它决定将哪一个线程投入运行、何时投入运行及运行多久。编程时，只要线程进入就绪列表，就认为该线程已经运行，何时运行就是调度者的事情了。RTOS 的基本调度策略有优先级抢占调度与时间片轮询调度等。优先级抢占调度就是让就绪列表中优先级最高的线程先运行，对于优先级相同的线程，则采用先进先出的策略。时间片轮询调度也是让就绪列表中优先级最高的线程先运行，而对于优先级相同的线程分配固定的时间片分享 CPU 的使用权。

在 RTOS 中，使用就绪列表管理就绪的线程，使用延时阻塞列表管理延时等待的线程，使用条件阻塞列表管理因等待事件、消息等而阻塞的线程。

习题

1. 简述中断的基本概念和编程基本要点。
2. 以 ARM Cortex-M 微处理器为例，给出一个中断编程的具体实例。
3. 简述时钟嘀嗒的概念。第 2 章中 RT-Thread 样例工程的时钟嘀嗒是多少毫秒？
4. 简述 RTOS 下延时函数的基本内涵和使用时的注意事项。
5. 简述 RT-Thread 下的调度策略。
6. 通常情况下 RTOS 使用哪些列表对线程进行管理与调度？

第4章　RTOS中的同步与通信

在RTOS中，每个线程作为独立的个体，接受内核调度器的调度。但是，线程之间不是完全不联系的，其联系的方式就是同步与通信。只有掌握同步与通信的编程方法，才能编写出较为完整的程序。RTOS中主要的同步与通信手段有事件与消息队列。它们是RTOS提供给应用编程的重要工具，是RTOS下进行应用程序开发需要重点掌握的内容之一。在多线程的工程中，还会涉及对共享资源的排他使用问题，RTOS提供了信号量与互斥量来协调多线程下的共享资源的排他使用，它们也属于同步与通信范畴。本章主要介绍事件、消息队列、信号量及互斥量的含义、应用场合、操作函数及编程举例，第9章再解析其运行机制。

4.1　RTOS中同步与通信的基本概念

在百米比赛起点，运动员正在等待发令枪响，一旦发令枪响，运动员立即起跑，这就是一种同步。当一个人采摘苹果放入篮子中，另外一个人只要见到篮子中有苹果，就取出加工，这也是一种同步。RTOS中也有类似的机制应用于线程之间，或者中断服务例程与线程之间。

4.1.1　同步的含义与通信手段

为了实现各线程之间的合作，保证无冲突运行，一个线程的运行过程就需要和其他线程进行配合。线程之间的配合过程称为**同步**。由于线程间的同步过程通常是由某种条件触发的，所以又称为**条件同步**。在每一次同步的过程中，其中一个线程（或中断）为“控制方”，它使用RTOS提供的某种通信手段发出控制信息；另一个线程为“被控制方”，通过通信手段得到控制信息后，进入就绪列表，被RTOS调度执行。被控制方的状态受控制方发出的信息控制，即被控制方的状态由控制方发出的信息来同步。

为了实现线程之间的同步，RTOS提供了灵活多样的**通信手段**，如事件、消息队列、信号量、互斥量等，它们适用于不同的场合。

1. 从是否需要通信数据的角度看

1）如果只发同步信号，不需要数据，可使用事件、信号量、互斥量。同步信号为多个信号的逻辑运算结果时，一般使用事件作为通信手段。

2）如果既有同步功能，又能传输数据，可使用消息队列。

2. 从产生与使用数据速度的角度看

若产生数据的速度快于处理速度，就会有未处理的数据堆积，这种情况下只能使用有缓冲功能的通信手段，如消息队列。但是，产生数据的速度总平均应该慢于处理速度，否则消息队列会溢出。

4.1.2　同步类型

在RTOS中，有中断与线程之间的同步、两个线程之间的同步、两个以上线程同步一个线程、多个线程相互同步等同步类型。

1. 中断与线程之间的同步

若一个线程与某一中断相关联，在中断服务例程中产生同步信号，处于阻塞状态的线程等待这个信号，一旦这个信号发出，该线程就会从阻塞状态变为就绪状态，接受 RTOS 内核的调度。例如，一个小灯线程与一个串口接收中断相关联，小灯亮暗切换由串口接收的数据控制，这种情况可用事件方式实现中断和线程之间的同步。串口接收中断的过程中，中断服务例程收到一个完整数据帧时，可发出一个事件信号，当处于阻塞状态的小灯线程收到这个事件信号时，就可以进行灯的亮暗切换。

2. 两个线程之间的同步

两个线程之间的同步分为单向同步和双向同步。

1）单向同步。如果单向同步发生在两个线程之间，则实际同步效果与两个线程的优先级有很大关系。当控制方线程的优先级低于被控制方线程的优先级时，控制方线程发出信息后被控制方线程进入就绪状态，并立即发生线程切换，然后被控制方线程直接进入激活状态，瞬时同步效果较好。当控制方线程的优先级高于被控制方线程的优先级时，控制方线程发出信息后虽然被控制方线程进入就绪状态，但并不发生线程切换，只有当控制方再次调用系统服务函数（如延时函数）使自己挂起时，被控制方线程才有机会运行，其瞬时同步效果较差。在单向同步过程中，必须保证消息的平均生产时间比消息的平均消费时间长，否则，再大的消息队列也会溢出。以采摘苹果与将苹果放入运输车为例，若有两个人 A 和 B，A 采摘苹果放在篮子中的袋子里，每个袋子固定装入 8 个苹果，篮子最多可以放下 10 袋苹果（每袋苹果就是一个消息），A 手中的篮子就是消息队列。应用编程讲的是，B 的眼睛盯着 A 手中的篮子，只要篮子中有一袋苹果，他就“立即”取出放入运输车中。如果 A 采摘苹果的速度快于 B 放入运输车的速度，篮子总有放不下的时候，所以要求消息堆积不能大于消息队列可容纳的最大消息数，A 的总平均速度要慢于 B 的总平均速度。

2）双向同步。在单向同步中，要求消息的平均生产时间比消息的平均消费时间长，那么如何实现产销平衡呢？可以通过协调生产者和消费者的关系来建立一个产销平衡的理想状态。通信的双方相互制约，生产者通过提供消息来同步消费者，消费者通过回复消息来同步生产者，即生产者必须得到消费者的回复后才能进行下一个消息的生产。这种运行方式称为双向同步。它使生产者的生产速度受到消费者的反向控制，达到产销平衡的理想状态。双向同步的主要功能为确认每次通信均成功，没有遗漏。

3. 两个以上线程同步一个线程

当需要由两个以上线程来同步一个线程时，简单的通信方式难以实现，可采用事件“逻辑与”来实现，此时被同步线程的执行次数不超过各个同步线程中发出信号最少的线程的执行次数。只要被同步线程的执行速度足够快，被同步线程的执行次数就可以等于各个同步线程中发出信号最少的线程的执行次数。“逻辑与”控制功能具有安全控制的特点，可用来保障一个重要线程必须在万事俱备的前提下才可以执行。

4. 多个线程相互同步

多个线程相互同步可以将若干相关线程的运行频度保持一致，每个相关线程在运行到同步点时都必须等待其他线程，只有全部相关线程都到达同步点，才可以按优先级顺序依次离开同步点，从而达到相关线程的运行频度保持一致的目的。多个线程相互同步保证在任何情况下各个线程的有效执行次数都相同，而且等于运行速度最低的线程的执行次数。这种同步方式具有团队作战的特点，它可用于一个需要多线程配合进行的循环作业中。

4.2 事件

在 RTOS 中，当为了协调中断与线程之间或者线程与线程之间同步，但不需要传送数据时，常采用事件作为通信手段。本节主要介绍事件的含义及应用场合、事件的常用函数，以及事件的编程样例。关于事件的运行机制将在 9 章剖析。

4.2.1 事件的含义及应用场合

当某个线程需要等待另一线程（或中断）的信号才能继续工作，或需要将两个及两个以上的信号进行某种逻辑运算，用逻辑运算的结果作为同步控制信号时，可采用“**事件字**”来实现，而这个信号或运算结果可以看作一个**事件**。例如，在串行中断服务例程中，将接收到的数据放入接收缓冲区，当缓冲区数据是一个完整的数据帧时，可以把数据帧放入全局变量区，随后使用一个事件来通知其他线程及时对该数据帧进行剖析，这样就把两件事情交由不同主体完成：中断服务例程负责接收数据，并负责初步识别；而比较费时的数据处理交由线程函数完成。**中断服务例程“短小精悍”是程序设计的基本要求**。

一个事件用一位二进制数（0、1）表达，每一位称为一个**事件位**。在 RT-Thread 中，通常用一个字（如 32 位）来表达事件，这个字被称为**事件字**[⊖]（用变量 set 表示）。事件字每一位可记录一个事件，且事件之间相互独立、互不干扰。

事件字可以实现多个线程（或中断）协同控制一个线程，当各个相关线程（或中断）先后发出自己的信号后（使事件字的对应事件位有效），预定的逻辑运算结果有效，触发被控制的线程，使其脱离阻塞状态进入就绪状态。

4.2.2 事件的常用函数

事件的常用函数有创建事件变量函数 event_create( )、获取事件函数 event_recv( )，以及发送事件函数 event_send( )。

1. 创建事件变量函数 event_create( )

在使用事件之前必须调用创建事件变量函数创建一个事件结构体指针变量。

```
//===========================================================
//函数名称：event_create
//功能概要：创建一个事件结构体指针变量
//参数说明：name，事件名称
//          flag，事件标志位，用于设置唤醒阻塞线程的模式，可选择：
//                     IPC_FLAG_PRIO：优先级高的线程优先
//                     IPC_FLAG_FIFO：先进先出
//函数返回：返回一个事件结构体指针变量
//===========================================================
event_t event_create(const char * name, uint8_t flag);
```

2. 获取事件函数 event_recv( )

当调用事件获取函数时，线程进入阻塞状态。等待 32 位事件字指定的一位或几位置位，

⊖ 每个事件字可以表示 32 个单独事件，一般能满足一个中小型工程的需要。若所需事件多于 32 个，则可以根据需要创建多个事件字。

即可退出阻塞状态。

```
//==============================================================
//函数名称：event_recv
//功能概要：等待 32 位事件字的指定的一位或几位置位
//参数说明：event，指定的事件字
//          set，指定要等待的事件位，32 位中的一位或几位
//          option，接收选项，可选择：
//                  EVENT_FLAG_AND：等待所有事件位
//                  EVENT_FLAG_OR：等待任一事件位
//                  可与 EVENT_FLAG_CLEAR（清标志位）通过“|”操作符连接使用
//          timeout，设置等待的超时时间，一般为 WAITING_FOREVER（永久等待）
//          recved，用于保存接收的事件标志结果，可用于判断是否成功接收到事件
//函数返回：返回成功代码或错误代码
//==============================================================
err_t event_recv(event_t event, uint32_t set, uint8_t option, int32_t timeout, uint32_t *recved);
```

3. 发送事件函数 event_send()

发送事件函数 event_send()用于发送事件字的指定事件位。该函数运行后（即事件位被置位后），因执行获取事件函数而进入阻塞列表的线程会退出阻塞状态，进入就绪列表，接受调度。一般编程过程认为在获取事件函数之后，发送事件函数开始执行。

```
//==============================================================
//函数名称：event_send
//功能概要：发送事件字的指定事件位
//参数说明：event，指定的事件字
//          set，指定要等待的事件位，32 位中的一位或几位
//函数返回：返回成功代码或错误代码
//==============================================================
err_t event_send(event_t event, uint32_t set);
```

4.2.3　事件的编程样例

1. 事件样例程序的功能

事件编程样例见“..\03-Software\CH04-Syn-Comm\Event-ISR”文件夹。该工程给出了利用事件进行中断与线程同步的样例，其功能为：

1）用户串口中断为收到一个字节产生中断，在 isr.c 文件的中断服务例程 UART_User_Handler 中，接收组帧。

2）当串口接收到一个完整的数据帧（帧头（3A）+4 位数据+帧尾（0D0A）），发送一个事件（如红灯事件）。

3）在红灯线程中，有等待红灯事件的语句。没有红灯事件时，该线程在阻塞队列，一旦有红灯事件发生，运行该线程之后的程序，红灯状态反转。

2. 准备阶段

1）**声明事件字全局变量并创建事件字**。在使用事件之前，首先在 07_AppPrg 文件夹下的工程总头文件（includes.h）中声明一个事件字全局变量 g_EventWord。

```
G_VAR_PREFIX event_t g_EventWord;        //声明事件字 g_EventWord
```

这一个事件字全局变量有 32 位，可以满足 32 个事件的需要，一般工程足够使用。

2）**确定要用的事件名称、使用事件字的哪一位**。假设事件位名称为红灯事件，英文名称

为 RED_LIGHT_EVENT，使用事件字的第 3 位（可任意使用哪一位，只要不冲突即可），在样例工程总头文件 includes. h 的“全局使用的宏常数”处，按照下述方式进行宏定义即可。

```
#define RED_LIGHT_EVENT      (1<<3)          //定义红灯事件为事件字第 3 位
```

3）**创建事件字实例**。在 threadauto_appinit. c 文件的 app_init 函数中创建事件字实例。

```
g_EventWord=event_create("g_EventWord",IPC_FLAG_PRIO);      //创建事件字实例
```

3. 应用阶段

1）**等待事件发生**。这一步是在等待事件触发的线程中进行的，使用 event_recv 函数。等待事件位发生有两种参数选项：一类是等待指定事件位“逻辑与”的选项，即等待屏蔽字中逻辑值为 1 的所有事件位都被置位，选项名为“EVENT_FLAG_AND”；另一类是等待事件位“逻辑或”的选项，即等待屏蔽字中逻辑值为 1 的任意一个事件位被置位，选项名为“EVENT_FLAG_OR”。例如在本节样例程序中，在线程 thread_redlight 里等待“红灯事件位”置位，代码如下：

```
event_recv(g_EventWord,RED_LIGHT_EVENT,
            EVENT_FLAG_OR|EVENT_FLAG_CLEAR, WAITING_FOREVER,&recvedstate);
uart_send_string(UART_User,(void *)"在红灯线程中，收到红灯事件，红灯反转\r\n");
gpio_reverse(LIGHT_RED);      //红灯反转
```

编写这段代码的主要目的是为了便于测试，下面一旦设置事件位，event_recv 后的代码即被运行，这叫作“事件的触发功能”，利用事件对两处程序进行同步。RTOS 内核提供了此功能，服务于用户程序。

2）**设置事件位**。这一步是在触发事件的线程中进行的（也可以在中断服务例程中进行），在线程的相应位置使用 event_send 函数对事件位置位，用来表示某个特定事件发生。例如在本节样例程序中，在串行中断服务例程（UART_User_Handler）中设置了红灯事件的事件位，代码如下：

```
event_send(g_EventWord,RED_LIGHT_EVENT);      //设置红灯事件
```

4. 样例程序源码

数据帧可在工程的 01_Doc\ readme. txt 文件中复制使用。

（1）红灯线程（事件等待线程）

```
#include "includes.h"
//======================================================================
//线程函数：thread_redlight
//功能概要：等待红灯事件被触发，反转红灯
//内部调用：无
//======================================================================
void thread_redlight()
{
    //（1）线程初始化部分
    uint32_t i;          //临时变量
    printf("---第一次进入运行红灯线程!\r\n");
    gpio_init(LIGHT_RED,GPIO_OUTPUT,LIGHT_OFF);
    //（2）======主循环（开始）========================================
    while (1)
    {
```

```
        uart_send_string(UART_User,(void *)"在红灯线程中, 等待红灯事件被触发...\r\n");
        event_recv(g_EventWord,RED_LIGHT_EVENT,
                EVENT_FLAG_OR|EVENT_FLAG_CLEAR,WAITING_FOREVER,&i);
        //RED_LIGHT_EVENT 产生后运行下述语句
        uart_send_string(UART_User,(void *)"在红灯线程中, 收到红灯事件, 红灯反转\r\n");
        gpio_reverse(LIGHT_RED);          //红灯反转
    }// (2) =====主循环 (结束) ========================================
}
```

（2）用户串口中断服务例程（isr. c）

在用户串口中断服务例程（isr. c）中成功接收到一个完整帧时，将发出一个事件。

```
#include "includes.h"
//=================================================================
//程序名称: UART_User_Handler 接收中断服务例程
//触发条件: UART_User_Handler 收到一个字节
//备注说明: 进入本程序后, 可使用 uart_get_re_int 函数进行中断标志判断
//           (1-有 UART 接收中断, 0-没有 UART 接收中断)
//硬件连接: UART_User 的所接串口号参见 User.h
//=================================================================
void UART_User_Handler(void)
{
    uint8_t ch;
    uint8_t flag;
    DISABLE_INTERRUPTS;                //关总中断
    //--------------------------------------------------------------
    //接收一个字节
    ch = uart_re1(UART_User, &flag);   //调用接收一个字节的函数, 清接收中断位
    if(flag)
    {
        //判断组帧是否成功
        if(CreateFrame(ch,g_recvDate))
        {
            //组帧成功, 则设置红灯事件位
            uart_send_string(UART_User,(void *)"中断中, 设置红灯事件位 A\r\n");
            event_send(g_EventWord,RED_LIGHT_EVENT);
        }
    }
    //--------------------------------------------------------------
    ENABLE_INTERRUPTS;                 //开总中断
}
```

（3）程序执行流程分析

红灯线程初始运行后，遇到 **event_recv** 语句，因需要等待“红灯事件”而阻塞，即红灯线程的状态由激活态转化为阻塞态，**event_recv** 语句之后的程序不再运行；当用户串口接收到一个完整的数据帧（帧头（3A）+4 位数据+帧尾（0D0A））之后，设置红灯事件（事件字的第 3 位），红灯线程被从阻塞列表中移出，红灯线程状态由阻塞态转化为就绪态，并放入就绪列表，由 RTOS 内核进行调度运行，**event_recv** 语句之后的程序被运行，切换红灯亮暗。

5. 运行结果

样例程序**操作方法**：①下载运行后，退出下载窗口；②打开工程的 01_Doc 文件夹下的 readme. txt文件；③在 readme. txt 文件中复制“3A,01,02,03,04,0D,0A”；④在菜单栏中选择

“工具”→“串口工具”命令；⑤打开用户串口，选择十六进制发送，粘贴上述数据，单击“发送数据”按钮。打开串口时，是否是用户串口可以根据接收数据框信息获得，若不是，更换一个串口打开即可。程序运行效果如图 4-1 所示。通过串口输出的数据可以清晰地看出，在中断中设置红灯事件，从而实现中断与线程之间的通信，实际效果是在发送完一帧数据后红灯的状态反转。

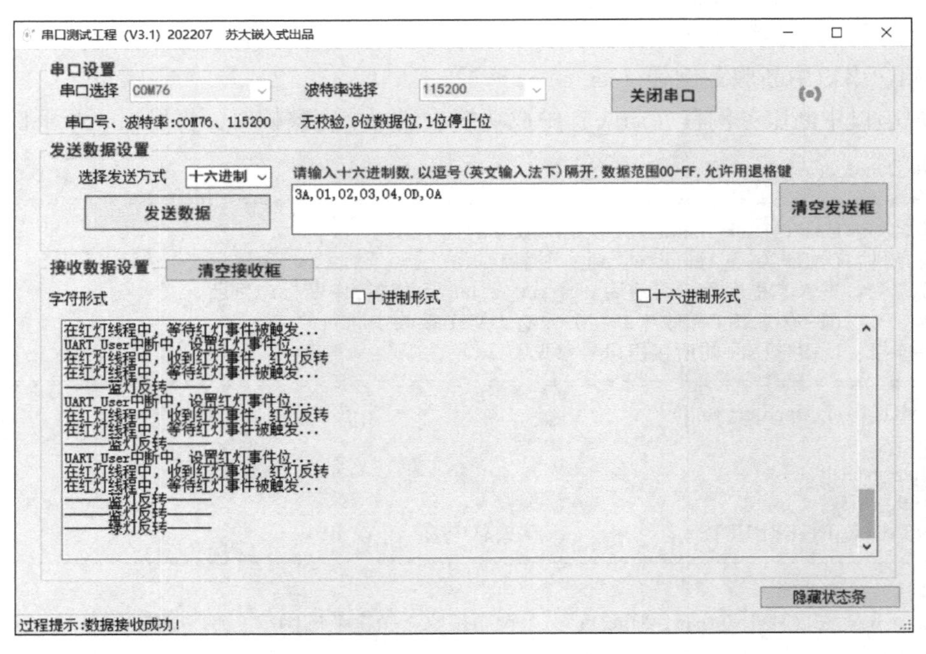

图 4-1　通过事件实现中断与线程之间的通信

通过这个样例，在实际项目中，就会使用 RTOS 的事件为应用程序实现不同程序单元之间的同步服务。

4.3 消息队列

在 RTOS 中，如果需要在线程间或线程与中断间传送数据，那就需要采用消息队列作为通信手段。本节主要介绍消息队列的含义及应用场合、消息队列的常用函数，以及消息队列的编程样例。关于消息队列的运行机制将在 9 章剖析。

4.3.1 消息队列的含义及应用场合

消息（Message）是一种线程间数据传送的单位，它可以是只包含文本的字符串或数字，也可以更复杂，如结构体类型等。相比使用事件时传送的少量数据（1 位或 1 个字），消息可以传送更多、更复杂的数据。它的传送通过消息队列实现。

消息队列（Message Queue）是在消息传送过程中保存消息的一种容器，是将消息从它的源头发送到目的地的中转站，它是能够实现线程之间同步和大量数据交换的一种通信机制。在该机制下，消息发送方在消息队列未满时将消息发往消息队列，接收方则在消息队列非空时将消息队列中的首个消息取出；而在消息队列满或者空时，消息发送方及接收方既可以等待队列满足条件，也可以不等待而直接继续后续操作。这样，只要消息的平均发送速度小于消息的平均接收速度，就可以实现线程间的同步数据交换。哪怕偶尔产生消息堆积，也可以在消息队列中获得缓冲，从而解决了消息的堆积问题。

在第 4.1 节中给出了一个简明的比喻，主要想说明同步的概念，这里有必要再重复一下，可以更直观地体会消息队列的含义。两个人分别是 A 和 B，A 拿着篮子采摘苹果放在袋子中，每个袋子固定装入 8 个苹果，篮子最多可以放下 10 袋苹果（每袋苹果就是一个消息），A 手中的篮子就是消息队列。应用编程讲的是，B 的眼睛会盯着 A 手中的篮子，只要篮子有一袋苹果，他就“立即”取出放入运输车中。如果 A 采摘苹果的速度快于 B 放入运输车的速度，篮子总有放不下的时候，所以要求消息堆积不能大于消息队列可容纳的最大消息数，A 的总平均速度要慢于 B 的总平均速度。

消息队列作为具有行为同步和缓冲功能的数据通信手段，主要适用于以下两个场合：第一，消息的产生周期较短，消息的处理周期较长；第二，消息的产生是随机的，消息的处理速度与消息内容有关，某些消息的处理时间有可能较长。这两种情况均可把产生与处理分在两个程序主体进行编程，它们之间通过消息队列进行通信。

4.3.2　消息队列的常用函数

1. 创建消息队列变量函数 mq_create( )

在使用消息队列之前必须调用创建消息队列变量函数创建一个消息队列结构体指针变量，并分配一块内存空间给该消息队列结构体指针变量。

```
//=======================================================
//函数名称：mq_create
//功能概要：创建一个消息队列结构体指针变量
//参数说明：name，消息队列名称
//          msg_size，消息大小，单位为字节
//          max_msgs，消息队列中最多能容纳的消息数
//          flag，消息队列标志位，设置消息队列的阻塞唤醒模式，可选择：
//                        IPC_FLAG_PRIO：优先级高的线程优先
//                        IPC_FLAG_FIFO：先进先出
//函数返回：返回一个消息队列结构体指针变量
//=======================================================
mq_t mq_create(const char * name,size_t msg_size, size_t max_msgs, uint8_t flag)
```

2. 发送消息函数 mq_send( )

此函数将消息放入消息队列中，若消息阻塞队列中有等待消息的线程，RTOS 内核将其移出放入就绪队列，被调度运行。

```
//=======================================================
//函数名称：mq_send
//功能概要：发送消息（即将消息放入消息队列）
//参数说明：mq，消息队列控制块
//          buffer，消息内容
//          size，消息的大小（即一条消息的字节数）
//函数返回：返回成功或错误代码
//=======================================================
err_t mq_send(mq_t mq, void * buffer, size_t size);
```

3. 获取消息函数 mq_recv( )

运行到此函数，若消息队列为空，则线程阻塞，直至消息队列中有消息，阻塞解除，运行

其后面的代码。

```
//==============================================================
//函数名称：mq_recv
//==============================================================
//参数说明：mq，消息队列控制块
//           buffer，接收消息的地址
//           size，接收缓冲区的大小
//           timeout，设置等待超时时间，一般为 WAITING_FOREVER（永久等待）
//功能概要：将消息从消息队列中取出
//函数返回：状态代码值
err_t mq_recv(mq_t mq,void * buffer, size_t size, int32_t timeout)
```

4.3.3 消息队列的编程样例

1. 消息队列样例程序的功能

消息队列编程样例见“..\03-Software\CH04-Syn-Comm\MessageQueue”文件夹。该工程实现在中断服务例程与线程之间传递消息，其功能为：

1）用户串口中断为收到一个字节产生中断，在 isr.c 文件的中断服务例程 UART_User_Handler 中接收组帧。

2）当串口接收到一个完整的数据帧（帧头（3A）+8 字节数据+帧尾（0D 0A）），发送一个消息，每个消息就是数据帧中的 8 字节数据。注意：每个消息的字节数是在创建消息队列时确定的，且为定长。

3）在等待消息的线程（thread_message_recv）中，有等待消息的语句，若消息队列中没有消息，该线程进入阻塞队列，一旦消息队列中有消息，运行其随后的程序，通过串口（波特率为 115200）输出消息及消息队列中剩余消息的个数。

2. 准备阶段

1）**声明消息队列变量**。在使用消息队列之前，首先在 07_AppPrg 文件夹下的工程总头文件（includes.h）中声明一个全局消息变量 g_mq。

```
G_VAR_PREFIX mq_t g_mq;        //声明一个全局消息变量
```

2）**创建消息队列实例**。在 threadauto_appinit.c 文件的 app_init 函数中创建消息队列实例，实参为：消息队列变量名 g_mq、每个消息 8 个字节、最大消息个数 4 个。

```
//创建消息队列，参数为：名字、单个消息字节数、消息个数、进出方式（先进先出）
g_mq=mq_create("g_mq",8,4,IPC_FLAG_FIFO);
```

3. 应用阶段

1）**等待消息**。通过 mq_recv 函数获取消息队列中存放的消息。例如本节样例程序，在 thread_messagerecv.c 文件中有如下语句。该语句之后的程序，要等待消息队列中有消息时才会被运行。

```
mq_recv(g_mq,&temp,sizeof(temp),WAITING_FOREVER);
```

2）**发送消息（将消息放入消息队列）**。通过 mq_send 函数将消息放入消息队列中，若消息队列中存放的消息数已满，则会直接舍弃该条消息。例如本节样例程序，在中断中将收到的消息放入消息队列。

```
mq_send(g_mq,recv_data,sizeof(recv_data));
```

4. 样例程序源码

(1) 等待消息的线程

当消息队列中有消息时，可获取队列中的消息并输出。具体代码如下：

```
//======================================================================
//线程函数：thread_message_recv
//功能概要：如果队列中有消息，则取出消息并输出取出的消息和队列中剩余的消息数量
//内部调用：无
//======================================================================
void thread_message_recv()
{
    printf("第一次进入消息接收线程!\r\n");
    gpio_init(LIGHT_RED,GPIO_OUTPUT,LIGHT_OFF);
    //（1）声明局部变量
    uint8_t temp[8];          //存放一个消息（每个消息为 8 个字节）
    uint8_t mq_cnt_str[2]; //存放消息数转为的字符
    //（2）主循环（开始）==================================================
    while (1)
    {
        //（2.1）等待消息，参数：消息名，消息内容，消息的字节数，永久等待
        mq_recv(g_mq,&temp,sizeof(temp),WAITING_FOREVER);
        //（2.2）有消息时，会执行随后程序
        //将剩余消息数转为字符串
        IntConvertToStr(g_mq->entry,mq_cnt_str);  //g_mq：全局变量，entry：剩余的消息数
        //从用户串口输出消息有关信息
        uart_send_string(UART_User,(void *) "当前取出的消息=");
        uart_sendN(UART_User,8,temp);                    //取出的消息内容
        uart_send_string(UART_User,(void *) "\r\n");
        uart_send_string(UART_User,(void *)"消息队列中剩余的消息数=");
        uart_send_string(UART_User,(uint8_t *)mq_cnt_str);
        uart_send_string(UART_User,(void *) "\r\n\r\n");
        delay_ms(1000);                                   //延迟，为了演示消息堆积的情况
    }
    //（2）主循环（结束）==================================================
}
```

(2) 用户串口中断服务例程

在用户串口中断服务例程（isr.c）中成功接收到一个完整帧时，将组成一条完整的消息，并放入消息队列中。

```
//======================================================================
//文件名称：isr.c（中断处理程序源文件）
//框架提供：苏大嵌入式实验室（sumcu.suda.edu.cn）
//版本更新：201708-202306
//功能描述：提供中断处理程序编程框架
//======================================================================
#include "includes.h"

//本文件内部函数声明处-------------------------------------------------
uint8_t CreateFrame(uint8_t Data,uint8_t * buffer);            //组帧函数
void ArrayCopy(uint8_t * dest,uint8_t * source,uint16_t len); //数组复制

//======================================================================
```

```
//中断服务例程名称：UART_User_Handler
//触发条件：UART_User 串口收到一个字节
//基本功能：串口收到一个字节后，进入本程序运行；本程序内部调用组帧函数
//          CreateFrame，当组帧完成，放入消息队列
//==================================================================
void UART_User_Handler(void)
{
    //局部变量
    uint8_t ch;
    uint8_t flag;
    uint8_t recv_data[8];
    static uint8_t recv_dateframe[11];        //串口接收字符数组
    DISABLE_INTERRUPTS;                       //关总中断
    //接收一个字节
    ch = uart_re1(UART_User,&flag);
    if(flag)                                  //若收到一帧数据
    {
        if(CreateFrame(ch,recv_dateframe))
        {
            //取出收到的数据作为一个消息
            for(int i=0;i<8;i++)  recv_data[i] = recv_dateframe[1+i];
            //将该消息存放到消息队列
            mq_send(g_mq,recv_data,sizeof(recv_data));
        }
    }
    //----------------------------------
    ENABLE_INTERRUPTS;                        //开总中断
}
```

（3）程序执行流程分析

等待消息的线程 thread_message_recv 初始化运行后，因为开始消息队列中没有消息，此时该线程的状态由激活态转化为阻塞态，mq_recv 语句之后的程序不再运行；当用户串口接收到一个完整的数据帧（帧头（3A）+8 位数据+帧尾（0D 0A）），isr.c 中的 mq_send 语句将 8 位数据作为一个消息放入消息队列，并触发 thread_message_recv 线程中 mq_recv 语句后的程序运行，这就是消息队列的触发机制。不仅实现了同步，还实现了信息的传送。

每放一个消息进入消息队列，消息队列中的消息数量自动增 1，消息数量未满时，消息才可继续放入；当消息放入的速度快于消息取出的速度且消息队列已满，再放入消息则被舍弃。

为了模拟消息堆积的情况，等待消息的线程 thread_message_recv 中使用了 1 s 延时。这样，每隔 1 s 从消息队列中获取消息，收到消息后输出消息内容，同时消息数量减 1。若无消息可获取，则消息接收线程会被放入消息阻塞列表中，直到有新的消息到来，才会从消息阻塞列表中移出放入就绪列表中。

5. 运行结果

样例程序**操作方法**：①下载运行后，退出下载窗口；②打开工程的 01_Doc 文件夹下的 readme.txt 文件；③在 readme.txt 文件中复制“3A,30,31,32,33,34,35,36,37,0D,0A”；④在菜单栏中选择“工具”→“串口工具”命令；⑤打开用户串口，选择十六进制发送，粘贴上述数据，单击“发送数据”按钮。打开串口时，是否是用户串口可以根据接收数据框信息获得，若不是，更换一个串口打开即可。程序运行效果如图 4-2 所示。通过串口输出的信息可以清晰地看出剩余消息数、消息内容等内容。

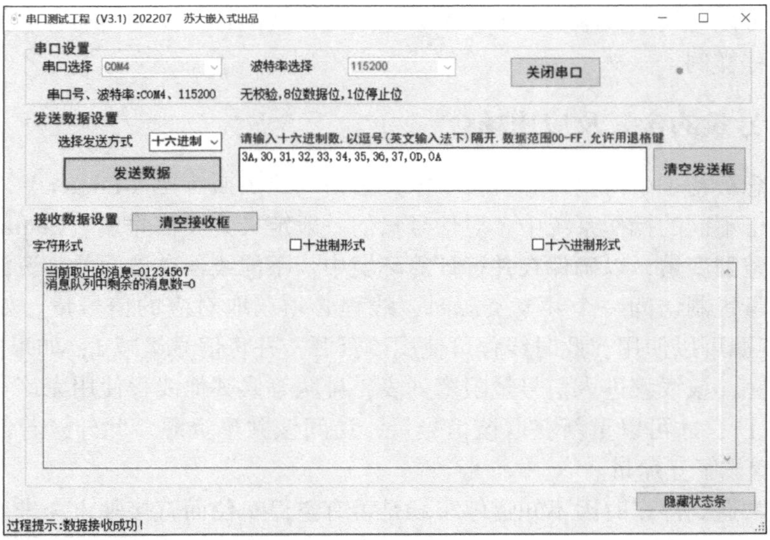

图 4-2　有一个消息

当快速单击“发送数据”按钮，可以模拟消息堆积与消息丢失的情况，如图 4-3 所示。

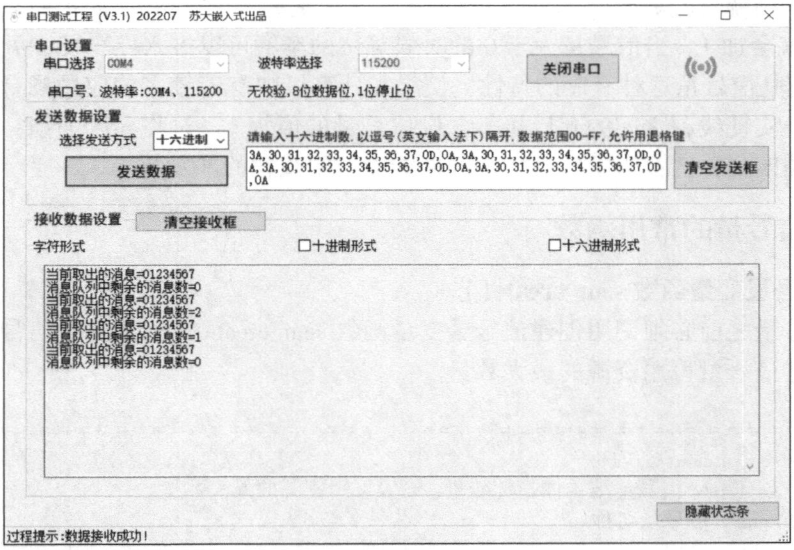

图 4-3　消息堆积或消息丢失测试

通过这个样例，在实际项目中，就会使用 RTOS 的消息队列实现应用程序同步并传送数据服务。

4.4 信号量

共享资源是指能被多人共同使用的资源，如现实生活中的公共停车场。当共享资源有限时，就要限制共享资源的使用。如公共停车场可用停车位个数不为 0 时允许车辆进入，可用停车车位为 0 时则禁止车辆进入。在 RTOS 中可以采用信号量来表达资源可使用的次数，当线程获得信号量时就可以访问该共享资源了。本节介绍信号量的含义及应用场合、信号量的常用函数及信号量的编程样例。

4.4.1 信号量的含义及应用场合

信号量的概念最初是由荷兰计算机科学家艾兹格·迪杰斯特拉（Edsger W. Dijkstra）提出的，被广泛应用于不同的操作系统中。对信号量的一般定义为：**信号量（Semaphore）是一个提供信号的非负整型变量，以确保在并行计算环境中，不同线程在访问共享资源时，不会发生冲突**。利用信号量机制访问一个共享资源时，线程必须获取对应的信号量。如果信号量不为0，则表示还有资源可以使用，此时线程可使用该资源，并将信号量减1；如果信号量为0，则表示资源已被用完，该线程进入信号量阻塞列表，排队等候其他线程使用完该资源后释放信号量（将信号量加1），才可以重新获取该信号量，访问该共享资源。此外，若信号量的最大值为1，信号量就变成了互斥量。

在生活中经常遇到停车时因不知道停车场是否有空停车位而直接驶入，进入停车场后才发现没有空车位而无法停车，甚至有时当停车场只有1个空车位时停车场驶入多辆车辆造成停车纠纷。对于停车场车位这个共享资源，可以通过引入信号量来进行管理。信号量初始值为停车场可用的停车位的数量，车辆进入停车场前先申请（等待信号量）到可用的停车位，若没有可用停车位，车辆就只能等待（线程阻塞），当有车辆离开（释放信号量）停车场，可用停车位（信号量）就会加1。当信号量大于0的时候等待的车辆可以进入停车场，可用停车位（信号量）减1。正是信号量这种有序的特性，使之在计算机中有着较多的应用场合：实现线程之间的有序操作；实现线程之间的互斥执行，设信号量的值为1，对临界区加锁，保证同一时刻只有一个线程访问临界区；为了实现更好的性能而控制线程的并发数等。

4.4.2 信号量的常用函数

1. 创建信号量变量函数 sem_create()

在使用信号量之前必须调用创建信号量变量函数 sem_create()创建一个信号量结构体指针变量，同时设置信号量可用资源的最大数量。

```
//=====================================================
//函数名称：sem_create
//功能概要：创建一个信号量结构体指针变量，设置可用资源的最大数量
//参数说明：name，信号量名称
//          value，可用信号量初始值，即可用资源的最大数
//          flag，信号量标志位，设置信号量的阻塞唤醒模式，可选择：
//                    IPC_FLAG_PRIO：优先级高的线程优先
//                    IPC_FLAG_FIFO：先进先出
//函数返回：返回一个信号量结构体指针变量
//=====================================================
sem_t sem_create(const char *name, uint32_t value, uint8_t flag);
```

2. 等待获取信号量函数 sem_take()

在获取共享资源之前，需要等待获取信号量。若可用信号量个数大于0，则获取一个信号量，并将可用信号量个数减1。若可用信号量个数为0，则线程阻塞，直到其他线程释放信号量之后才能够获取共享资源的使用权。

```
//==================================================================
//函数名称：sem_take
//功能概要：等待一个可用的信号量资源
//参数说明：sem，信号量控制块
//          time，设置等待的超时时间，一般为 WAITING_FOREVER（永久等待）
//函数返回：返回成功或错误代码
//==================================================================
err_t sem_take(sem_t sem, int32_t time);
```

3. 释放信号量函数 sem_release()

当线程使用完共享资源后，需要释放占用的共享资源，信号量值加 1。

```
//==================================================================
//函数名称：sem_release
//功能概要：释放一个信号量资源
//参数说明：sem，信号量控制块
//函数返回：返回成功或错误代码
//==================================================================
err_t sem_release(sem_t sem)
```

4.4.3 信号量的编程样例

1. 信号量样例程序的功能

信号量编程样例见“..\03-Software\CH04-Syn-Comm\Semaphore”文件夹。该工程以三辆车进只有两个停车位的停车场为例，讨论如何通过信号量来实现车辆的有序进场停车。空车位对应于信号量，只有信号量>0 车辆才能进场。空车位>0，车辆可以进场停车，空车位减 1；车辆驶出时，空车位加 1，对应于信号量的获取与释放。信号量的获取和释放必须成对出现，即某个线程获取了信号量，那该信号量必须在该线程中进行释放。本样例模拟的场景是车辆 1 进场停车 20 s，车辆 2 进场停车 10 s，车子 3 进场停车 5 s，可以看到需要等待进场的情况。

2. 准备阶段

初始化信号量，设置最大可用资源数，方法是：通过 sem_create 函数初始化信号量结构体指针变量，设置最大可用资源数。例如本节样例程序，在 app_init 中初始化信号量结构体指针变量，并设置最大可用停车位为 2，代码如下：

1）在 includes.h 中定义信号量。

```
G_VAR_PREFIX   sem_t   g_sp;          //声明一个全局变量（信号量）
```

2）在 threadauto_appinit.c 的 app_init 函数中创建信号量。

```
g_sp = sem_create("g_sp",2,IPC_FLAG_FIFO);        //创建信号量 g_sp，初值为 2
```

3. 应用阶段

1）**等待信号量**。在线程访问资源前，通过 sem_take 函数等待信号量。若无可用信号量时，则线程进入信号量阻塞列表，等待可用信号量的到来。例如在本节样例程序中，在对应线程中获取信号量，代码如下：

```
sem_take( g_sp ,WAITING_FOREVER);     //等待信号量
```

2）**释放信号量**。在线程使用完资源后，通过 sem_release 函数释放信号量。例如在本节样例程序中，在对应线程中释放信号量，代码如下：

```
sem_release( g_sp );      //释放信号量
```

4. 样例程序源码

（1）停车线程 1

```
#include "includes.h"

//================================================================
//线程名称：thread_Stop1
//参数说明：无
//功能概要：输出信号量变化情况，获得信号量后延时 20s
//内部调用：无
//================================================================
void thread_Stop1()
{
  //(1)======声明局部变量=========================================
  int SPcount;          //记录信号量的个数
  //(2)======主循环(开始)=========================================
  while (1)
  {
    delay_ms(2000);      //延时 2 s
    printf("\r\n");
    printf("车辆 1 到达停车场!\r\n");
    SPcount=g_sp->value;          //读取信号量的值
    printf("车辆 1 请求空闲车位，当前空闲车位为：%d\r\n",SPcount);
    if(SPcount==0)
    {
        printf("空闲车位为 0，车辆 1 等待（进入阻塞列表）...\r\n\r\n");
    }
    //等待一个信号量
    sem_take(g_sp,WAITING_FOREVER);
    //信号量自动减 1
    SPcount=g_sp->value;        //读取信号量的值
    printf("车辆 1 获得空闲车位，模拟停车 20 s。此时空闲车位还剩：%d \r\n\r",SPcount);
    if(SPcount==0)
    {
        printf("空闲停车位为 0，红灯亮，随后车辆不允许进入\r\n");
        gpio_set(LIGHT_GREEN,LIGHT_OFF);
        gpio_set(LIGHT_RED,LIGHT_ON);
    }
    delay_ms(20000);
    //释放一个信号量
    sem_release(g_sp);
    //此时信号量自动加 1
    SPcount=g_sp->value;
    printf("车辆 1 驶离，空闲车位为:%d，绿灯亮，车辆允许进入\r\n",SPcount);
    gpio_set(LIGHT_RED,LIGHT_OFF);
    gpio_set(LIGHT_GREEN,LIGHT_ON);
  }
  //(2)======主循环(结束)=========================================
  printf("\r\n");
}
```

（2）停车线程 2 与停车线程 3

停车线程 2 与停车线程 3 的代码与停车线程 1 的代码完全相同，只是其中的提示及延时参数有差异，停车线程 2 的模拟停车时间为 10 s，停车线程 3 的模拟停车时间为 5 s。

（3）程序执行流程分析

每当有车辆进入停车场直到车辆离开，会输出车辆对空闲车位（信号量）的使用过程及线程的状态。车辆到达停车场先请求空闲车位（信号量），如果当前空闲车位（信号量）个数为 0，即无空闲车位（信号量），则会输出当前车辆等待空闲车位（信号量）的提示；当车辆申请到空闲车位（信号量），则输出剩余空闲车位（信号量）的个数；车辆离开停车场释放空闲车位（信号量），并输出提示以释放车位（信号量）。在车辆获取空闲车位（信号量）时和车辆驶离停车场释放空闲车位（信号量）时，增加了对当前空闲车位（信号量）数量的判断，有空闲车位绿灯亮表示允许停车，无空闲车位红灯亮表示禁止停车。

5. 运行结果

程序开始运行后，可以看到各个线程对信号量（空闲车位）的请求和使用情况，运行结果如图 4-4 所示。

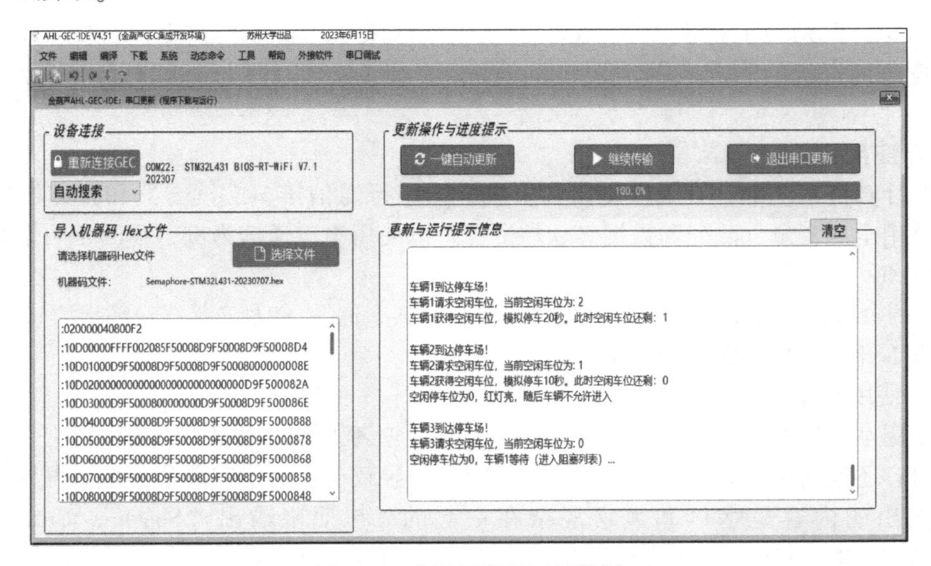

图 4-4　信号量样例运行结果

g_sp 为自定义的信号量名称，通过提示，可以明显地看到信号量增减的变化。g_sp 申请和释放都会有相应提示，而无可用 g_sp 时也会提示哪个线程正在等待。

4.5 互斥量

当信号量的初值为 1，它就被称为互斥量，其值要么为 1，可以使用该资源，要么为 0，不能使用该资源。因为其作用比较特殊，因此 RTOS 把它单独作为一个部件来看待。

4.5.1 互斥量的含义及应用场合

1. 互斥量的含义

互斥量（Mutex，也称为互斥锁）是一种用于保护操作系统中的临界区（或是共享资源）的同步工具之一。它能够保证任何时刻只有一个线程能够操作临界区，从而实现线程间同步。互斥量的操作只有加锁和解锁两种，每个线程都可以对一个互斥量进行加锁和解锁操作，但必须按照先加锁再解锁的顺序进行操作。一旦某个线程对互斥量加锁，在它对互斥量进行解锁之前，任何线程都无法再对该互斥量进行加锁，是一种独占资源的行为。在无操作系统的情况下，一般通过声明独立的全局变量并在主循环中使用条件判断语句对全局变量的特定取值进行判断来实现对资源的独占。互斥量的使用方法如图 4-5 所示。

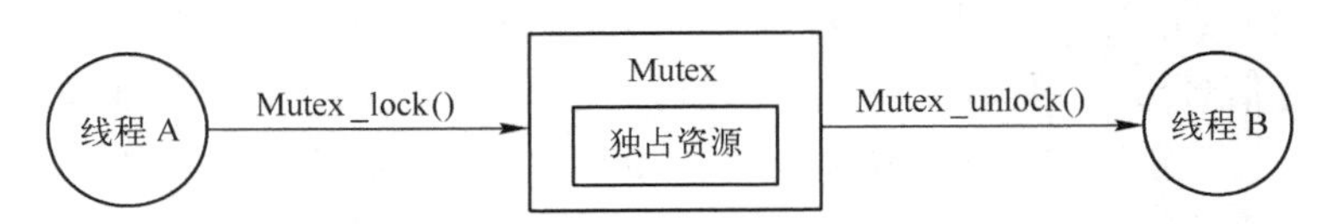

图 4-5　互斥量的使用方法

2. 互斥关系

互斥关系是指多个需求者为了争夺某个共享资源而产生的关系。在生活中有很多互斥关系，如停车场内有两辆车争夺一个停车位、食堂里几个人排队打饭等。这些竞争者之间可能彼此并不认识，但是为了竞争共享资源，产生了互斥关系。就像食堂排队打饭一样，互斥关系中没有竞争到资源的需求者都需要排队等待第一个需求者使用完资源后，才能开始使用资源。

3. 互斥应用场合

在一个计算机系统中，有很多受限的资源，如串行通信接口、读卡器和打印机等硬件资源，以及公用全局变量、队列和数据等软件资源。以使用串口通信为例，下面是两个线程间不使用互斥量和使用互斥量的情况。

假设有两个线程，线程 1 从串口输出“Soochow University”，线程 2 从串口输出“1234567890”，执行从线程 1 开始，且线程 1 和线程 2 的优先级相同。

（1）不使用互斥量

在不使用互斥量的情况下，由于操作系统时间片轮询机制，线程 1 和线程 2 交替执行，线程 1 输出内容还没结束，线程 2 就开始输出内容，会导致输出的内容混乱，无法得到正确的结果。串口输出的内容是字母和数字混杂在一起的，与期望输出“Soochow University”和“1234567890”相去甚远。具体代码可参见“..\03-Software\CH04-Syn-Comm\Mutex_NoUse”，运行结果如图 4-6 所示。

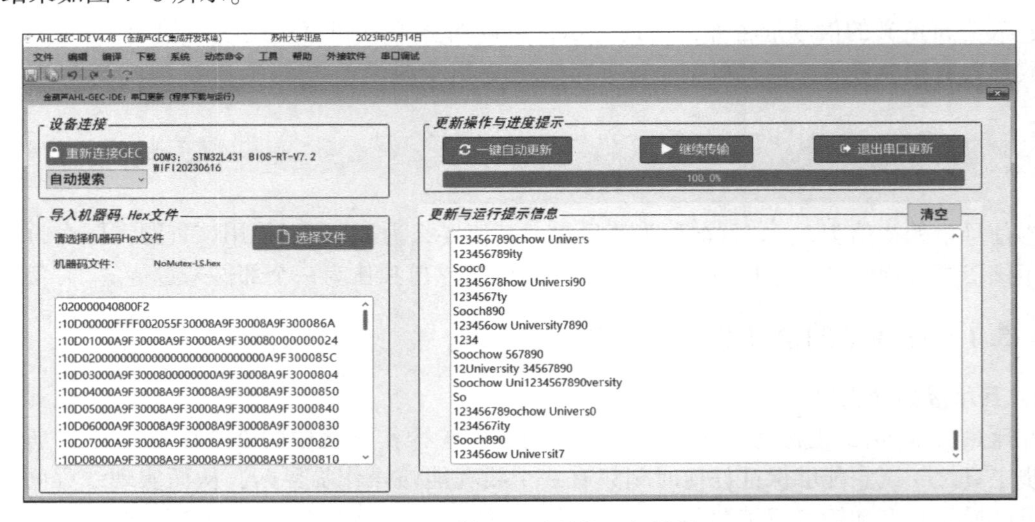

图 4-6　不使用互斥量的运行结果

（2）使用互斥

在使用互斥量的情况下，线程 1 在运行后，线程 2 必须等待线程 1 发送完成并解除占用才能占用串口发送数据。这样经过“排队”的一个过程串口能够正常输出 Soochow University”和“1234567890”，保证了结果的正确性。具体代码可参见“..\03-Software\CH04-Syn-Comm\Mutex_Use”，运行结果如图 4-7 所示。

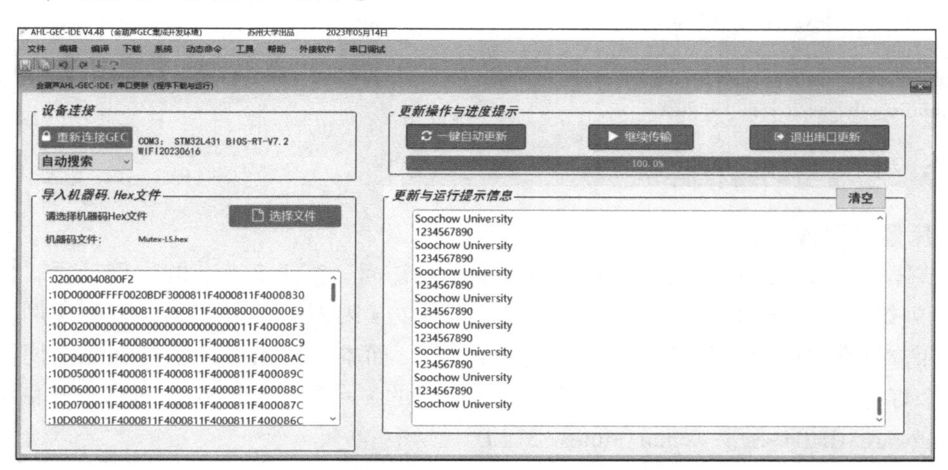

图 4-7　使用互斥量的运行结果

4.5.2　互斥量的常用函数

1. 创建互斥量变量函数 mutex_create()

在使用互斥量之前必须调用创建互斥量变量函数 sem_create()创建一个互斥量结构体指针变量。

```
//======================================================================
//函数名称：mutex_create
//功能概要：创建一个互斥量结构体指针变量
//参数说明：name，互斥量名称
//          flag，互斥量标志位，设置互斥量的阻塞唤醒模式，可选择：
//                  IPC_FLAG_PRIO：优先级高的线程优先
//                  IPC_FLAG_FIFO：先进先出
//函数返回：返回一个互斥量结构体指针变量
//======================================================================
mutex_t mutex_create(const char *name, uint8_t flag);
```

2. 获取互斥量函数 mutex_take()

调用获取互斥量函数 osMutexAcquire()，将在指定的等待时间内获取指定的互斥量。

```
//======================================================================
//函数名称：mutex_take
//功能概要：获取互斥量
//参数说明：mutex，互斥量控制块
//          time，设置等待的超时时间，一般为 WAITING_FOREVER（永久等待）
//函数返回：返回成功或错误代码
//======================================================================
err_t mutex_take(mutex_t mutex, int32_t time)
```

3. 互斥量释放函数 mutex_release( )

调用互斥量释放函数 mutex_release( )，将释放指定的互斥量。

```
//============================================================
//函数名称：mutex_release
//功能概要：释放互斥量
//参数说明：mutex，互斥量控制块
//函数返回：返回成功或错误代码
//============================================================
err_t mutex_release(mutex_t mutex)
```

4.5.3 互斥量的编程样例

1. 互斥量样例程序的功能

本小节样例通过互斥量来实现线程对资源的独占访问，基于 2.3 节的样例工程，仍然实现红灯每 5 s 闪烁一次、绿灯每 10 s 闪烁一次和蓝灯每 20 s 闪烁一次。在 2.3 节的样例工程中红灯、绿灯和蓝灯会有同时亮的情况（出现混合颜色），而本工程通过单色灯互斥量使得每一时刻只有一个灯亮，不出现混合颜色的情况。小灯颜色的显示情况如图 4-8 所示。样例工程参见“..\03-Software\CH04-Syn-Comm\Mutex-3LED”。

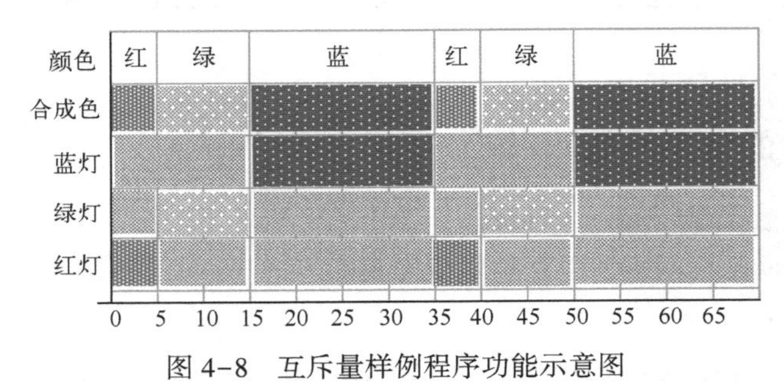

图 4-8 互斥量样例程序功能示意图

互斥量的锁定和解锁必须成对出现，即某个线程锁定了某个互斥量，那该互斥量必须在该线程中进行解锁。

2. 准备阶段

1）在 includes.h 中定义互斥量。

```
G_VAR_PREFIX mutex_t mutex;
```

2）在 app_init 函数中初始化互斥量。

```
g_mutex=mutex_create("g_mutex",IPC_FLAG_PRIO);
```

3. 应用阶段

1）锁定互斥量。在线程访问独占资源前，通过 mutex_take 函数锁定互斥量，以获取共享资源的使用权；若此时独占资源已被其他线程锁定，则线程进入该互斥量的等待列表，等待锁定此独占资源的线程解锁该互斥量。

```
mutex_take(g_mutex,WAITING_FOREVER);
```

2）解锁互斥量。在线程使用完独占资源后，通过 mutex_release( )函数解锁互斥量，释放对独占资源的使用权，以便其他线程能够使用独占资源。

```
mutex_release(mutex);
```

4. 样例程序源码

（1）红灯线程

```
#include "includes.h"
//======================================================================
//线程函数：thread_redlight
//功能概要：每 5s 红灯反转
//======================================================================
void thread_redlight()
{
    //(1)======声明局部变量==========================================
    gpio_init(LIGHT_RED,GPIO_OUTPUT,LIGHT_OFF);
    printf("第一次进入红灯线程!\n");
    //(2)======主循环(开始)==========================================
    while (1)
    {
    //锁定单色灯互斥量
    mutex_take(g_mutex,WAITING_FOREVER);
    printf("\r\n 锁定单色互斥量成功！红灯反转，延时 5s\r\n");
    gpio_reverse(LIGHT_RED);            //红灯亮
    delay_ms (5000);                    //延时 5 s
    gpio_reverse(LIGHT_RED);            //红灯暗
    mutex_release(g_mutex);             //解锁单色灯互斥量
    }
    //(2)======主循环(结束)==========================================
}
```

（2）绿灯线程

```
#include "includes.h"
//======================================================================
//线程函数：thread_greenlight
//功能概要：每 10 s 绿灯反转
//======================================================================
void thread_greenlight()
{
    //(1)======声明局部变量==========================================
    gpio_init(LIGHT_GREEN,GPIO_OUTPUT,LIGHT_OFF);
    printf("第一次进入绿灯线程!\n");
    //(2)======主循环(开始)==========================================
    while (1)
    {
    //锁定单色灯互斥量
    mutex_take(g_mutex,WAITING_FOREVER);
    printf("\r\n 锁定单色互斥量成功！绿灯反转，延时 10s\r\n");
    gpio_reverse(LIGHT_GREEN);              //绿灯亮
    delay_ms (10000);                       //延时 10 s
    gpio_reverse(LIGHT_GREEN);              //绿灯暗
    mutex_release(g_mutex);                 //解锁单色灯互斥量
    }
//(2)======主循环(结束)==========================================
}
```

(3) 蓝灯线程

```
#include "includes.h"
//==================================================================
//线程函数：thread_bluelight
//功能概要：每 20 s 蓝灯反转
//==================================================================
void thread_bluelight()
{
    //(1)======声明局部变量=========================================
    gpio_init(LIGHT_BLUE,GPIO_OUTPUT,LIGHT_OFF);
    printf("第一次进入蓝灯线程!\n");
    //(2)======主循环(开始)=========================================
    while (1)

    {
        //锁定单色灯互斥量
        mutex_take(g_mutex,WAITING_FOREVER);
        printf("\r\n锁定单色互斥量成功！蓝灯反转，延时20s\r\n");
        gpio_reverse(LIGHT_BLUE);              //蓝灯亮
        delay_ms (20000);                      //延时 20 s
        gpio_reverse(LIGHT_BLUE);              //蓝灯暗
        mutex_release(g_mutex);                //解锁单色灯互斥量
    }
    //(2)======主循环(结束)=========================================
}
```

(4) 程序执行流程分析

本样例程序与 2.3 节的样例程序的区别在于使用了互斥量机制。添加了互斥量机制后，红、绿、蓝三种颜色的小灯会按照红灯 5 s、绿灯 10 s、蓝灯 20 s 的顺序单独实现亮暗，每种颜色的小灯线程之间通过锁定单色灯互斥量独立占有资源，不会产生黄、青、紫、白这四种混合颜色。具体流程如下：

红灯线程调用 mutex_take 函数申请锁定单色灯互斥量成功，互斥锁为 1，红灯线程切换亮暗。任何此时访问红灯线程的请求都将被拒绝。当红灯线程锁定单色灯互斥量时，蓝灯线程和绿灯线程申请锁定单色灯互斥量均失败，会被放到互斥量阻塞列表中，直到红灯线程解锁单色灯互斥量之后，才会从互斥量阻塞列表中移出，获得单色灯互斥量，然后进行灯的亮暗切换。由于单色灯互斥量是由红灯线程锁定的，因此红灯线程能成功解锁它。5 s 后，红灯线程解锁单色灯互斥量，解锁后互斥锁为 0，并进入等待状态。此时单色灯互斥量会从互斥量列表移出，并转移给正在等待单色灯互斥量的绿灯线程。绿灯线程变为单色灯互斥量的所有者，即绿灯线程成功锁定单色灯互斥量，互斥锁变为 1，同时切换绿灯亮暗。10 s 后，绿灯线程解锁单色灯互斥量，互斥锁再次变为 0，此时仍处于等待状态的蓝灯线程成为单色灯互斥量的所有者。20 s 后，蓝灯线程解锁单色灯互斥量，红灯线程又会重新锁定单色灯互斥量，进而实现一个周期循环的过程。

5. 运行结果

通过串口工具查看输出结果，如图 4-9 所示。通过本小节样例，当实际项目中需要资源互斥使用时，可以依此进行编程。RT-Thread 中的互斥量还具有解决优先级反转问题的功能，将在 6.4 节中阐述。

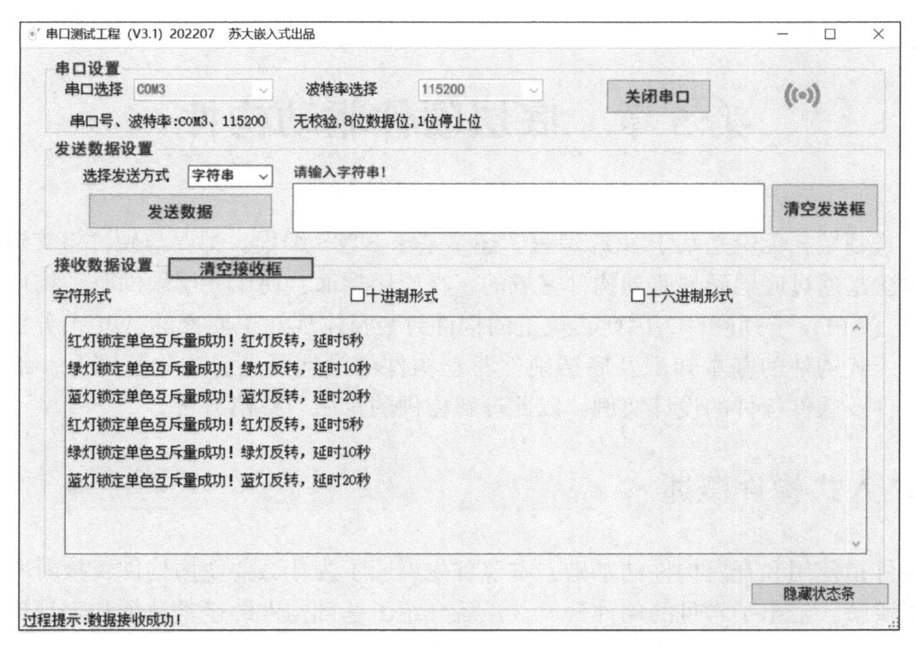

图 4-9　互斥量示例运行效果

4.6 本章小结

事件与消息队列用于线程之间、线程与中断服务例程之间的联系。

当某个线程需要等待中断服务例程或另一线程发出信号才能继续工作，可以使用事件，事件只提供同步手段，但不提供数据。

若既要同步，又要提供数据，可以使用消息队列。但使用消息队列时需要注意，产生消息的平均速度要小于使用消息的平均速度，少量的消息堆积决定了设定消息队列的大小，不能产生消息溢出丢失的情况。

信号量与互斥量用于访问一个共享资源时的相互制约，避免共享资源的使用冲突。若信号量的最大数量为 1，信号量就变成了互斥量，即互斥地访问一个共享资源。

习题

1. 简述同步的含义与常用的通信方式。
2. 在 RTOS 中，同步有几种类型，简要说明每种类型的实现过程。
3. 简述事件的含义及应用场景，自行设计一个程序体现事件的工作过程。
4. 简述消息队列的含义及应用场景，自行设计一个程序体现消息队列的工作过程。
5. 针对事件，用语言总结比较规范的编程步骤。
6. 针对消息队列，用语言总结比较规范的编程步骤。
7. 简述信号量的含义及应用场景，设计一个程序体现信号量的工作过程。
8. 简述互斥量的含义及应用场景，设计一个程序体现互斥量的工作过程。
9. 试比较信号量和互斥量在使用时的不同之处。

第 5 章　底层硬件驱动构件

在嵌入式领域，无论是基于 NOS 编程，还是基于 RTOS 编程，都要与硬件打交道。软件干预硬件的方法是通过底层硬件驱动构件完成的。在应用层面，使用底层硬件驱动构件的对外应用程序接口（API）干预硬件。因此，规范的构件封装及体现知识要素的 API 十分重要。本章首先介绍嵌入式构件的基本知识及底层硬件驱动构件的设计要点，在此基础上，给出基础构件、应用构件及软件构件的设计实例，以此理解构件的重用与移植方法。

5.1　嵌入式构件概述

了解构件是使用和开发构件的基础，本节首先说明了为什么要使用构件，接着对构件的基本概念做了讲解，给出了常见的构件分类，最后介绍了基础构件的基本特征和表现形式。

5.1.1　制作构件的必要性

机械、建筑等传统产业的运作模式是先生产符合标准的构件（零部件），然后将标准构件按照规则组装成实际产品。其中，**构件**（Component）是核心和基础，**复用**是必需的手段。传统产业的成功充分证明了这种模式的可行性和正确性。软件产业的发展借鉴了这种模式，为标准软件构件的生产和复用确立了举足轻重的地位。

随着微控制器及应用处理器内部 Flash 存储器可靠性的提高和擦写方式的变化、内部 RAM 及 Flash 存储器容量的增大，以及外部模块内置化程度的提高，嵌入式系统的设计复杂性、设计规模及开发手段已经发生了根本变化。在嵌入式系统发展的最初阶段，嵌入式系统硬件和软件设计通常是由一名工程师来承担的，软件设计在整个工作中的比例很小。随着嵌入式设备的发展，硬件设计变得越来越复杂，软件设计的分量也急剧增大，嵌入式开发也由一人发展为由若干人组成的开发团队。为此，如果希望提高软/硬件设计的可重用性与可移植性，构件的设计与应用是复用与移植的基础与保障。

5.1.2　构件的基本概念

国内外对于软件构件的定义曾进行过广泛讨论，有许多不同说法。

面向构件程序设计工作组给出的构件定义⊖：**软件构件是一种组装单元，它具有规范的接口规约和显式的语境依赖。软件构件可以被独立地部署并由第三方任意地组装。**它既包括了技术因素，例如独立性、合约接口、组装，也包括了市场因素，例如第三方和部署。

美国卡内基梅隆大学软件工程研究所（Carnegie Mellon University Software Engineering Institute，CMUSEI）给出的软件构件的定义：**构件是一个不透明的功能实体，能够被第三方组织，且符合一个构件模型。**

⊖ 由 Szyperski 和 Pfister 在 1996 年的面向对象程序设计欧洲会议上（European Conference on Object－Oriented Programming，ECOOP）给出。

国际上第一部软件构件专著的作者 Szyperski 给出的软件构件的定义：**可单独生产、获取、部署的二进制单元，它们之间可以相互作用构成一个功能系统。**

到目前为止，对于软件构件依然没有形成一个能够被广泛接受的定义，不同的研究人员对构件有着不同的理解。一般来说，可以将软件构件理解为：**在语义完整、语法正确的情况下，具有可复用价值的单位软件，是软件复用过程中可以明确辨别的成分；从程序角度，可以将构件看作有一定功能、能够独立工作或协同其他构件共同完成的程序体。**

5.1.3　嵌入式开发中的构件分类

为了便于理解与应用，可以把嵌入式构件分为**基础构件、应用构件与软件构件**三类。

1. 基础构件

基础构件的定义：基础构件是根据 MCU 内部功能模块的基本知识要素，针对 MCU 引脚功能或 MCU 内部功能，利用 MCU 内部寄存器所制作的直接干预硬件的构件。基础构件是面向芯片级的、符合软件工程封装规范的硬件驱动构件，也称为**底层硬件驱动构件，常简称作底层构件、驱动构件**。常用的基础构件主要有：GPIO 构件、UART 构件、Flash 构件、ADC 构件、PWM 构件、SPI 构件、I^2C 构件等。

基础构件的特点是面向芯片，不考虑具体应用，以功能模块独立性为准则进行封装。面向芯片，表明在设计基础构件时，不应该考虑具体应用项目，还要屏蔽芯片之间的差异，尽可能把基础构件的接口函数与参数设计成与芯片无关，便于理解与移植，也便于保证调用基础构件的上层软件的可复用性；模块独立性是指设计芯片的某一模块底层驱动构件时，不要涉及其他平行模块。

2. 应用构件

应用构件的定义：应用构件是通过调用芯片的基础构件而制作完成的，符合软件工程封装规范的，面向实际应用硬件模块的驱动构件。**其特点是面向实际应用硬件模块，以硬件模块独立性为准则进行封装。**例如，若一个 LCD 硬件模块是 SPI 接口的，则 LCD 构件调用基础构件 SPI，完成对 LCD 显示屏控制的封装。也可以把 printf 函数纳入应用构件，因为它调用串口构件。printf 函数调用的一般形式为：printf("格式控制字符串"，输出表列)。本书使用的 printf 函数可通过串口向外传输数据。

3. 软件构件

软件构件的定义：软件构件是一个面向对象的、具有规范接口和确定的上下文依赖的组装单元，它能够被独立使用或被其他构件调用。本书使用的软件构件概念狭义地限制在与硬件无关层面。**其特点是面向实际算法，以功能独立性为准则进行封装，具有底层硬件无关性。**例如排序算法、队列操作、链表操作及人工智能相关算法等。

5.1.4　基础构件的基本特征与表现形式

基础构件即**底层硬件驱动构件**，是嵌入式软件与硬件打交道的必用之路。开发应用软件时，需要通过底层硬件驱动构件提供的应用程序接口与硬件打交道。封装好的底层硬件驱动构件，能减少重复劳动，使广大 MCU 应用开发者专注于应用软件的稳定性与功能设计上，提高开发的效率和稳定。

为了把基础构件设计好、封装好，下面来了解构件的基本特征与形式。

1. 构件的基本特征

封装性、描述性、可移植性与可复用性是软件构件的基本特性。在嵌入式软件领域中，由于软件与硬件紧密联系的特性，与硬件紧密相连的基础构件的生产成为嵌入式软件开发的重要内容之一。良好的基础构件应具备如下特性。

1）**封装性**。在内部封装实现细节，采用独立的内部结构以减少对外部环境的依赖。调用者只通过构件接口获得相应功能。内部实现的调整不会影响构件调用者的使用。

2）**描述性**。构件必须提供规范的函数名称、清晰的接口信息、参数含义与范围、必要的注意事项等描述，为调用者提供统一、规范的使用信息。

3）**可移植性**。基础构件的可移植性是指构件可以做到不改动或少改动，从而方便地移植到同系列或不同系列芯片内，减少重复劳动。

4）**可复用性**。在满足一定使用要求时，构件不经过任何修改就可以直接使用。特别是使用同一芯片开发不同项目，基础构件应该做到可复用。可复用性使得上层调用者对构件的使用不因底层实现的变化而有所改变。可复用性提高了嵌入式软件的开发效率、可靠性与可维护性。不同芯片的基础构件复用需在可移植性基础上进行。

2. 构件的表现形式

基础构件是与硬件直接打交道的程序，它被设计成具有一定独立性的功能模块，由头文件和源程序文件两部分组成[⊖]。**构件的头文件名和源程序文件名一致，且为构件名。**

构件的头文件主要包含必要的引用文件、描述构件功能特性的宏定义语句，以及对外接口函数的声明。良好的构件头文件应该是构件使用说明书，不需要使用者查看源程序就能使用构件。

构件的源程序文件包含内部函数的声明、对外接口函数的实现等。

将构件分为头文件与源程序文件两个独立的部分，其意义在于，头文件中包含对构件的使用信息的完整描述，为用户使用构件提供充分必要的说明；构件提供服务的实现细节被封装在源程序文件中，调用者通过构件对外接口获取服务，而不必关心服务函数的具体实现细节。

构件中的函数使用“**构件名_函数功能名**”的形式命名，以便明确标识该函数属于哪个构件，实现什么功能。

构件中的内部调用函数不在头文件中声明，其声明直接放在源程序头部，不做注释，只做声明，函数头注释及函数实体在对外接口函数后给出。

从 RTOS 角度来说，构件应该是与 RTOS 无关的，这样才能保证构件的可移植性与可复用性。

5.2 基础构件设计原则与方法

在设计构件时必须遵循一定的原则和流程。本节先介绍基础构件设计的层次化原则、易用性原则、鲁棒性原则、内存可靠原则，然后对基础构件设计要点进行了分析，最后给出了基础构件封装规范。

⊖ 特别强调一下，根据软件工程的基本原则，一个基础构件只能由一个头文件和一个源程序文件组成，头文件是构件的使用说明。

5.2.1　基础构件设计的基本原则

为了能够把基础构件设计好、封装好，还要了解构件设计的基本原则。

在设计基础构件时，最关键的工作是要对构件的共性和个性进行分析，从而设计出合理的、必要的对外接口函数，**使得一个基础构件可以直接应用到使用同一芯片的不同工程中，不需要做任何修改**。

根据构件的**封装性、描述性、可移植性、可复用性**的基本特征，基础构件的开发应遵循**层次化、易用性、鲁棒性及内存可靠原则**。

1. 层次化原则

层次化设计要求清晰地组织构件之间的关联关系。基础构件与底层硬件打交道，在应用系统中位于最底层。遵循层次化原则设计基础构件需要做到：

针对应用场景和服务对象，分层组织构件。设计基础构件的过程中，有一些与处理器相关的、描述了芯片寄存器映射的内容，这些是所有基础构件都需要使用的，将这些内容组织成基础构件的公共内容，作为基础构件的基础。在基础构件的基础上，还可使用高级的扩展构件调用基础构件功能，从而实现更加复杂的服务。

在构件的层次模型中，**上层构件可以调用下层构件提供的服务，同一层次的构件不存在相互依赖关系，不能相互调用。**例如，Flash 模块与 UART 模块是平级模块，不能在编写 Flash 构件时，调用 UART 驱动构件。即使要通过对 UART 驱动构件函数的调用在 PC 显示器上显示 Flash 构件的测试信息，也不能在 Flash 构件内含有调用 UART 驱动构件函数的语句，而应该在上一层次的程序中调用。平级构件是相互不可见的，只有深入理解这一点，并遵守之，才能更好地设计出规范的基础构件。在操作系统下，平级构件不可见特性特别重要。

2. 易用性原则

易用性指调用者能够快速理解构件提供的功能并能快速正确使用。遵循易用性原则设计基础构件需要做到：**函数名简洁且达意，接口参数清晰、范围明确，使用说明的语言精练规范、避免二义性。**此外，在函数的实现方面，要避免编写的代码量过多。函数的代码量过多会导致难以理解与维护，并且容易出错。若一个函数的功能比较复杂，可将其“化整为零”，通过编写多个规模较小的功能单一的子函数，再进行组合，实现整体的功能。

3. 鲁棒性原则

鲁棒性在于为调用者提供安全的服务，以避免在程序运行过程中出现异常状况。遵循鲁棒性原则设计基础构件需要做到：**在明确函数输入/输出的取值范围、提供清晰接口描述的同时，在函数实现的内部要有对输入参数的检测，对超出合法范围的输入参数进行必要的处理；不忽视编译警告错误；使用分支判断时，确保对分支条件判断的完整性，对默认分支进行处理。**例如，对 if 结构中的“else”分支和 switch 结构中的“default”安排合理的处理程序。

4. 内存可靠原则

对内存的可靠使用是保证系统安全、稳定运行的一个重要因素。遵循内存可靠原则设计基础构件需要做到：

1）优先采用静态分配内存。相比于人工参与的动态分配内存，静态分配内存由编译器维护，更为可靠。例如，在基础构件设计时，尽量不要使用 malloc、new 等动态申请内存。

2）谨慎地使用变量。可以直接读/写硬件寄存器时，不要使用变量代替；避免使用变量暂存简单计算所产生的中间结果，使用变量暂存数据将会影响数据的时效性。

3）防止出现“野指针”。避免指向非法地址，定义指针变量时必须初始化。

4）防止缓冲区溢出。使用缓冲区时，建议预留不小于 20%的冗余，在对缓冲区填充前，先检测数据的长度，防止缓冲区溢出。

5.2.2 基础构件设计要点分析

本小节以一个基础构件为例，简要叙述基础构件的设计方法。

下面以通用输入/输出 GPIO 构件为例，进行封装要点分析，即分析应该设计哪几个函数及入口参数。**前提条件是，必须理解什么是 GPIO**（第 5.3.1 小节给出说明）。在此前提之下，再进行封装要点分析。GPIO 引脚可以被定义成输入、输出两种情况：若是输入，程序需要获得引脚的状态（逻辑 1 或 0）；若是输出，程序可以设置引脚状态（逻辑 1 或 0）。MCU 的引脚可分为许多端口，每个端口有若干引脚，GPIO 构件可以实现对所有 GPIO 引脚统一编程。GPIO 构件由 gpio. h、gpio. c 两个文件组成，如要使用 GPIO 驱动构件，只需要将这两个文件加入所建工程中即可，方便了对 GPIO 的编程操作。GPIO 构件一般包含下列函数。

1. 模块初始化函数 gpio_init( )

由于芯片引脚具有复用特性，应把引脚设置成 GPIO 功能，同时定义成输入或输出，若是输出，还要给出初始状态。所以，GPIO 模块初始化函数 gpio_init 的参数为哪个引脚、是输入还是输出、若是输出其状态是什么。函数不必有返回值。其中，引脚可用一个 16 位数据描述，高 8 位表示端口号、低 8 位表示端口内的引脚号。这样，GPIO 模块初始化函数原型可以设计为

```
void gpio_init(uint16_t port_pin, uint8_t dir, uint8_t state)
```

2. 设置引脚状态函数 gpio_set( )

对于输出，希望通过函数设置引脚是高电平（逻辑 1）还是低电平（逻辑 0），入口参数应该是哪个引脚、其输出状态是什么。函数不必有返回值。这样，设置引脚状态的函数原型可以设计为

```
void gpio_set(uint16_t port_pin, uint8_t state)
```

3. 获得引脚状态函数 gpio_get( )

对于输入，希望通过函数获得引脚的状态是高电平（逻辑 1）还是低电平（逻辑 0），入口参数应该是哪个引脚。函数需要有返回值，为引脚状态。这样，设置引脚状态的函数原型可以设计为

```
uint8_t gpio_get(uint16_t port_pin)
```

4. 引脚状态反转函数 void gpio_reverse( )

分析同上，可以设计引脚状态反转函数的原型为

```
void gpio_reverse(uint16_t port_pin)
```

5. 引脚上下拉使能函数 void gpio_pull( )

若引脚被设置成输入，还可以设定内部上下拉。通常内部上下拉电阻范围为 20～50 kΩ。引脚上下拉使能函数的原型为

```
void gpio_pull(uint16_t port_pin, uint8_t pullselect)
```

这些函数基本满足了对 GPIO 操作的需求，还有中断使能与禁止㊀、引脚驱动能力等函数，比较深的内容，可暂时略过，使用或深入学习时参考 GPIO 构件即可。要实现 GPIO 构件的这几个函数，除了要给出清晰的接口、良好的封装、简洁的说明与注释、规范的编程风格等之外，还需要符合一些基本规范，并做好前期准备工作。下面分别介绍构件封装规范与前期准备。

5.2.3　基础构件封装规范概要

本小节介绍基础构件封装概要，以便在开始设计构件时，少走弯路，做出来的构件符合基本规范，便于移植、复用、交流。

1. 基础构件的组成、存放位置与内容

每个构件由头文件（.h）与源文件（.c）两个独立文件组成，放在以构件名命名的文件夹中。底层构件头文件（.h）中仅包含对外接口函数的声明，是构件的使用指南，以构件名命名，例如 GIPO 构件命名为 gpio（使用小写，目的是与内部函数名前缀统一）。设计好的 GPIO 构件存放于“03_MCU\MCU_drivers”文件夹中。基本要求是调用者只看头文件即可使用构件。对外接口函数及内部函数的实现在构件源程序文件（.c）中。注意：头文件声明对外接口函数的顺序与源程序文件实现对外接口函数的顺序应保持一致。源程序文件中，内部函数的声明放在对外接口函数代码的前面，内部函数的实现放在全部对外接口函数代码的后面，以便提高可阅读性与可维护性。

在本书给出的标准框架下，所有与芯片直接相关的底层驱动构件均放在工程文件夹下的“03_MCU\MCU_drivers”文件夹中。

2. 设计构件的最基本要求

设计构件的最基本要求如下。

1）使用与移植要方便。要对构件的共性与个性进行分析，抽取出构件的属性和对外接口函数。希望做到：使用同一芯片的应用系统，构件不更改，可直接使用；同系列芯片的同功能底层驱动移植时，仅改动头文件；不同系列芯片的同功能底层驱动移植时，对头文件与源程序文件的改动要尽可能少。

2）要有统一、规范的编码风格与注释。主要涉及文件、函数、变量、宏及结构体类型的命名规范；涉及空格与空行、缩进、断行等的排版规范；涉及文件头、函数头、行及边等的注释规范。

3）宏的使用限制。宏的使用具有两面性，有提高可维护性一面，也有降低阅读性一面，不要随意使用宏。

4）禁止使用全局变量。构件封装时，禁止使用全局变量。

5.2.4　封装的前期准备：公共要素

将一些几乎被所有文件包含使用的可以公用的宏定义，如位操作宏函数、不优化类型的简短别名宏定义等，统一放在 cpu.h 文件中，方便公用。

1. 位操作宏函数

在编程时经常需要对寄存器的某一位进行操作，即对寄存器置位、清位及获得寄存器某一

㊀ 关于使能（Enable）与禁止（Disable）中断，文献中有多种中文翻译，如使能、开启、除能、关闭等，本书统一使用使能中断与禁止中断术语。

位的状态。可以将这些操作定义成宏函数。设置寄存器某一位为 1，称为置位；设置寄存器某一位为 0，称为清位。这在底层驱动构件编程时经常用到。置位与清位的基本原则是：当对寄存器的某一位进行置位或清位操作时，不能干扰该寄存器的其他位，否则，可能会出现意想不到的错误。

综合利用<<、>>、|、&、~等位运算符，可以实现置位与清位，且不影响其他位的功能。下面以 8 位寄存器为例进行说明，其方法适用于各种位数的寄存器。设 R 为 8 位寄存器，将 R 的某一位置位与清位而不影响其他位的编程方法如下。

1）置位。要将 R 的第 3 位置 1，其他位不变，做法是：R |= (1<<3)，其中“1<<3”的结果是“0b00001000”，R |= (1<<3)也就是 R=R|0b00001000，任何数和 0 相或不变，任何数和 1 相或为 1，这样就达到了对 R 的第 3 位置 1 而不影响其他位的目的。

2）清位。要将 R 的第 2 位清 0，其他位不变，做法是：R &= ~(1<<2)，其中“~(1<<2)”的结果是“0b11111011”，R&=~(1<<2)也就是 R=R&0b11111011，任何数和 1 相与不变，任何数和 0 相与为 0，这样就达到了对 R 的第 2 位清 0 而不影响其他位的目的。

3）获得某一位的状态。(R>>4) & 1 是获得 R 第 4 位的状态，“R>>4”是将 R 右移 4 位，将 R 的第 4 位移至第 0 位，即最后 1 位，再和 1 相与，也就是和 0b00000001 相与，保留 R 最后 1 位的值，以此得到 R 第 4 位的状态值。

为了方便使用，把这些方法改为带参数的“宏函数”，并且简明定义。

```
#define BSET(bit,Register) ((Register) | = (1<<(bit)))          //置 Register 的第 bit 位为 1
#define BCLR(bit,Register) ((Register) & = ~(1<<(bit)))         //清 Register 的第 bit 位为 0
#define BGET(bit,Register) (((Register) >> (bit)) & 1)          //取 Register 的第 bit 位的状态
```

这样，就可以通过使用 BSET、BCLR、BGET 这些容易理解与记忆的标识，进行寄存器的置位、清位及获得寄存器某一位状态的操作。

2. 不优化类型的简短别名

嵌入式程序设计与一般的程序设计有所不同，在嵌入式程序中打交道的多数是底层硬件的存储单元或是寄存器，所以在编写程序代码时，使用的基本数据类型多以 8 位、16 位、32 位、64 位数据长度为单位。不同的编译器为基本整型数据类型分配的位数存在不同，但在编写嵌入式程序时要明确使用变量的字长，特别是不优化类型。为方便书写，给出简短别名：

```
//不优化类型
typedef volatile uint8_t     vuint8_t;                    //不优化无符号 8 位数
typedef volatile uint16_t    vuint16_t;                   //不优化无符号 16 位数
typedef volatile uint32_t    vuint32_t;                   //不优化无符号 32 位数
typedef volatile uint64_t    vuint32_t;                   //不优化无符号 64 位数
```

前提条件是系统已经宏定义过 uint8_t、uint16_t、uint32_t、uint64_t 这些类型。在这个前提下，给加 volatile 的类型重新宏定义成短名。

所谓 volatile（这里翻译成为“不优化的”），是告诉编译器，在编译过程中，不要对其后紧跟着的变量进行优化。例如，对应 I/O 地址类变量，对那个地址的访问具有特定功能，若不加 volatile，有可能被编译器优化成对 CPU 内部寄存器的访问，就不是对 I/O 地址的访问了。

5.3 基础构件使用举例

基础构件是面向芯片级的、符合软件工程封装规范的硬件驱动构件。本节以 GPIO 构件、

UART 构件、Flash 构件、ADC 构件、PWM 构件为例，介绍了基础构件的使用方法，并给出测试样例。

5.3.1　GPIO 构件

本小节主要介绍通用输入/输出（GPIO）的知识要素、应用程序接口（API）及测试方法。

1. GPIO 知识要素

通用输入/输出（General Purpose Input/Output，GPIO）是 I/O 最基本形式，是几乎所有计算机均使用的部件。通俗地说，GPIO 是开关量输入/输出的简称。而开关量是指逻辑上具有 1 和 0 两种状态的物理量。开关量输出可以是在电路中控制电器的开和关，也可以是控制灯的亮和暗，还可以是闸门的开和闭等。开关量输入可以是获取电路中电器的开关状态，也可以是获取灯的亮暗状态，还可以是获取闸门的开关状态等。

GPIO 硬件部分的主要知识要素有：GPIO 的含义与作用、输出引脚外部电路的基本接法及输入引脚外部电路的基本接法等。

（1）GPIO 的含义与作用

从物理角度看，GPIO 只有高电平与低电平两种状态。**从逻辑角度看**，GPIO 只有“1”和“0”两种取值。在使用正逻辑情况下，电源（V_{CC}）代表高电平，对应数字信号“1”；地（GND）代表低电平，对应数字信号“0”。作为**通用输入引脚**，计算机内部程序可以获取该引脚状态，以确定该引脚是“1”（高电平）还是“0”（低电平），即开关量输入。作为**通用输出引脚**，计算机内部程序可以控制该引脚状态，使得引脚输出“1”（高电平）或“0”（低电平），即开关量输出。

GPIO 的输出是指计算机内部程序通过单个引脚来控制开关量设备，达到自动控制开关状态的目的。GPIO 的输入是以计算机内部程序获取单个引脚的状态，达到获得外界开关状态的目的。

特别说明：在不同电路中，逻辑“1”对应的物理电平是不同的。在 5 V 供电系统中，逻辑“1”的特征物理电平为 5 V；在 3.3 V 供电系统中，逻辑“1”的特征物理电平为 3.3 V。因此，高电平的实际大小取决于具体电路。

（2）输出引脚外部电路的基本接法

作为通用输出引脚，计算机内部程序向该引脚输出高电平或低电平以驱动器件工作，即开关量输出。如图 5-1 所示，输出引脚 O1 和 O2 采用了不同的方式驱动外部器件。一种接法是 O1 直接驱动发光二极管（LED）：当 O1 引脚输出高电平时，LED 不亮；当 O1 引脚输出低电平时，LED 点亮。这种接法的驱动电流一般在 2～10 mA。另一种接法是 O2 通过一个 NPN 型晶体管驱动蜂鸣器：当 O2 引脚输出高电平时，晶体管导通，蜂鸣器响；当 O2 引脚输出低电平时，晶体管截止，蜂鸣器不响。这种接法可以用 O2 引脚上的几 mA 的控制电流驱动高达 100 mA 的驱动电流。**若负载需要更大的驱动电流，就必须采用光电隔离外加其他驱动电路，但对计算机编程来说，没有任何影响。**

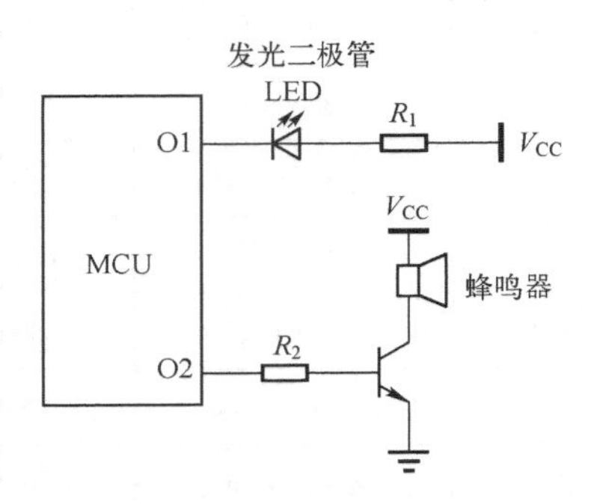

图 5-1　通用 I/O 引脚的输出电路

（3）输入引脚外部电路的基本接法

为了正确采样，输入引脚外部电路必须采用合适的接法。图 5-2 所示为输入引脚的三种外部连接方式。假设计算机内部没有上拉或下拉电阻，图中的引脚 I3 上的开关 S3 采用悬空方式连接就不合适了，因为 S3 断开时，引脚 I3 的电平不确定。在图 5-2 中，$R_1 \gg R_2$，$R_3 \ll R_4$，各电阻的典型取值为 $R_1 = 20\,\mathrm{k\Omega}, R_2 = 1\,\mathrm{k\Omega}, R_3 = 10\,\mathrm{k\Omega}, R_4 = 200\,\mathrm{k\Omega}$。

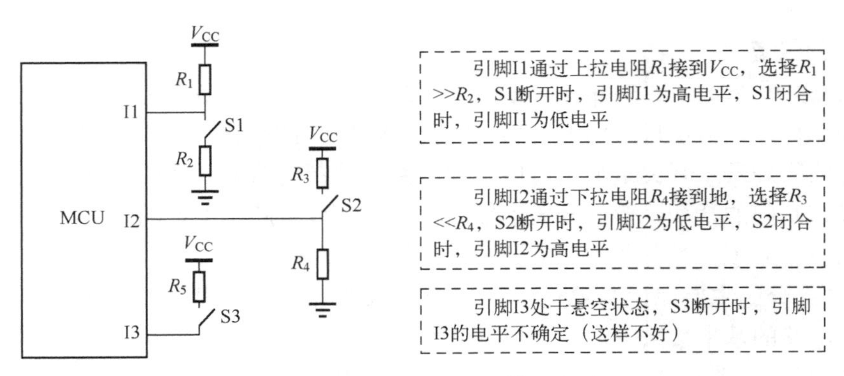

图 5-2　通用 I/O 引脚的输入电路

上拉（Pull Up）或下拉（Pull Down）电阻（统称为“拉电阻”）的基本作用是将状态不确定的信号线通过一个电阻将其钳位至高电平（上拉）或低电平（下拉）。

2. GPIO 构件 API

GPIO 软件部分的主要知识要素有：GPIO 的初始化、控制引脚状态、获取引脚状态、设置引脚中断、编制引脚中断服务例程等。下面先介绍 GPIO 构件 API，再讲述用法实例。

（1）GPIO 构件接口函数简明列表

在 GPIO 构件的头文件 gpio. h 中给出了其接口函数的宏定义。表 5-1 列出了 GPIO 常用接口函数的函数名、简明功能及基本描述。

表 5-1　GPIO 常用接口函数简明列表

序号	函 数 名	简 明 功 能	基 本 描 述
1	gpio_init	初始化	引脚复用为 GPIO 功能；定义其为输入或输出；若为输出，还要给出其初始状态
2	gpio_set	设定引脚状态	在 GPIO 输出情况下，设定引脚状态（高/低电平）
3	gpio_get	获取引脚状态	在 GPIO 输入情况下，获取引脚状态（1/0）
4	gpio_reverse	反转引脚状态	在 GPIO 输出情况下，反转引脚状态
5	gpio_pull	设置引脚上/下拉	在 GPIO 输入情况下，设置引脚上/下拉
6	gpio_enable_int	使能中断	在 GPIO 输入情况下，使能引脚中断
7	gpio_disable_int	关闭中断	在 GPIO 输入情况下，关闭引脚中断
8	gpio_get_int	获取中断标志	在 GPIO 输入情况下，获取引脚中断状况
9	gpio_clear_int	清除中断标志	在 GPIO 输入情况下，清除中断标志
10	gpio_clear_allint	清除所有引脚中断	在 GPIO 输入情况下，清除所有接口的 GPIO 中断

（2）GPIO 常用接口函数

```
//==========================================================
//函数名称：gpio_init
//功能概要：初始化指定接口引脚用作 GPIO 引脚功能，并定义为输入或输出，若是输出，
//参数说明：port_pin：(接口号)|(引脚号)(例如，(PTB_NUM)|(9) 表示 B 口 9 号脚)
//          dir：引脚方向（0 为输入，1 为输出，可用引脚方向宏定义）
//          state：接口引脚初始状态（0 表示低电平，1 表示高电平）
//函数返回：无
//还要指定初始状态是低电平或高电平
//==========================================================
void gpio_init(uint16_t port_pin, uint8_t dir, uint8_t state);

//==========================================================
//函数名称：gpio_set
//功能概要：当指定接口引脚被定义为 GPIO 且为输出时，本函数用于设定引脚状态
//参数说明：port_pin：(接口号)|(引脚号)(例如，(PTB_NUM)|(9) 表示 B 口 9 号脚)
//          state：希望设置的接口引脚状态（0 表示低电平，1 表示高电平）
//函数返回：无
//==========================================================
void gpio_set(uint16_t port_pin, uint8_t state);

//==========================================================
//函数名称：gpio_get
//功能概要：当指定接口引脚被定义为 GPIO 且为输入时，本函数用于获取指定引脚状态
//参数说明：port_pin：(接口号)|(引脚号)（例如，(PTB_NUM)|(9) 表示 B 口 9 号脚)
//函数返回：指定接口引脚的状态（1 或 0）
//==========================================================
uint8_t gpio_get(uint16_t port_pin);

//==========================================================
//函数名称：gpio_reverse
//功能概要：当指定接口引脚被定义为 GPIO 且为输出时，本函数用于反转引脚状态
//参数说明：port_pin：(接口号)|(引脚号)（例如，(PTB_NUM)|(9) 表示 B 口 9 号脚)
//函数返回：无
//==========================================================
void gpio_reverse(uint16_t port_pin);
```

GPIO 构件可实现开关量输出与输入编程。若是输入，还可实现沿跳变中断编程。下面分别给出测试方法。

3. GPIO 构件的输出测试方法

在 AHL-STM32L431 开发套件的底板上，有红/绿/蓝三色灯（合为一体的），若使用 GPIO 构件实现红灯闪烁，具体样例可参考“..\03-Software\CH05-Hard-component\GPIO-Output(Light)”。具体操作步骤如下。

（1）给灯命名

要用宏定义方式给红灯起个英文名（如 LIGHT_RED），明确红灯接在芯片的哪个 GPIO 引脚。由于这个工作属于用户程序，**按照“分门别类，各有归处”的原则**，这个宏定义应该写在工程的 05_UserBoard\user.h 文件中。

```
//指示灯接口及引脚定义
#define LIGHT_RED  (PTB_NUM|7)  //红灯所在引脚，实际应用要根据具体引脚修改
```

(2) 对灯的状态进行宏定义

由于灯的亮暗状态所对应的逻辑电平是由物理硬件接法决定的，为了应用程序的可移植性，需要在 05_UserBoard\user.h 文件中，对红灯的“亮”“暗”状态进行宏定义。

```
//灯状态宏定义(灯的亮暗对应的逻辑电平由物理硬件接法决定)
#define LIGHT_ON      0      //灯亮
#define LIGHT_OFF     1      //灯暗
```

特别说明： 对灯的“亮”“暗”状态使用宏定义，不仅是为了编程更加直观，也是为了让软件能够更好地适应硬件。若硬件电路变动了，采用灯的“暗”状态对应低电平，那么只要改变本头文件中的宏定义即可，而程序源码无须更改。

(3) 初始化红灯

在 07-AppPrg\main.c 文件中，对红灯进行编程控制。先将红灯初始化为暗，在“用户外设模块初始化”处增加下列语句：

```
gpio_init(LIGHT_RED,GPIO_OUTPUT,LIGHT_OFF);     //初始化红灯，输出，暗
```

其中，GPIO_OUTPUT 是在 GPIO 构件中对 GPIO 输出的宏定义，是为了编程直观方便。不然很难区分“1”是输出还是输入。

特别说明： 在嵌入式软件设计中，输入还是输出，是站在 MCU 角度来说的，也就是站在 GEC 角度。要控制红灯亮暗，对 GEC 引脚来说，就是输出。若要获取外部状态到 GEC 中，对 GEC 来说，就是输入。

(4) 改变红灯亮暗状态

在 main 函数的主循环中，利用 GPIO 构件中的 gpio_reverse 函数，可实现红灯状态切换。工程编译生成可执行文件后，写入目标板，可观察实际的红灯闪烁情况。

```
gpio_reverse(LIGHT_RED);     //红灯状态切换
```

(5) 红灯运行情况

经过编译生成机器码，通过 AHL-GEC-IDE 软件将.hex 文件下载到目标板中，可观察到板载红灯每秒闪烁一次，还可在 AHL-GEC-IDE 界面看到红灯状态改变的信息，如图 5-3 所示。由此可以直观地体会到使用 printf 语句进行调试的好处。

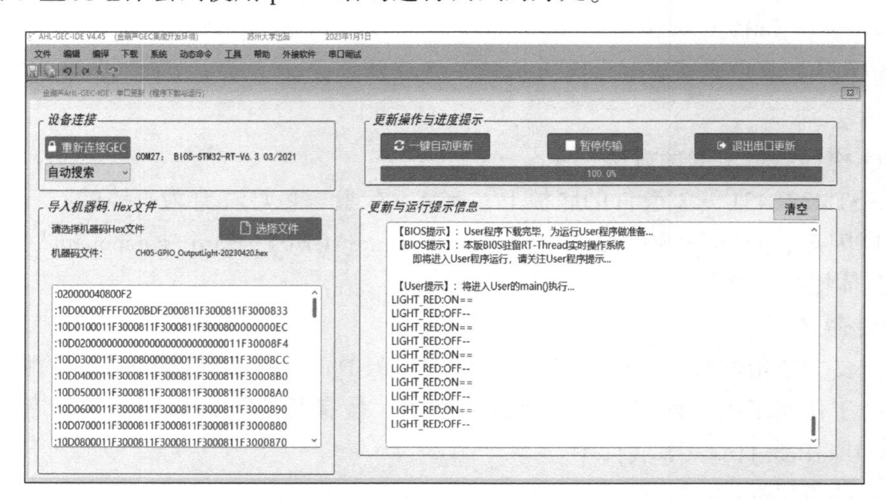

图 5-3　GPIO 构件的输出测试方法

4. GPIO 构件的输入测试方法：中断获取开关状态

在 AHL-STM32L431 开发套件 MCU 的 GPIO 引脚中，首先初始化具有中断功能的引脚的引脚方向为输入，然后打开其中断并设置其触发中断的电平变化方式，随后每当输入引脚的电平变化为预设的电平变化时，将触发 GPIO 中断。可以将相应的 GPIO 引脚接地，便可触发一次中断。在相应的 GPIO 中断服务例程中加入去除抖动并统计 GPIO 中断次数的功能，则触发中断时可累计 GPIO 中断次数。

下面给出中断获取开关状态的编程步骤，具体样例可参考“..\03-Software\CH05-Hard-component\GPIO-Input(Interrupt)”。

（1）定义全局变量

在 07_AppPrg\includes.h 文件中的“//(在此增加全局变量)”下面，定义一个统计 GPIO 中断次数的全局变量：

```
G_VAR_PREFIX   uint32_t   gGPIO_IntCnt;   //GPIO 中断次数
```

（2）给中断引脚取名

在 05_UserBoard\user.h 文件中，给中断引脚取个英文名（如 GPIO_INT），使用宏定义给出其接入哪个具有中断功能的 GPIO 引脚。

```
#define GPIO_INT      GPIOC_15           //PTC_NUM|3 GEC_49，设置 PTC 口 15 号脚
```

（3）main 函数的线程

1）在 07_AppPrg\main.c 文件中的“//(1.5) 用户外设模块初始化”处增加对选定具有中断功能的 GPIO 引脚的初始化语句：

```
gpio_init(LIGHT_RED,GPIO_OUTPUT,LIGHT_OFF);          //初始化红灯
gpio_init(GPIO_INT,GPIO_INPUT,0);                    //初始化为输入
gpio_pull(GPIO_INT,1);                               //初始化为上拉
```

注意：若初始化为 GPIO 输入，gpio_init 函数的第 3 个参数不起作用，写为 0 即可。初始化红灯是为了通过控制红灯的闪烁来表明程序处于运行状态。

2）在“//(1.6) 使能模块中断”处增加对选定具有中断功能的 GPIO 引脚进行使能中断，并设置其触发中断的电平变化方式的语句：

```
gpio_enable_int(GPIO_INT, FALLING_EDGE);     //下降沿触发
```

3）在主循环部分，进行 GPIO 中断次数获取：

```
//输出 GPIO 中断次数
printf("gGPIO_IntCnt:%d\n",gGPIO_IntCnt);
```

（4）GPIO 中断服务例程

在 07_AppPrg\isr.c 文件的中断服务例程 EXTI3_IRQHandler 的“//(在此处增加功能)”下面，添加去除抖动并统计 GPIO 中断次数的功能：

```
#define CNT 60000                //延时变量
uint16_t n;
uint8_t i,j,k,l,m;
DISABLE_INTERRUPTS;              //关总中断
//------------------------------------------------------------------
//(在此处增加功能)
gpio_clear_int(GPIO_INT);   //清 GPIO 中断标志
//GPIO 构件输入测试方法：中断获取开关状态
```

```
//去抖动，多次延时获取 GPIO 电平状态，若每次皆为低电平状态则 GPIO 中断次数+1
for (n=0;n<=CNT;n++);i=gpio_get(GPIO_INT);
for (n=0;n<=CNT;n++);j=gpio_get(GPIO_INT);
for (n=0;n<=CNT;n++);k=gpio_get(GPIO_INT);
for (n=0;n<=CNT;n++);l=gpio_get(GPIO_INT);
for (n=0;n<=CNT;n++);m=gpio_get(GPIO_INT);
if (i==0 &&j==0 && k==0 && l==0 && m==0 )
{
    gGPIO_IntCnt++;
}
//打开下面四行注释可以测试 gpio_get_int 函数的功能
//进入 GPIO_INT 引脚的中断时会输出中断打开提示语句
if(gpio_get_int(GPIO_INT)==0)
    printf("GPIO_INT 中断关闭!\n");
else
    printf("GPIO_INT 中断打开!\n");
//----------------------------------------------------------------------
ENABLE_INTERRUPTS;      //关总中断
```

(5) 中断获取开关状态的测试

经过编译生成机器码，通过 AHL-GEC-IDE 软件下载到目标板中，串口输出信息与图 5-3 相同。按前文定义，将中断引脚 GPIO 的 C 口 15 号引脚（即目标板上的 49 号脚）接地，引起下降沿触发，串口会显示中断打开的提示语句，并显示中断计数，如图 5-4 所示。

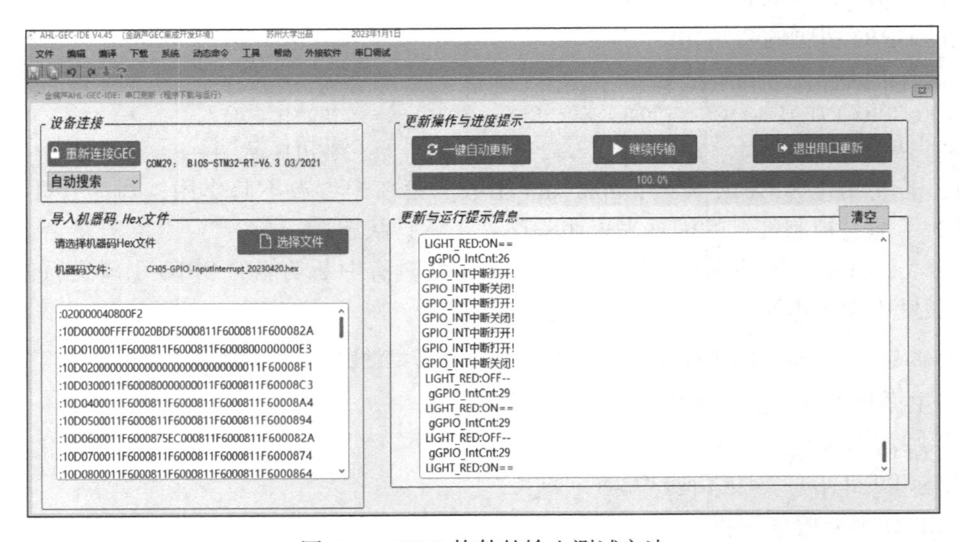

图 5-4　GPIO 构件的输入测试方法

5.3.2　UART 构件

本小节主要介绍串行通信接口（UART）的知识要素、应用程序接口（API）及测试方法。

1. UART 知识要素

串行通信接口（Serial Communication Interface，SCI）最常见的提法是通用异步接收发送设备（Universal Asynchronous Receiver/Transmitters，UART），简称“串口”。MCU 中的串口在硬件上一般只需要三根线，分别称为发送线（TxD）、接收线（RxD）和地线（GND）。其在通信方式上，属于单字节通信，是嵌入式开发中重要的打桩调试手段。

UART 的主要知识要素有：通信格式、波特率和硬件电平信号。

（1）通信格式

图 5-5 所示为 8 位数据、无校验情况的串行通信数据格式。这种格式的空闲状态为“1”，发送器通过发送一个“0”表示一个字节传输的开始，随后是数据位（在 MCU 中一般是 8 位）。最后，发送器发送 1 至 2 位的停止位，表示一个字节传输结束。若继续发送下一字节，则重新发送开始位，开始一个新的字节传输。若不发送新的字节，则维持“1”的状态，使发送数据线处于空闲状态。

图 5-5　串行通信数据格式

（2）串行通信的波特率

每秒传输的信号元素的个数叫作波特率（Baud Rate），单位是 bit/s。波特率的倒数就是位的持续时间（Bit Duration），单位为 s。

（3）硬件电平信号

UART 通信在硬件上有 TTL 电平、RS232 电平、RS485 差分信号方式。TTL 电平是最基本的，可使用专门芯片将 TTL 电平转为 RS232 或 RS485，RS232 与 RS485 也可相互转换。采用 RS232 与 RS485 硬件电路，只是电平信号之间的转换，与 MCU 编程无关。

1）**UART 的 TTL 电平**。通常，MCU 串口引脚的发送线（TxD）、接收线（RxD）为 TTL（Transistor Transistor Logic）电平，即晶体管-晶体管逻辑电平。TTL 电平的“1”和“0”的特征电压分别为 2.4 V 和 0.4 V（根据 MCU 使用的供电电压变动），即大于 2.4 V 则识别为“1”，小于 0.4 V 则识别为“0”，适用于板内数据传输。一般情况下，MCU 的异步串行通信接口属于全双工（Full-duplex）通信，即数据传输是双向的，且可以同时接收与发送数据。

2）**UART 的 RS232 电平**。为使信号传输得更远，可使用转换芯片把 TTL 电平转换为 RS232 电平。RS232 采用负逻辑，-15 V～-3 V 为逻辑“1”，+3 V～+15 V 为逻辑“0”。RS232 最大的传输距离是 30 m，通信速率一般低于 20 kbit/s。

3）**UART 的 RS485 差分信号**。若传输超过 30 m，要增强抗干扰性，可使用芯片将 TTL 电平转换为 RS485 差分信号进行传输。RS485 采用差分信号负逻辑，两线压差为-2 V～-6 V 表示“1”，两线压差为+2 V～+6 V 表示“0”。在硬件连接上，采用两线制接线方式，工业应用较多。两线制的 RS485 通信属于半双工（Half-duplex）通信，即数据传输是双向的，但不能同时收发。

2. UART 构件 API

（1）UART 常用接口函数简明列表

在 UART 构件的头文件 uart.h 中给出了 UART 接口函数的声明。表 5-2 列出了 UART 常用接口函数的函数名、简明功能及基本描述。

表 5-2　UART 常用接口函数

序号	函 数 名	简 明 功 能	基 本 描 述
1	uart_init	初始化	初始化 uart 模块，设定使用的串口号和波特率
2	uart_send1	发送 1 字节数据	向指定串口发送 1 字节数据。若发送成功，返回 1；反之，返回 0
3	uart_sendN	发送 *N* 字节数据	向指定串口发送 *N* 字节数据。若发送成功，返回 1；反之，返回 0
4	uart_send_string	发送字符串	向指定串口发送字符串。若发送成功，返回 1；发送失败，返回 0
5	uart_re1	接收 1 字节数据	从指定串口接收 1 字节数据，若接收成功，通过传参返回 1；反之，通过传参返回 0
6	uart_reN	接收 *N* 字节数据	从指定串口接收 *N* 字节数据。若接收成功，返回 1；反之，返回 0
7	uart_enable_re_int	使能接收中断	使能指定串口的接收中断
8	uart_disable_re_int	关闭接收中断	关闭指定串口的接收中断
9	uart_get_re_int	获取接收中断标志	获取指定串口的接收中断标志。若有接收中断，返回 1；反之，返回 0
10	uart_deinit	uart 反初始化	对指定的 uart 模块反向初始化，关闭串口时钟

（2）UART 常用接口函数

```
//======================================================================
//函数名称：uart_init
//功能概要：初始化 uart 模块
//参数说明：uartNo：串口号，UART_1、UART_2、UART_3
//          baud：波特率，300、600、1200、2400、4800、9600、19200、115200……
//函数返回：无
//======================================================================
void uart_init(uint8_t uartNo, uint32_t baud_rate);

//======================================================================
//函数名称：uart_send1
//功能概要：串行发送 1 字节
//参数说明：uartNo：串口号，UART_1、UART_2、UART_3
//          ch：要发送的字节
//函数返回：函数执行状态：1=发送成功，0=发送失败
//======================================================================
uint8_t uart_send1(uint8_t uartNo, uint8_t ch);

//======================================================================
//函数名称：uart_sendN
//功能概要：串行接收 N 字节
//参数说明：uartNo：串口号，UART_1、UART_2、UART_3
//          buff：发送缓冲区
//          len：发送长度
//函数返回：函数执行状态：1=发送成功，0=发送失败
//======================================================================
uint8_t uart_sendN(uint8_t uartNo ,uint16_t len ,uint8_t* buff);

//======================================================================
```

```
//函数名称：uart_send_string
//功能概要：从指定 UART 接口发送一个以'\0'结束的字符串
//参数说明：uartNo：UART 模块号，UART_1、UART_2、UART_3
//          buff：要发送的字符串的首地址
//函数返回：函数执行状态：1=发送成功，0=发送失败
//===========================================================
uint8_t uart_send_string(uint8_t uartNo, uint8_t *buff);

//===========================================================
//函数名称：uart_re1
//功能概要：串行接收 1 字节
//参数说明：uartNo：串口号，UART_1、UART_2、UART_3
//          *fp：接收成功标志的指针。*fp=1 表示接收成功；*fp=0 表示接收失败
//函数返回：接收返回字节
//===========================================================
uint8_t uart_re1(uint8_t uartNo,uint8_t *fp);

//===========================================================
//函数名称：uart_reN
//功能概要：串行接收 N 字节，放入 buff 中
//参数说明：uartNo：串口号，UART_1、UART_2、UART_3
//          buff：接收缓冲区
//          len：接收长度
//函数返回：函数执行状态：1=接收成功，0=接收失败
//===========================================================
uint8_t uart_reN(uint8_t uartNo ,uint16_t len ,uint8_t *buff);

//===========================================================
//函数名称：uart_enable_re_int
//功能概要：开串口接收中断
//参数说明：uartNo：串口号，UART_1、UART_2、UART_3
//函数返回：无
//===========================================================
void uart_enable_re_int(uint8_t uartNo);

//===========================================================
//函数名称：uart_disable_re_int
//功能概要：关串口接收中断
//参数说明：uartNo：串口号，UART_1、UART_2、UART_3
//函数返回：无
//===========================================================
void uart_disable_re_int(uint8_t uartNo);

//===========================================================
//函数名称：uart_get_re_int
//功能概要：获取串口接收中断标志，同时禁用发送中断
//参数说明：uartNo：串口号，UART_1、UART_2、UART_3
//函数返回：接收中断标志：1 表示有接收中断，0 表示无接收中断
//===========================================================
uint8_t uart_get_re_int(uint8_t uartNo);

//===========================================================
//函数名称：uart_deinit
```

```
//功能概要：uart 反初始化
//参数说明：uartNo：串口号，UART_1、UART_2、UART_3
//函数返回：无
//==============================================================
void uart_deinit(uint8_t uartNo);
```

3. UART 构件 API 的测试方法

AHL-STM32L431 开发套件有三个 UART 模块，分别定义为 UART_3、UART_2 和 UART_1。配合上位机串口调试工具测试串口构件。用户在上位机使用串口调试工具，通过串口线向开发套件的串口模块发送一个字符串“Sumcu Uart Component Test Case.”，开发套件收到后再通过该串口回发这个字符串。

在 AHL-STM32L431 开发套件中，串口测试使用 UART_2 模块。在开发套件通电的情况下，通过 Type-C 线将串口与 PC 进行连接。下面给出串口模块测试的基本步骤，具体样例可参考“..\03-Software\CH05-Hard-component\UART”。

（1）重命名串口

将串口模块用宏定义方式，起个标识名供用户使用（如 UART_User），以辨别该串口模块的用途。同时，将串口中断服务例程也通过宏定义进行重命名。这些宏定义应该写在工程的 05_UserBoard\user.h 文件中。

```
//UART 模块定义
#define UART_User   UART_2                                  //实际应用要根据具体芯片所接引脚修改
//重命名串口中断服务例程
#define   UART_User_Handler   USART2_IRQHandler             //用户串口中断函数
```

（2）UART 模块接收中断服务例程

在工程 07_AppPrg\isr.c 文件中，中断服务例程 UART_User_Handler 实现接收 1 字节数据并回发的功能。

```
void UART_User_Handler(void)
{
  uint8_t ch;
  uint8_t flag;
  DISABLE_INTERRUPTS;                              //关总中断
  ch=uart_re1(UART_User,&flag);                    //调用接收 1 字节的函数，清接收中断位
  if(flag)                                         //有数据
  {
      uart_send1(UART_User,ch);                    //回发接收到的字节
  }
  ENABLE_INTERRUPTS;                               //开总中断
}
```

（3）main 函数的线程

1）UART_User 串口模块初始化。在 07_AppPrg\main.c 文件中，对 UART_User 串口模块初始化，其中波特率设置为 115200 bit/s。在“用户外设模块初始化”处增加如下语句：

```
uart_init(UART_User, 115200);     //初始化串口模块
```

2）使能串口模块中断。在“使能模块中断”处增加如下语句：

```
uart_enable_re_int(UART_User);          //使能 UART_User 模块接收中断功能
```

（4）下载机器码并观察运行情况

经过编译生成机器码（HEX 文件），通过 AHL-GEC-IDE 软件下载到目标开发套件中。如图 5-6 所示在 AHL-GEC-IDE 的串口调试工具（在菜单栏选择“工具”→“串口工具”命令打开）中选择好串口，并设置波特率为 115200 bit/s，单击“打开串口”按钮，选择发送方式为“字符串”（String）方式，在文本框内输入字符串“Sumcu Uart Component Test Case.”，单击“发送数据”按钮，从而实现从上位机将该字符串发送给开发套件。同时，在接收数据窗口中会显示该字符串。这是由于开发套件的串口模块接收到字符串的同时也回发给上位机。

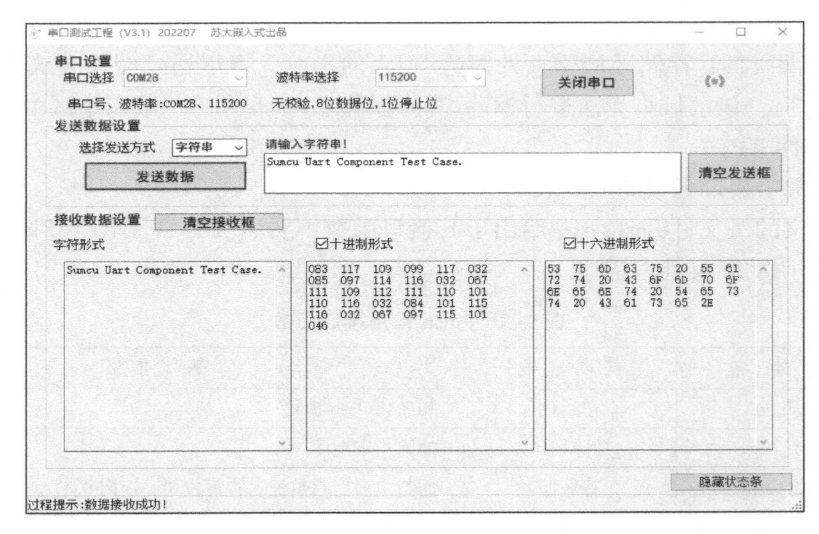

图 5-6　串口模块发送字符串到上位机

5.3.3　Flash 构件

本小节主要介绍内部 Flash 在线编程的知识要素、应用程序接口（API）及测试方法。

1. Flash 知识要素

Flash 存储器（Flash Memory），中文简称“闪存”，英文简称“Flash”，是一种非易失性（Non-volatile）内存。与 RAM 掉电无法保存数据相比，Flash 具有掉电数据不丢失的优势。因其具有非易失性、成本低、可靠性等特点，应用极为广泛，已经成为嵌入式计算机的主流内存储器。

Flash 的主要知识要素有：Flash 的编程模式、Flash 擦除与写入的含义、Flash 擦除与写入的基本单位、Flash 保护。

（1）Flash 的编程模式

Flash 的编程模式有两种：一种是**通过编程器将程序写入 Flash 中，称为写入器编程模式**；另一种是**通过运行 Flash 内部程序对 Flash 其他区域进行擦除与写入，称为 Flash 在线编程模式**。

（2）Flash 擦除与写入的含义

对 Flash 存储器的读/写不同于对一般 RAM 的读/写，需要专门的编程过程。Flash 编程的基本操作有两种：擦除（Erase）和写入（Program）。**擦除操作的含义**是将存储单元的内容由二进制的 0 变成 1，而**写入操作的含义**是将存储单元的某些位由二进制的 1 变成 0。

(3) Flash 擦除与写入的基本单位

在执行写入操作之前，要确保写入区在上一次擦除之后没有被写入过，即写入区是空白的(各存储单元的内容均为 0xFF)。所以，在写入之前一般都要先执行擦除操作。**Flash 的擦除操作包括整体擦除和以 *m* 个字为单位的擦除。这 *m* 个字在不同厂商或不同系列的 MCU 中，其称呼不同，有的称为"块"，有的称为"页"，有的称为"扇区"等，它表示在线擦除的最小度量单位。**假设统一使用扇区术语，对应一个具体芯片，需要确认该芯片的 Flash 的扇区总数、每个扇区的大小、起始扇区的物理地址等信息。**Flash 的写入操作是以字为单位进行的。**

(4) Flash 保护

为了防止某些 Flash 存储区域受意外擦除/写入的影响，可以通过编程方式保护这些 Flash 存储区域。保护后，该区域将无法进行擦除/写入操作。Flash 保护一般以扇区为单位。

2. Flash 构件 API

(1) Flash 常用接口函数简明列表

在 Flash 构件的头文件 flash. h 中给出了其接口函数声明。表 5-3 列出了 Flash 常用接口函数的函数名、简明功能及基本描述。

表 5-3 Flash 常用接口函数

序号	函数名	简明功能	基本描述
1	flash_init	初始化	初始化 flash 模块
2	flash_erase	擦除扇区	擦除指定扇区
3	flash_write	写数据	向指定扇区写数据。若写成功，返回 0；反之，返回 1
4	flash_write_physical	写数据	向指定地址写数据
5	flash_read_logic	读数据	从指定扇区读数据
6	flash_read_physical	读数据	从指定地址读数据
7	flash_protect	保护扇区	保护指定扇区
8	flash_isempty	判断扇区是否为空	判断指定扇区是否为空
9	flash_isSectorProtected	判断扇区是否被保护	判断指定扇区是否被保护

(2) Flash 常用接口函数

```
//======================================================================
//函数名称：flash_init
//功能概要：初始化 flash 模块
//参数说明：无
//函数返回：无
//======================================================================
void flash_init( );

//======================================================================
//函数名称：flash_erase
//功能概要：擦除 flash 存储器的 sect 扇区
//参数说明：sect，目标扇区号（范围取决于实际芯片，例如 STM32L433 为 0~127，每扇区 2KB）
//函数返回：函数执行状态，0 代表正常、1 代表异常
//======================================================================
uint8_t flash_erase(uint16_t sect);
```

```
//==========================================================
//函数名称：flash_write
//功能概要：将 buf 开始的 N 字节写入 flash 存储器 sect 扇区的 offset 处
//参数说明：sect，扇区号（范围取决于实际芯片，例如 STM32L433 为 0~127，每扇区 2 KB）
//          offset，写入扇区内部偏移地址（0~2044，要求为 0,4,8,12,…）
//          N，写入字节数目（4~2048，要求为 4,8,12,…）
//          buf，源数据缓冲区首地址
//函数返回：函数执行状态，0 代表正常、1 代表异常
//==========================================================
uint8_t flash_write(uint16_t sect,uint16_t offset,uint16_t N,uint8_t *buf);

//==========================================================
//函数名称：flash_write_physical
//功能概要：flash 写入操作
//参数说明：addr，目标地址，要求为 4 的倍数且大于 Flash 首地址
//          （例如 0x08000004，Flash 首地址为 0x08000000）
//          N，写入字节数目（8~512）
//          buf，源数据缓冲区首地址
//函数返回：函数执行状态，0 代表正常；非 0 代表异常。
//==========================================================
uint8_t flash_write_physical(uint32_t addr,uint16_t N,uint8_t buf[]);

//==========================================================
//函数名称：flash_read_logic
//功能概要：读取 flash 存储器 sect 扇区的 offset 处开始的 N 字节，到 RAM 的 dest 处
//参数说明：dest，读出数据存放处（传地址，目的是带出所读数据，RAM 中）
//          sect，扇区号（范围取决于实际芯片，例如 STM32L433 为 0~127，每扇区 2 KB）
//          offset，扇区内部偏移地址（0~2024，要求为 0,4,8,12,…）
//          N，读字节数目（4~2048，要求为 4,8,12,…）
//函数返回：无
//==========================================================
void flash_read_logic(uint8_t *dest,uint16_t sect,uint16_t offset,uint16_t N);

//==========================================================
//函数名称：flash_read_physical
//功能概要：读取 flash 指定地址的内容
//参数说明：dest，读出数据存放处（传地址，目的是带出所读数据，RAM 中）
//          addr，目标地址，要求为 4 的倍数（例如，0x00000004）
//          N，读字节数目（0~1020，要求为 4,8,12,…）
//函数返回：无
//==========================================================
void flash_read_physical(uint8_t *dest,uint32_t addr,uint16_t N);

//==========================================================
//函数名称：flash_protect
//功能概要：flash 保护操作
//参数说明：M，待保护区域的扇区号入口值，实际保护所有扇区
//函数返回：无
//==========================================================
void flash_protect(uint8_t M);

//==========================================================
//函数名称：flash_isempty
```

```
//功能概要：flash 判空操作
//参数说明：所要探测的 flash 区域扇区号及字节数
//函数返回：1 代表目标区域为空，0 代表目标区域非空
//======================================================
uint8_t flash_isempty(uint16_t sect,uint16_t N);

//======================================================
//函数名称：flash_isSectorProtected
//功能概要：判断 flash 扇区是否被保护
//参数说明：所要检测的扇区号
//函数返回：1 代表扇区被保护，0 代表扇区未被保护
//======================================================
uint8_t flash_isSectorProtected(uint16_t sect);
```

3. Flash 构件 API 的测试方法

配合 AHL-STM32L431 开发套件使用 Flash 模块，实现向 Flash 的 50 扇区 0 字节开始地址写入 30 字节数据，数据内容为“Welcome to Soochow University!”，然后再通过两种读取 Flash 方式将写入的数据读出，最后通过 AHL-GEC-IDE 软件观察结果。下面给出实现的基本步骤，具体样例可参考“..\03-Software\CH05-Hard-component\Flash”。

（1）main 函数的线程

1）在 07_AppPrg\main.c 文件的“声明 main 函数使用的局部变量”处添加保存从 Flash 中读取数据的变量：

```
uint8_t params[30];          //按照逻辑读方式从指定 flash 区域中读取的数据
uint8_t paramsVar[30];       //按照物理读方式从指定 flash 区域中读取的数据
```

2）在“初始化外设模块”处增加初始化 gpio、flash 模块的语句：

```
gpio_init(LIGHT_RED,GPIO_OUTPUT,LIGHT_OFF);          //初始化红灯
flash_init();                                        //flash 初始化
```

3）Flash 的读/写操作。通过调用 flash_erase 函数，实现对 Flash 进行擦除操作；通过调用 flash_read_logic 函数，实现对 Flash 指定的扇区进行逻辑读数据；调用 flash_read_physical 函数，实现从 Flash 指定的物理地址读取数据。其中，第 50 扇区的物理地址开始为 50×1 KB，即 0x0000C800。具体的语句如下：

```
flash_erase(50);                                          //擦除第 50 扇区
if (mMainLoopCount<=3000000)   mMainLoopCount++;          //延时 1s，便于用户接通串口调试工具
mMainLoopCount=0;
flash_write(50,0,30,"Welcome to Soochow University!");    //向第 50 扇区写 30 字节数据
flash_read_logic(params,50,0,30);                         //从第 50 扇区读取 30 字节到 params 中
flash_read_physical(paramsVar,(uint32_t)(0x00019000),30); //读数据
```

（2）下载机器码并观察运行情况

将程序编译生成机器码，利用 AHL-GEC-IDE 软件将编译得到的 HEX 文件下载到目标板中，然后在 AHL-GEC-IDE 中观察运行结果，如图 5-7 所示。同时，也可观察到板载红色灯每秒闪烁一次。

图 5-7　Flash 构件 API 测试方法

5.3.4　ADC 构件

本小节主要介绍模数转换（ADC）的知识要素、应用程序接口（API）及测试方法。

1. ADC 知识要素

（1）模拟量、数字量及模数转换器的基本含义

1）**模拟量**（Analogue Quantity）是指在一定范围连续变化的物理量。从数学角度来看，连续变化可以理解为可取任意值。例如，温度这个物理量，可以有 28.1℃，也可以有 28.15℃，还可以有 28.152℃……。也就是说，原则上可以有无限多位小数。这就是模拟量连续的含义。当然，实际达有多少位小数则取决于问题需要与测量设备的性能。

2）**数字量**（Digital Quantity）是分立量，不可连续变化，只能取一些分立值。在现实生活中，有许多数字量的例子，如 1 部手机、2 部手机……。不能说买了 0.12 部手机！在计算机中，所有信息均使用二进制表示。例如，用一位只能表达 0、1 两个值，8 位可以表达 0，1，2，…，254，255，共 256 个值，不能表示其他值，这就是数字量。

3）**模数转换器**（Analog-to-Digital Converter，ADC）是将模拟量转换为计算机可以处理的数字量的电子器件。这个模拟量可能是由温度、压力等实际物理量经过传感器和相应的变换电路转化而来的电信号。

（2）与 A/D 转换编程直接相关的技术指标

与 A/D 转换编程直接相关的技术指标主要有：转换精度、单端输入与差分输入、软件滤波、物理量回归等。

1）**转换精度**（Conversion Accuracy）是指数字量变化一个最小量时对应模拟信号的变化量，也称为**分辨率**（Resolution），**通常用 ADC 的二进制位数来表征**，常用的有 8 位、10 位、12 位、16 位、24 位等，转换后的数字量简称为 **A/D 值**。通常位数越多，精度越高。设 ADC 的位数为 N，因为 N 位二进制数可表示的范围是 $0\sim(2^N-1)$，因此最小能检测到的模拟量变化值就是 $1/2^N$。例如，某一 ADC 的位数为 12 位，若参考电压为 5 V（即满量程电压），则可检测

到的模拟量变化最小值为 $5\ V/2^{12}=0.00122\ V=1.22\ mV$，即这个 ADC 的理论精度（分辨率）。这也是 12 位二进制数的最低有效位[㊀]（Least Significant Bit，LSB）所能代表的值，在这个例子中，$1LSB=5\ V\times(1/4096)=1.22\ mV$。由于量化误差的存在，实际精度达不到此。

2）**单端输入与差分输入**。单端输入只有一个输入引脚，使用公共的 GND 作为参考电平。这种输入方式的优点是简单，缺点是容易受干扰，由于 GND 电位始终是 0 V，因此 A/D 值也会随着干扰而变化。差分输入比单端输入多了一个引脚，A/D 值是用两个引脚的电平差值（VIN+、VIN-两个引脚电平相减）来表示，优点是降低了干扰，缺点是多用了一个引脚。

3）**软件滤波**。即使输入的模拟量保持不变，常发现利用软件得到的 A/D 值也不一致，原因可能是电磁干扰问题，也可能是 ADC 本身转换误差问题，在许多情况下，可以通过软件滤波（Filter）方法解决。例如，可以采用中值滤波和均值滤波来提高采样稳定性。所谓中值滤波，就是将 M 次（奇数）连续采样的 A/D 值按大小进行排序，取中间值作为实际 A/D 值。而均值滤波，是把 N 次采样值相加，除以采样次数 N，得到的平均值就是滤波后的结果。还可以联合使用几种滤波方法，进行综合滤波。若要得到更符合实际的 A/D 值，可以通过建立其他误差模型来实现。

4）**物理量回归。在实际应用中，得到稳定的 A/D 值以后，还需要把 A/D 值与实际物理量对应起来，这一步称为物理量回归（Regression）**。A/D 转换的目的是把模拟信号转化为数字信号，供计算机使用，但必须知道 A/D 转换后的数值所代表的实际物理量的值，这样才有实际意义。例如，利用 MCU 采集室内温度，A/D 转换后的数值是 126，实际它代表多少度呢？如果当前室内温度是 25.1℃，则 A/D 值 126 就代表实际温度是 25.1℃，把 126 这个值“回归”到 25.1℃的过程就是物理量回归过程。物理量回归与仪器仪表“标定”（Calibration）一词的基本内涵是一致的。但标定不涉及 A/D 转换概念，只是与标准仪表进行对应，以便使得待标定的仪表准确。而计算机中的物理量回归一词是指将计算机获得的 A/D 采样值与实际物理量值对应起来，也需借助标准仪表。从这个意义上理解，它们的基本内涵一致。物理量回归问题可以转化为数学上的一元回归分析（Regression analysis）问题，也就是一个自变量、一个因变量，寻找它们之间的逻辑关系。设 A/D 值为 x，实际物理量为 y，物理量回归需要寻找它们之间的函数关系：$y=f(x)$。若是线性关系，即 $y=ax+b$，两个样本点即可找到参数 a 和 b；但许多情况下，这种关系是非线性的，人工神经网络可以较好地应用于这种非线性回归分析中[㊁]。

（3）与 A/D 转换编程关联度较弱的技术指标

上面给出的转换精度、软件滤波、物理量回归三个基本概念，与软件编程关系密切。还有几个与 A/D 转换编程关联度较弱的技术指标，如量化误差、转换速度、A/D 参考电压等。

1）**量化误差**。在把模拟量转换为数字量的过程中，要对模拟量进行采样和量化，使之转换成一定字长的数字量。量化误差（Quadratuer Error）就是指模拟量量化过程而产生的误差。举个例子来说，一个 12 位 ADC，输入模拟量为恒定的电压信号 1.68 V，经过 ADC 转换，所得的数字量理论值应该是 2028，但编程获得的实际值却是 2026~2031 之间的随机值，它们与 2028 之间的差值就是量化误差。量化误差是 ADC 的性能指标之一。理论上，量化误差为±1/

㊀ 与二进制最低有效位相对应的是最高有效位（Most Significant Bit，MSB）。12 位二进制数的最高有效位 MSB 代表 2048，而最低有效位代表 1/4096。在不同位数的二进制中，MSB 和 LSB 代表的值不同。

㊁ 王宜怀，王林．基于人工神经网络的非线性回归［J］．计算机工程与应用，2004（12）：79-82.

2LSB。以 12 位 ADC 为例，设输入电压范围是 0~3 V，即把 3 V 分解成 4096 份，每份是 1 个最低有效位 LSB 代表的值，即(1/4096)×3 V= 0. 00073242 V，也就是 ADC 的理论精度。数字 0、1、2、……分别对应 0V、0. 00073242 V、0. 00048828 V……，若输入电压为 0. 00073242 ~ 0. 00048828 之间的值，按照靠近 1 或 2 的原则转换成 1 或 2，这样的误差，就是量化误差，可达±1/2LSB，即 0. 00073242V/2=0. 00036621。±1/2LSB 的量化误差属于理论原理性误差，不可消除。所以，一般来说，若用 ADC 位数表示转换精度，其实际精度要比理论精度至少减一位。再考虑到制造工艺误差，一般再减一位。这样，标准 16 位 ADC 的实际精度就变为 14 位了。这个作为实际应用选型参考。

2）**转换速度**。转换速度通常用完成一次 A/D 转换所要花费的时间来表征。在软件层面，A/D 的转换速度与转换精度、采样时间（Sampling Time）有关，可以通过降低转换精度来缩短转换时间。转换速度与 ADC 的硬件类型及制造工艺等因素密切相关，其特征值为纳秒级。ADC 的硬件类型主要有逐次逼近型、积分型、Σ-Δ 调制型等。可以通过软件配置采样时间与采样精度，来影响转换速度。在实际编程中，若通过定时器触发启动 ADC，则还需要加上与定时器相关的所需时间。

3）**A/D 参考电压**。A/D 转换需要一个参考电平。比如要把一个电压分成 1024 份，每一份的基准必须是稳定的，这个电平来自于基准电压，就是 A/D 参考电压。粗略的情况下，A/D 参考电压使用给芯片供电的电源电压。更为精确的要求是，A/D 参考电压使用单独电源，要求功率小（在 mW 级即可）且波动小（例如 0. 1%）。一般电源电压达不到这个精度，因为成本太高。

（4）简单的 A/D 转换采样电路举例

这里以一个简单的 A/D 转换采样电路为例，来说明 A/D 转换应用中硬件电路的基本原理，以光敏/温度传感器为例。

光敏电阻器是利用半导体的光电效应制成的一种电阻值随入射光的强弱而改变的电阻器：入射光强，电阻减小；入射光弱，电阻增大。光敏电阻器一般用于光的测量、光的控制和光电转换（将光的变化转换为电的变化）。通常，光敏电阻器都制成薄片结构，以便吸收更多的光能。当它受到光的照射时，半导体片（光敏层）内就激发出电子—空穴对，参与导电，使电路中电流增强。一般光敏电阻如图 5-8a 所示。

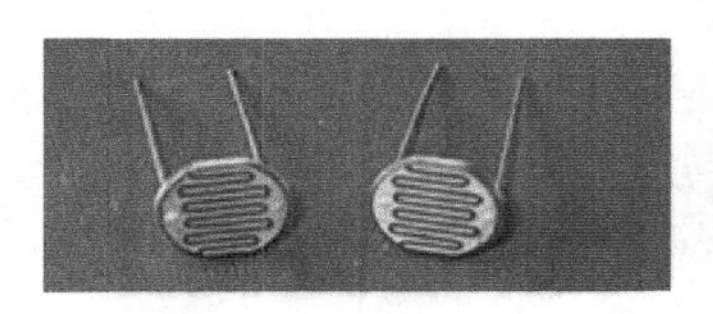
a) 光敏电阻

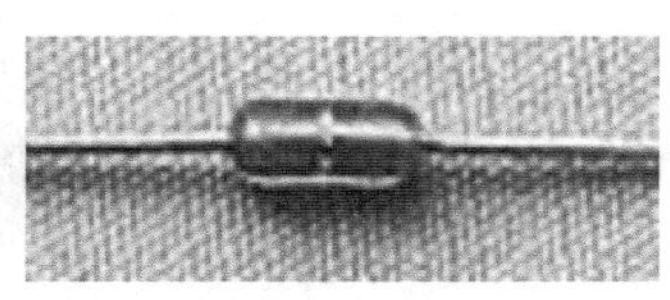
b) 热敏电阻

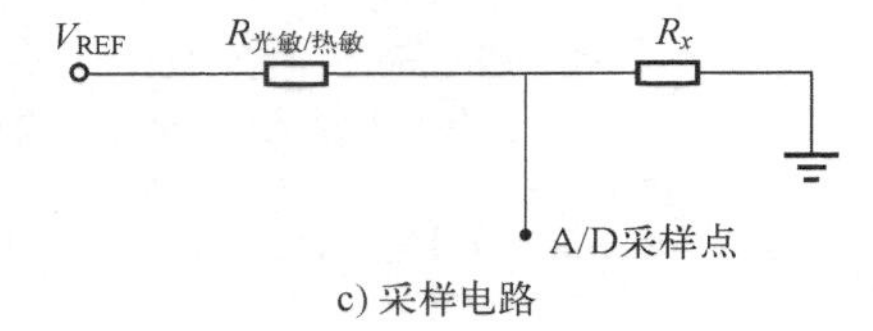

c) 采样电路

图 5-8　光敏/热敏电阻及其采样电路

与光敏电阻类似，温度传感器是利用一些金属、半导体等材料与温度有关的特性制成的，这些特性包括热膨胀、电阻、电容、磁性、热电势、热噪声、弹性及光学特征。根据制造材料将其分为热敏电阻传感器、半导体热电偶传感器、PN 结温度传感器和集成温度传感器等类型。热敏电阻传感器是一种比较简单的温度传感器，其最基本的电气特性是随着温度的变化自身阻值也随之变化，图 5-8b 所示是热敏电阻器。

在实际应用中，将光敏或热敏电阻接入图 5-8c 的采样电路中，光敏或热敏电阻和一个特定阻值的电阻串联，由于光敏/热敏电阻会随着外界环境的变化而变化，因此 A/D 采样点的电

压也会随之变化。A/D 采样点的电压为

$$V_{\mathrm{A/D}}=\frac{R_x}{R_{\text{光敏/热敏}}+R_x}\times V_{\mathrm{REF}}$$

式中，R_x是一特定阻值，根据实际光敏/热敏电阻的不同加以选定。

以热敏电阻为例，假设热敏电阻阻值增大，采样点的电压就会减小，A/D 值也相应减小；反之，热敏电阻阻值减小，采样点的电压就会增大，A/D 值也随之增大。所以采用这种方法，MCU 就会获知外界温度的变化。如果想知道外界的具体温度值，就需要进行物理量回归操作，也就是通过 A/D 采样值，根据采样电路及热敏电阻温度变化曲线，推算当前的温度值。

灰度传感器也是由光敏元件构成的。所谓灰度也可认为是亮度，简单来说就是色彩的深浅程度。灰度传感器的主要工作原理是：使用两只二极管，一只为发白光的高亮度发光二极管，另一只为光敏探头。发光管发出超强白光照射在物体上，通过物体反射回来落在光电二极管上，根据照射在它上面的光线强弱的影响，光电二极管的阻值不同。在反射光线很弱（也就是物体为深色）时为几百 kΩ，一般光照度下为几 kΩ，在反射光线很强（也就是物体颜色很浅，几乎全反射时）为几十 Ω。这样，就能检测到物体颜色的灰度了。

2. ADC 构件 API

（1）ADC 常用接口函数简明列表

在 ADC 构件的头文件 adc. h 中给出了其接口函数声明。表 5-4 列出了 ADC 常用接口函数的函数名、简明功能及基本描述。

表 5-4　ADC 常用接口函数

序号	函 数 名	简 明 功 能	基 本 描 述
1	adc_init	初始化	初始化 ADC 模块，设定使用的通道组、差分选择、采样精度及硬件滤波次数
2	adc_read	读取 ADC 值	读取指定通道的 A/D 值

（2）ADC 常用接口函数

```
//======================================================================
//函数名称：adc_init
//功能概要：初始化一个 A/D 通道号与采集模式
//参数说明：Channel，通道号，一般使用宏定义的常数
//          Diff，差分选择。=1（使用宏 AD_DIFF 1），差分；=0（使用宏 AD_SINGLE）
//======================================================================
void adc_init(uint16_t Channel,uint8_t Diff);

//======================================================================
//函数名称：adc_read
//功能概要：进行一个通道的一次 A/D 转换
//参数说明：Channel，可用模拟量传感器通道
//======================================================================
uint16_t adc_read(uint8_t Channel);
…
```

3. ADC 构件 API 的测试方法

使用 AHL-STM32L431 开发套件中的 ADC 模块采集底板上的热敏电阻，它会随温度的变化而变化，可通过它将采集到的值使用 UART_Debug 串口模块发送到 PC 的串口调试助手上。

热敏电阻引脚接法可查看工程中的 05_UserBoard\user. h 文件。下面介绍实现采集温度 AD 值的基本步骤，具体样例可参考“.. \03-Software\CH05-Hard-component\ADC”。

（1）在 05_UserBoard\user. h 文件中宏定义所使用的 ADC 模块通道

在工程的 05_UserBoard\user. h 文件中，宏定义芯片内部温度及板上热敏电阻温度传感器 ADC 模块所对应的芯片内部 AD 通道号。

```
AD_MCU_TEMP        17            //内部温度采集通道 17
AD_THERMISTOR      15            //热敏温度采集通道 15 (PTB_NUM|0)
```

这样做的目的在于，面向实际硬件对象编程，而不是面向芯片引脚编程，保证了 main. c 的可移植性。

（2）main 函数

1）温度 A/D 值变量定义。在工程的 07_AppPrg\main. c 文件中，在“声明 main 函数使用的局部变量”处添加温度 A/D 值变量的定义：

```
uint16_t mcu_temp_AD;              //芯片温度 A/D 值
float mcu_temp;                    //芯片温度回归值
uint16_t thermistor_AD;            //外接热敏电阻（温度）A/D 值
float thermistor;                  //外部热敏电阻（温度）回归值
```

2）ADC 模块及其他模块初始化。初始化 UART_Debug 串口模块、GPIO 模块和 ADC 模块。其中，UART_Debug 串口模块的波特率设置为 115200。在“用户外设模块初始化”处增加下列语句：

```
gpio_init(LIGHT_RED,GPIO_OUTPUT,LIGHT_OFF);          //初始化红灯
uart_init(UART_Debug,115200)                          //初始化 UART_Debug 串口
adc_init(AD_THERMISTOR,0);                            //初始化热敏电阻 A/D 转换
adc_init(AD_MCU_TEMP,0);                              //初始化芯片内部温度 A/D 转换
systick_init(10);                                     //设置 systick 为 10ms 中断
```

其中，初始化红灯的目的是为了观察 AHL-STM32L431 开发套件串口模块发送数据的过程，红灯闪烁表明串口发送，若 PC 没有数据出现即可排查原因。

3）进入主循环。小灯闪烁、ADC 模块数据获取并通过串口发送温度 A/D 值到 PC。

```
//(2)======主循环部分(开头)=======================================
  for(;;)     //for(;;)(开头)
  {
    //(2.1)判断是否到 1 s
    if (gTime[2] == mSec)   continue;
    //(2.2)以下是 1 s 到的处理
    mSec=gTime[2];
    //(2.3)灯的状态切换、改变标志
    gpio_reverse(LIGHT_RED);//红灯状态切换，记录红灯状态
    mFlag=(mFlag=='A'? 'L':'A');
    printf((mFlag=='A')?" LIGHT_RED:OFF--\n":" LIGHT_RED:ON==\n");
    //(2.4)获取外部热敏电阻（温度）并显示
    thermistor_AD = adc_ave(AD_THERMISTOR,8);      //获取外部热敏电阻（温度）A/D 值
    thermistor=tempRegression(thermistor_AD);      //转换成实际温度
    printf("temp_AD = %d\n",thermistor_AD);
    printf("热敏电阻温度为：%6.2lf℃\r\n\r\n",thermistor);
    //(2.5)获取芯片温度并显示
    mcu_temp_AD = adc_read(AD_MCU_TEMP);
```

```
        mcu_temp=adc_mcu_temp(mcu_temp_AD);            //将芯片温度 A/D 值转换成实际温度
        printf("mcu_temp_AD = %d\n",mcu_temp_AD);
        printf("芯片内部温度为:%6.2lf℃\r\n",mcu_temp);
    } //for(;;)结尾
//(2)======主循环部分(结尾)==========================================
```

(3) 下载机器码并观察运行情况

经过编译生成机器码（.hex 文件），通过 AHL-GEC-IDE 软件下载到目标板中。可观察到板载红灯每秒闪烁一次，在窗口中可看到上传的芯片温度值情况，如图 5-9 所示。同时，还可通过反复用手指触碰主板上芯片表面及热敏电阻来观察数据变化的情况。

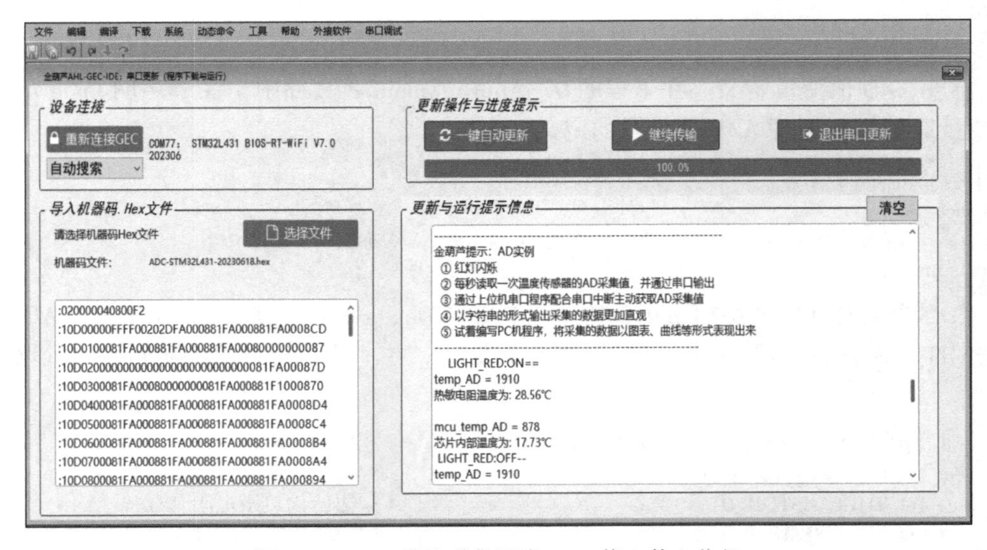

图 5-9　ADC 模块采集温度 A/D 值上传上位机

5.3.5　PWM 构件

本小节主要介绍脉宽调制（PWM）的知识要素、应用程序接口（API）及测试方法。

1. PWM 知识要素

脉宽调制（Pulse Width Modulator，PWM）是电机控制的重要方式之一。PWM 信号是一个高/低电平重复交替的输出信号，通常也叫脉宽调制波或 PWM 波。PWM 最常见的应用是电机控制，还有一些其他用途，例如，利用 PWM 为其他设备产生类似于时钟的信号，利用 PWM 控制灯以一定频率闪烁，利用 PWM 控制输入到某个设备的平均电流或电压等。

PWM 信号的主要技术指标有：PWM 时钟源频率、PWM 周期、占空比、脉冲宽度与分辨率、极性与对齐方式等。

(1) PWM 时钟源频率、PWM 周期与占空比

通过 MCU 输出 PWM 信号的方法与使用纯电力电子实现的方法相比，有实现方便的优点，所以目前经常使用的 PWM 信号主要是通过 MCU 编程实现的。图 5-10 所示为一个利用 MCU 编程方式产生 PWM 波的实例。这个方法需要有一个产生 PWM 波的时钟源，其频率记为 F_{CLK}、单位为 kHz，相应的时钟周期为 $T_{CLK}=1/F_{CLK}$、单位为毫秒（ms）。

PWM 周期用其有效电平持续的时钟周期个数来度量，记为 N_{PWM}。例如，图 5-10 中的 PWM 信号的周期是 $N_{PWM}=8$（无量纲），实际 PWM 周期 $T_{PWM}=8T_{CLK}$。

PWM 占空比被定义为 PWM 信号处于有效电平的时钟周期数与整个 PWM 周期内的时钟周期数之比，用百分比表征。图 5-10a 中，PWM 的高电平（高电平为有效电平）为 $2T_{CLK}$，所以占空比=2/8=25%；图 5-10b 中，占空比为 50%（方波）；图 5-10c 中，占空比为 75%。

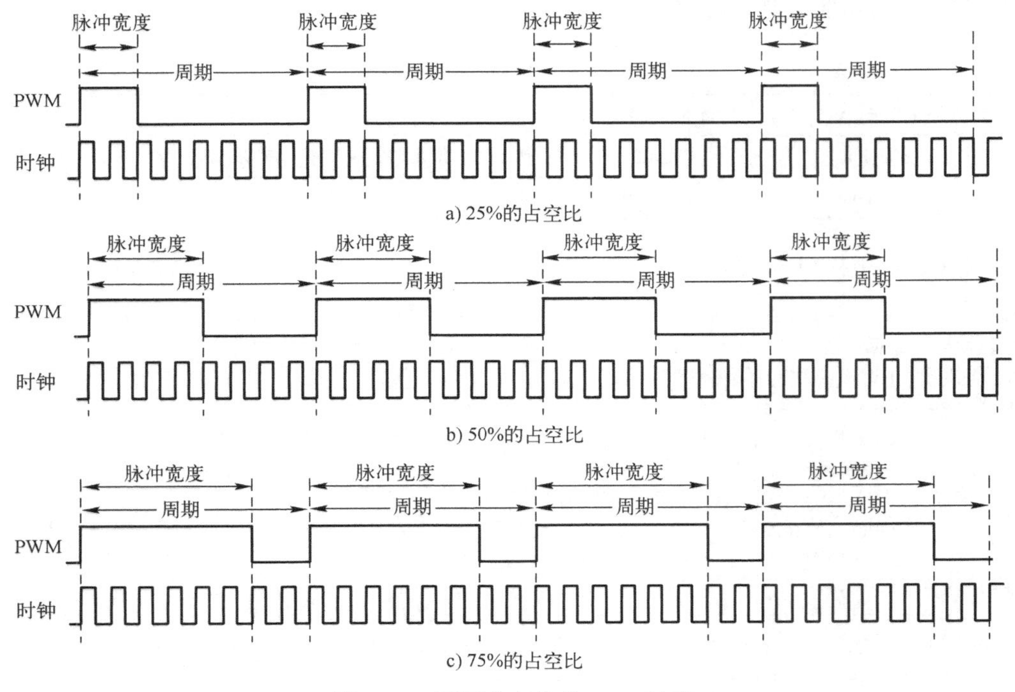

图 5-10　不同占空比的 PWM 波形

（2）脉冲宽度与分辨率

脉冲宽度是指一个 PWM 周期内，PWM 波处于有效电平的时间（用持续的时钟周期数表征）。PWM 脉冲宽度可以用占空比与周期计算出来，故不作为一个独立的技术指标。

PWM 分辨率 ΔT 是指脉冲宽度的最小时间增量，等于时钟源周期，即 $\Delta T=T_{CLK}$，也可不作为一个独立的技术指标。例如，若 PWM 是利用频率 $F_{CLK}=48\text{MHz}$ 的时钟源产生的，即时钟源周期 $T_{CLK}=(1/48)\mu s=0.208\ \mu s=20.8\ ns$，那么脉冲宽度的每一增量为 $\Delta T=20.8\ ns$，这就是 PWM 的分辨率。它就是脉冲宽度的最小时间增量了，脉冲宽度的增加与减少只能是 ΔT 的整数倍。实际上，脉冲宽度正是用高电平持续的时钟周期数（整数）来表征的。

（3）极性

PWM 极性决定了 PWM 波的有效电平。正极性表示 PWM 有效电平为高电平，那么在边沿对齐的情况下，PWM 引脚的平时电平（也称空闲电平）就应该为低电平，开始产生 PWM 的信号为高电平，到达比较值时，跳变为低电平，到达 PWM 周期时又变为高电平，周而复始。负极性则相反，PWM 引脚的平时电平（空闲电平）为高电平，有效电平为低电平。注意：占空比通常仍定义为高电平时间与 PWM 周期之比。

（4）对齐方式

可以用 PWM 引脚输出发生跳变的时刻来区分 PWM 的边沿对齐与中心对齐两种对齐方式。一般情况下使用边沿对齐，中心对齐多用于电机控制编程中，本书不再描述。

2. PWM 构件 API

（1）PWM 常用接口函数简明列表

在 PWM 构件的头文件 pwm.h 中给出了其接口函数声明。表 5-5 列出了 PWM 常用接口函数的函数名、简明功能及基本描述。

表 5-5　PWM 常用接口函数

序号	函 数 名	简 明 功 能	基 本 描 述
1	pwm_init	初始化	初始化，指定时钟源频率、周期、占空比、对齐方式、极性
2	pwm_update	更新占空比	改变占空比，指定更新后的占空比，无返回

（2）PWM 常用接口函数

```
//=========================================================
//函数名称：pwm_init
//功能概要：PWM 模块初始化
//参数说明：pwmNo，PWM 模块号
//          clockFre，时钟频率，单位为 kHz，取值有 3000、6000、12000、24000、48000
//          period，周期，单位个数，如 100,1000…
//          duty，占空比，0.0~100.0 对应 0%~100%
//          align，对齐方式
//          pol，极性
//函数返回：无
//=========================================================
void pwm_init (uint16_t pwmNo,uint32_t clockFre,uint16_t period,float duty,uint8_t align,uint8_t pol);
//=========================================================
//函数名称：pwm_update
//功能概要：PWM 模块更新，改变占空比
//参数说明：pwmNo，pwm 模块号
//          duty，占空比，0.0~100.0 对应 0%~100%
//函数返回：无
//=========================================================
Void pwm_update(uint16_t pwmNo,float duty);
```

3. PWM 构件 API 的测试方法

配合 AHL-STM32L431 开发套件使用 PWM 模块，利用 PWM 输出驱动二极管的亮度变化。具体样例可参考“..\03-Software\CH05-Hard-component\PWM”。

（1）user.h

在 05_UserBoard\user.h 文件中添加对 pwm.h 头文件的包含，以及对具有 PWM 功能的引脚的宏定义（如宏名为 PWM_PIN0）。

```
#include "pwm.h"
//(6)【改动】PWM 引脚定义
#define PWM_PIN0 (PTB_NUM|10)    //GEC_39 CH3
```

（2）main 函数

1）变量定义。在 07_AppPrg\main.c 中 main 函数的“声明 main 函数使用的局部变量”部分，定义变量 mDuty 和 mMytime。

```
uint8_t mDuty;           //主循环使用的占空比临时变量
uint8_t mMytime;         //时间次数控制变量
```

2）给变量赋初值。

```
mDuty=0;          //初始占空比为 0
mMytime=0;        //初始时间次数控制变量为 0
```

3）初始化 PWM_PIN0 模块。在 main 函数的“初始化外设模块”处，初始化 PWM_PIN0 模块，设置时钟频率为 24000 kHz、周期为 10、占空比设为 90.0%、对齐方式为边沿对齐、极性为正极性。

```
pwm_init(PWM_PIN0,24000,10,90.0,PWM_EDGE,PWM_PLUS); //初始化 PWM_PIN0 模块
```

4）改变占空比的变化。在 main 函数的“主循环”处，改变占空比的变化。

```
mMytime++;
if(mMytime%2==0){               //每 2 s 改变一次占空比
  mDuty+=10;
  printf("占空比:%d\r\n",mDuty);
  pwm_update(PWM_PIN0,mDuty);
}
if(mDuty>=100)
{
    for(;mDuty>0;)
    {
    //等待 1 s
    mMainLoopCount++;
    if (mMainLoopCount<=6556677)   continue;      //如果小于特定常数，继续循环
    mMainLoopCount=0;                             //清主循环次数
    mMytime++;
    if(mMytime%2==0){                             //每 2 s 改变一次占空比
      mDuty-=10;
      printf("占空比:%d\r\n",mDuty);
      pwm_update(PWM_PIN0,mDuty);
    }
  }
  mDuty=0;
  mMytime=0;
}
```

（3）下载机器码并观察运行情况

经过编译生成机器码，通过 AHL-GEC-IDE 软件下载到目标板中，若 PWM_PIN0 为引脚 39，则可将引脚外接发光二极管，另一端接地。可以观察到，发光二极管由亮逐渐变暗再逐渐变亮，如此循环。

5.4 应用构件使用举例

应用构件是调用芯片基础构件而制作的面向实际应用的构件。本节以 printf 构件为例给出应用构件样例。

在 C 语言中，printf 是一个标准库函数，主要用于过程输出显示，方便程序调试。在嵌入式开发中，可以借助 PC 显示器，利用串口实现同样的功能，方便嵌入式程序的调试。

5.4.1 printf 构件使用格式

printf 函数调用的一般形式为

```
printf("格式控制字符串", 输出表列);
```

其中，格式控制字符串用于指定输出格式，可由格式字符串和非格式字符串两种组成。

格式字符串是以%开头的字符串，在%后面跟各种格式字符，以说明输出数据的类型、形式、长度、小数位数等。例如：

- "%d" 表示按十进制整型输出。
- "%ld" 表示按十进制长整型输出。
- "%f" 表示浮点型输出。
- "%lf" 表示 double 型输出。
- "%c" 表示按字符型输出。
- "\n" 表示换行符等。

非格式字符串原样输出，在显示中起提示作用。输出表列中给出了各个输出项，要求格式字符串和各输出项在数量和类型上一一对应。

5.4.2 嵌入式 printf 构件说明

在 printf 构件头文件 printf. h 中，给出了对外接口函数的使用声明。需要特别注意的是，要根据实际使用的串口修改其中的宏定义（见下述代码中的黑体字），仅更改该构件头文件这一处，其他不必更改

```
#include "uart. h"
#include "string. h"
#define UART_printf UART_3                //printf 函数使用的串口号
#define printf myprintf
…
```

printf 构件的实现是一个比较复杂的过程，工程 "..\03-Software\CH05-Hard-component\Printf" 中有其源码，希望深入了解的读者可以阅读分析，一般情况下，使用即可。

5.4.3 printf 构件编程样例

下面将举例说明 printf 构件的具体用法，实现的功能为：使用 printf 函数，在串口工具中输出测试函数要打印的字符串。具体样例见 "..\03-Software\CH05-Hard-component\Printf"，具体实现过程如下。

（1）包含文件

在 05_UserBoard\user. h 文件中添加对 printf. h 的包含。

```
#include "printf. h"
```

（2）在 main. c 文件中添加 printf 输出

```
Char c,s[20];
int a;
float f;
double x;
a=1234;
f=3. 14159322;
x=0. 123456789123456789;
c='A';
```

```
strcpy(s,"Hello,World");
printf("苏州大学嵌入式实验室 printf 构件测试用例! \n");
//整型数据的输出测试
printf("整型数据输出测试:\n");
printf("整数 a=%d\n", a);              //按照十进制整数格式输出，显示 a=1234
printf("整数 a=%d%%\n", a);            //输出%号结果 a=1234%
printf("整数 a=%6d\n", a);             //输出 6 位十进制整数（左边补空格），显示 a=  1234
printf("整数 a=%06d\n", a);            //输出 6 位十进制整数（左边补 0），显示 a=001234
printf("整数 a=%2d\n", a);             //a 超过 2 位，按实际输出 a=1234
printf("整数 a=%-6d\n", a);            //输出 6 位十进制整数（右边补空格），显示 a=1234
printf("\n");
//浮点型数据的输出测试
printf("浮点型数据输出测试:\n");
printf("浮点数 f=%f\n", f);            //浮点数有效数字是 6 位，结果 f=3.140001
printf("浮点数 fhavassda = %6.4f\n", f); //输出 6 列，小数点后 4 位，结果 f=3.1400
printf("double 型数 x=%lf\n", x);      //输出长浮点数 x=0.123456
printf("double 型数 x=%18.15lf\n", x); //输出 18 列，小数点后 15 位，x=0.123456789123456
printf("\n");
//字符型数据的输出测试
printf("字符类型数据输出测试:\n");
printf("字符型 c=%c\n", c);            //输出字符，c=A
printf("ASCII 码 c=%x\n", c);          //以十六进制输出字符的 ASCII 码，c=41
printf("字符串 s[]=%s\n", s);          //输出数组字符串，s[]=Hello,World
printf("字符串 s[]=%6.9s\n", s);       //输出最多 9 个字符的字符串，s[]=Hello,Word
```

（3）运行结果

程序编译通过后，下载后运行情况如图 5-11 所示。

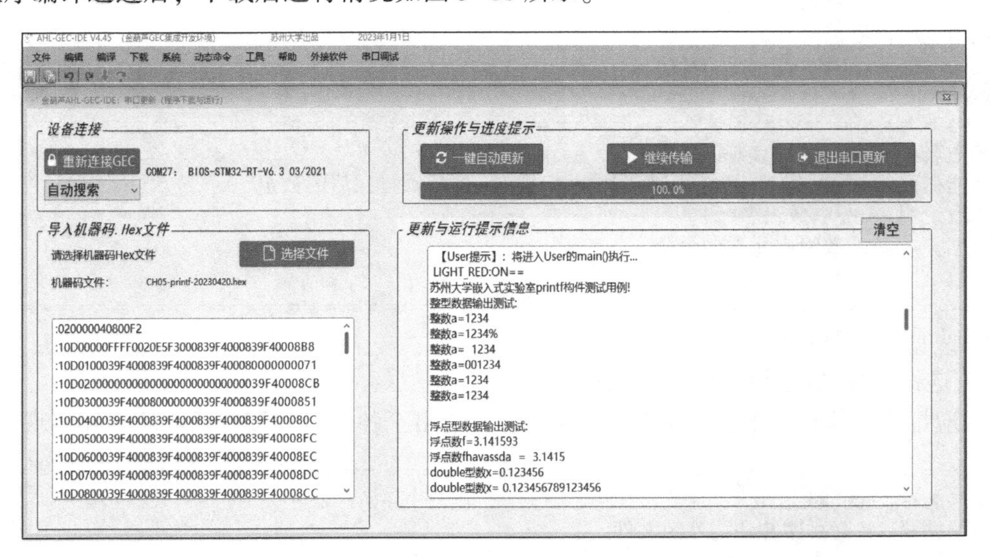

图 5-11　printf 构件测试结果

5.5　软件构件设计实例

软件构件面向实际算法而封装，具有底层硬件无关性，本节给出这两类构件的设计实例。

冒泡排序算法及队列算法具有硬件无关性，这里以它们为例阐述软件构件设计的基本流程，为理解软件构件提供模板。

5.5.1 冒泡排序算法构件

1. 冒泡排序算法描述

冒泡排序（Bubble Sort）算法是一种典型的交换排序算法。其基本思想是：从无序序列头开始，依次比较相邻两数据元素的大小并根据大小进行位置交换，直到将最大（小）的数据元素交换到无序队列的队尾，从而成为有序序列的一部分；在下一趟排序中继续这个过程，直到所有数据元素都排好序。简而言之，**每次通过比较相邻两元素的大小而决定是否交换位置，选出剩余无序序列里最大（小）的数据元素放到队尾**。

2. 冒泡排序算法构件的头文件

在冒泡排序算法构件头文件 bubbleSort. h 中，给出了对外接口函数的使用声明。

```
//==============================================================
//文件名称：bubbleSort. h
//功能概要：冒泡排序算法构件头文件
//版权所有：苏大嵌入式实验室（sumcu. suda. edu. cn）
//更新记录：2020-04-17
//==============================================================
//==============================================================
//函数名称：bubbleSort_up
//功能概要：将一数组采用冒泡升序方式进行排列，并返回排序后的数组
//参数说明：array，数组名
//          n，数组中元素的个数
//函数返回：无
//==============================================================
void bubbleSort_up(in t array[ ],int n);
//==============================================================
//函数名称：bubbleSort_down
//功能概要：将一数组采用冒泡降序方式进行排列，并返回排序后的数组
//参数说明：array，数组名
//          n，数组中元素的个数
//函数返回：无
//==============================================================
void bubbleSort_down(int array[ ],int n);
```

3. 冒泡排序算法构件的源程序文件

在冒泡排序算法构件源程序 bubbleSort. c 中，给出了各个对外接口函数的具体实现代码。

```
//==============================================================
//文件名称：bubbleSort. c
//功能概要：冒泡排序算法构件源文件
//版权所有：苏大嵌入式实验室（sumcu. suda. edu. cn）
//更新记录：2020-04-17
//==============================================================

#include "bubbleSort. h"

//内部函数声明
void swap(int * p, int * q);
```

```
//=====================================================
//函数名称：bubbleSort_up
//功能概要：将一数组采用冒泡升序方式进行排列，并返回排序后的数组
//参数说明：array，数组名
//          n，数组中元素的个数
//函数返回：无
//=====================================================
void bubbleSort_up(int array[ ],int n)
{
    int i,j;
    for (i = 0; i < n; i++)
    {
      for (j = 0; j < n-1-i; j++)
      {
        if (array[j] > array[j + 1])
          swap(&array[j], &array[j + 1]);
      }
    }
}

//=====================================================
//函数名称：bubbleSort_down
//功能概要：将一数组采用冒泡降序方式进行排列，并返回排序后的数组
//参数说明：array，数组名
//          n，数组中元素的个数
//函数返回：无
//=====================================================
void  bubbleSort_down(int  array[ ],int n)
{
    int i,j;
    for (i = 0; i<n - 1; i++)
    {
      for (j = 0; j<n - 1 - i; j++)
      {
          if (array[j]<array[j + 1])
              swap(&array[j], &array[j + 1]);
      }
    }
}

//内部函数
//=====================================================
//函数名称：swap
//功能概要：对排序中的数组元素进行交换
//参数说明：p，指向要交换的第一个数的地址
//          q，指向要交换的第二个数的地址
//函数返回：无
//=====================================================
void  swap(int *  p, int *  q)
{
    int temp;
    temp = *p;
```

```
        * p = * q;
        * q = temp;
    }
```

4. 测试程序设计

下面将举例说明 bubbleSort 构件的具体用法。实现的功能为：传入一组数据，通过冒泡升序/降序的方式实现对数组元素的全排列。具体样例工程见“..\03-Software\CH05-Hard-component\BubbleSort”，具体实现过程如下。

1）包含文件。在 07_AppPrg 文件夹下的 includes.h 中添加对 bubbleSort 构件头文件的包含。

```
#include " bubbleSort.h"
```

2）定义需排序的数组。直接在 main.c 文件中定义待排序的数组名，这里采用通过升序的方式对数组进行排列的方法。

```
int mX[ ] = {123,14562,32,232,-88,12,13,3232,565,-121};    //待排序的数组（自定义）
```

3）获取数组长度及调用冒泡排序函数。在 main.c 文件获取数组长度的方式如下：

```
int length = sizeof(mX) / sizeof(mX[0]);    //获取数组长度
```

调用冒泡升序函数：

```
bubbleSort_up(mX,length);        //调用冒泡升序函数
```

之后调用 printf 函数，通过串口输出排序后的数组元素即可看到排序后的结果。调用冒泡降序函数的方式与调用冒泡升序函数的方式相同，这里不再赘述。

5. 运行结果

程序编译通过后，通过串口更新将 .hex 机器码烧入芯片中。若串口输出结果如图 5-12 所示，说明测试成功。

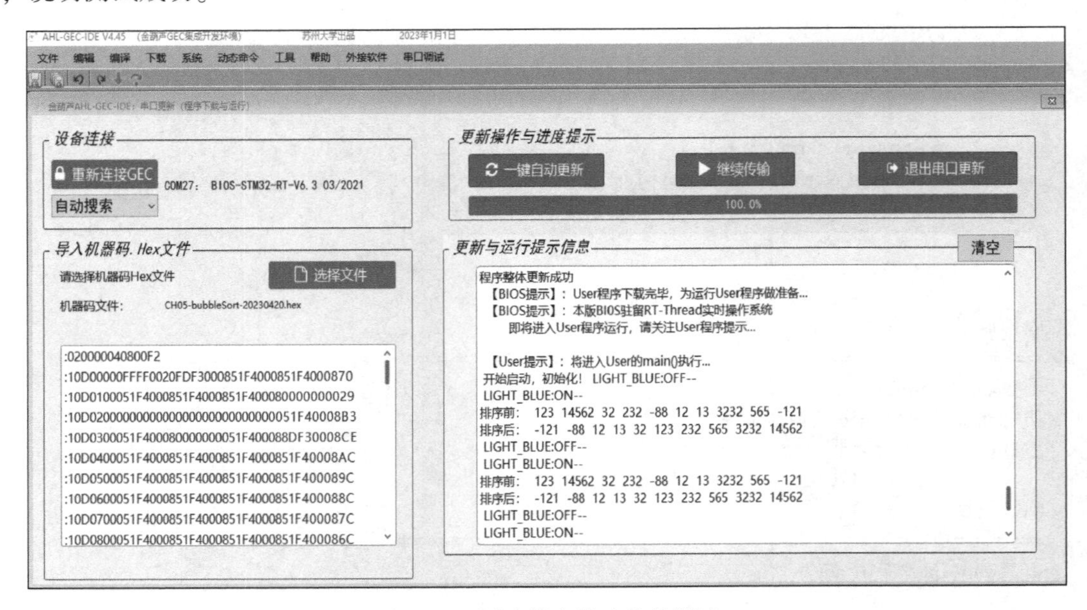

图 5-12　冒泡排序算法构件测试

5.5.2　队列算法构件

1. 队列算法描述

队列，简称队，它是一种操作受限的线性表。其受限性表现为在表的一端进行插入，在另一端进行删除。可进行插入的一端称为队尾（rear），可进行删除的一端称为队头（front）。向队列中插入元素叫作入队，新元素进入之后就称为新的队尾元素。从队列中删除元素叫作出队，元素出队后，其后继结点元素就称为新的队头元素。队列的特点就是先进先出（栈为先进后出）。打个比方，队列就是在食堂吃饭的时候排队，先到的人先打到饭，后到的人后打到饭。队列按存储结构可分为链队列和顺序队列两种。

在设计队列算法的过程中，首先要考虑的是队列的构成，应当包括队首指针、队尾指针、队列中元素的个数、队列中最大元素个数，以及队列中每个元素的数据内容的大小等。其次，队列应当具有最基本的出队、入队等功能。最后，应当考虑在各种不同环境下队列算法的可移植性和用户透明度。本小节中设计的队列构件使用的是单向链表队列，队列中的元素类型可以为任意类型，为了方便读者理解，此处使用的类型为用户可自定义的结构体类型。队列构件中主要包含队列初始化、入队、出队，以及获取队列中元素个数等功能，涵盖了队列需要用到的基本函数方法。

2. 队列算法构件的头文件

队列算法的对外函数接口如下：

```
//====================================================================
//文件名称：queue.h
//功能概要：队列底层驱动构件头文件
//版权所有：苏大嵌入式实验室（sumcu.suda.edu.cn）
//版本更新：2020-04-17
//====================================================================
#include <stdlib.h>
#include <string.h>
typedef struct queue_node_t
{
    void * m_data;                        //抽象的数据域，void * 类型的链表可以存储任何类型的数据
    struct queue_node_t * m_next;
} Queue_node_t;
//链表结构，存储整个链表
typedef struct queue_t
{
    size_t m_data_size;                   //队列的结点中数据域的大小
    size_t m_queue_size;                  //队列中的结点个数
    size_t m_maxsize;                     //队列最大结点个数
    Queue_node_t  * m_front;              //队首指针
    Queue_node_t  * m_rear;               //队尾指针
} Queue_t;

//====================================================================
//函数名称：queue_init
//功能概要：初始化一个队列
//参数说明：data_size，结点中数据域的大小
//          maxsize，队列最大结点个数
//函数返回：初始化的队列
```

```
//==================================================================
Queue_t *queue_init(size_t data_size,size_t maxsize);

//==================================================================
//函数名称：queue_in
//功能概要：在队尾插入一个元素
//参数说明：queue，要操作的队列
//          data，结点元素值
//          maxsize，队列最大结点个数
//函数返回：无
//==================================================================
void queue_in(Queue_t *queue,void *data,size_t maxsize);

//==================================================================
//函数名称：queue_out
//功能概要：删除队首元素
//参数说明：queue，要操作的队列
//函数返回：无
//==================================================================
void queue_out(Queue_t *queue);

//==================================================================
//函数名称：queue_count
//功能概要：获取队列中的元素个数
//参数说明：queue，要操作的队列
//函数返回：队列中的元素个数
//==================================================================
Int queue_count(Queue_t *queue);
```

3. 队列算法构件的源程序文件

队列函数的内部操作保存在 queue. c 文件中，具体内容如下：

```
//==================================================================
//文件名称：queue. c
//功能概要：Queue 底层驱动构件源文件
//版权所有：苏大嵌入式实验室
//版本更新：2020-04-17
//==================================================================
#include "queue. h"                                  //包含本构件头文件

//==================================================================
//函数名称：queue_init
//功能概要：初始化一个队列
//参数说明：data_size，结点中数据域的大小
//          maxsize，队列最大结点个数
//函数返回：初始化的队列
//==================================================================
Queue_t *queue_init(size_t data_size,size_t maxsize)
{
    Queue_t* new_queue =(Queue_t*)malloc(sizeof(Queue_t));
    //建立一个空的链表
    new_queue->m_queue_size = 0;                //队列元素个数为 0
    new_queue->m_data_size = data_size;         //队列中每个元素的数据域大小为 data_size
```

```
    new_queue->m_maxsize = maxsize;              //队列最大结点个数为 maxsize
    new_queue->m_front = NULL;                   //队首指针为空
    new_queue->m_rear = NULL;                    //队尾指针为空
    return new_queue;
}

//==============================================================
//函数名称：queue_in
//功能概要：在队尾插入一个元素
//参数说明：queue，要操作的队列
//          data，结点元素值
//          maxsize，队列最大结点个数
//函数返回：无
//==============================================================
void queue_in(Queue_t *queue,void *data,size_t maxsize)
{
    if(queue->m_queue_size==maxsize)             //判断队列是否已满
        return;
    Queue_node_t* new_node = (Queue_node_t*)malloc(sizeof(Queue_node_t));

    new_node->m_data = malloc(queue->m_data_size);
    memcpy(new_node->m_data, data, queue->m_data_size);   //将 data 赋值给新结点

    new_node->m_next = NULL;                     //尾插法，插入结点指向空
    if(queue->m_rear == NULL)
    {
        queue->m_front = new_node;
        queue->m_rear = new_node;
    }
    else{
        queue->m_rear->m_next = new_node;        //让 new_node 成为当前尾部结点的下一结点
        queue->m_rear= new_node;                 //尾部指针指向 new_node
    }
    queue->m_queue_size += 1;                    //队列中的结点个数加 1
}

//==============================================================
//函数名称：queue_out
//功能概要：删除队首元素
//参数说明：queue，要操作的队列
//函数返回：无
//==============================================================
void queue_out(Queue_t *queue)
{
    Queue_node_t* temp_node=queue->m_front;

    if(queue->m_front==NULL)                     //判断队列是否为空
        return;
    if(queue->m_front==queue->m_rear)            //判断队列是否只有一个元素
    {
        queue->m_front=NULL;
        queue->m_rear=NULL;
    }else{
```

```
        queue->m_front=queue->m_front->m_next;              //队首指针后移一位
        free(temp_node);
    }
    queue->m_queue_size -= 1;                               //队列中的结点个数减 1
}

//==========================================================================
//函数名称：queue_count
//功能概要：获取队列中的元素个数
//参数说明：queue，要操作的队列
//函数返回：队列中的元素个数
//==========================================================================
int queue_count(Queue_t * queue)
{
    return queue->m_queue_size;
}
```

4. 测试程序设计

下面将举例说明队列算法构件的具体用法。实现的功能为：对队列进行 4 次入队，遍历输出队列中的结点，然后进行一次出队操作，再次遍历输出队列中的结点。在每次操作完成之后获取一次队列中的元素个数。具体例程可参考“..\03-Software\CH05-Hard-component\queue”文件夹。具体的实现过程如下。

1）包含文件。在 07_AppPrg 文件夹下的 includes.h 中添加对队列算法构件头文件的包含。

```
#include "queue.h"
```

2）定义元素结构体类型及队列。在总头文件 includes.h 中定义用户自己想要的队列元素结构体类型。此处以学生结构体为例，结构体内部包含学号和姓名两个变量。需要特别注意的是，结构体类型为 **4 字节对齐**，故建议在使用时尽量将结构体大小声明为 4 字节的倍数。

```
typedef struct student
{
    int no;                  //学号
    char name;               //姓名
}g_Student;                  //声明学生结构体
```

3）声明和初始化相关变量。在 main.c 文件的“(1.1) 声明 main 函数使用的局部变量”注释下方对需要声明的变量进行声明，在“(1.3) 给全局变量及主函数使用的局部变量赋初值”注释下方对这些变量进行初始化。

声明语句如下：

```
Queue_t * q;                       //声明队列
Queue_node_t * indexnode;          //声明队列索引结点
g_Student stu1,stu2,stu3,stu4;     //声明四个学生结构体变量
g_Student out_data;                //声明读取队列结点的内容结构体变量
```

初始化语句如下：

```
q=queue_init(sizeof(g_Student),MAXSIZE);          //初始化队列
stu1.no=1001;strcpy(stu1.name,"张三");            //初始化变量 stu1
stu2.no=1002;strcpy(stu2.name,"李四");            //初始化变量 stu2
stu3.no=1003;strcpy(stu3.name,"王五");            //初始化变量 stu3
stu4.no=1004;strcpy(stu4.name,"刘六");            //初始化变量 stu4
```

4）入队操作。对初始化后的四个学生结构体变量执行入队操作，然后获取当前队列中元素个数并遍历输出当前队列中的元素。

```
queue_in(q,&stu1,MAXSIZE);          //stu1 入队
queue_in(q,&stu2,MAXSIZE);          //stu2 入队
queue_in(q,&stu3,MAXSIZE);          //stu3 入队
queue_in(q,&stu4,MAXSIZE);          //stu4 入队
indexnode=q->m_front;               //初始化索引结点为队首结点
printf("入队完成！当前队列中有%d 个元素:\n",queue_count(q));
//遍历输出队列中的元素
while(indexnode!=NULL)
{
    out_data=*(g_Student *)indexnode->m_data;
    printf("学生学号为:%d,姓名为:%s\n",out_data.no,out_data.name);
    indexnode=indexnode->m_next;
}
```

5）出队操作。延时 1 s 后，执行一次出队操作，然后获取当前队列中元素个数并遍历输出当前队列中的元素。

```
for(int i=0;i<3000000;i++);
    queue_out(q);                   //出队一个结点
indexnode=q->m_front;               //重新初始化索引结点为队首结点
printf("出队完成！当前队列中有%d 个元素:\n",queue_count(q));
while(indexnode!=NULL)
{
    out_data=*(g_Student *)indexnode->m_data;
    printf("学生学号为:%d,姓名为:%s\n",out_data.no,out_data.name);
    indexnode=indexnode->m_next;
}
```

5. 运行结果

程序编译通过后，通过串口更新功能将.hex 机器码文件烧录至芯片电路板中。若串口输出结果如图 5-13 所示，说明测试成功。

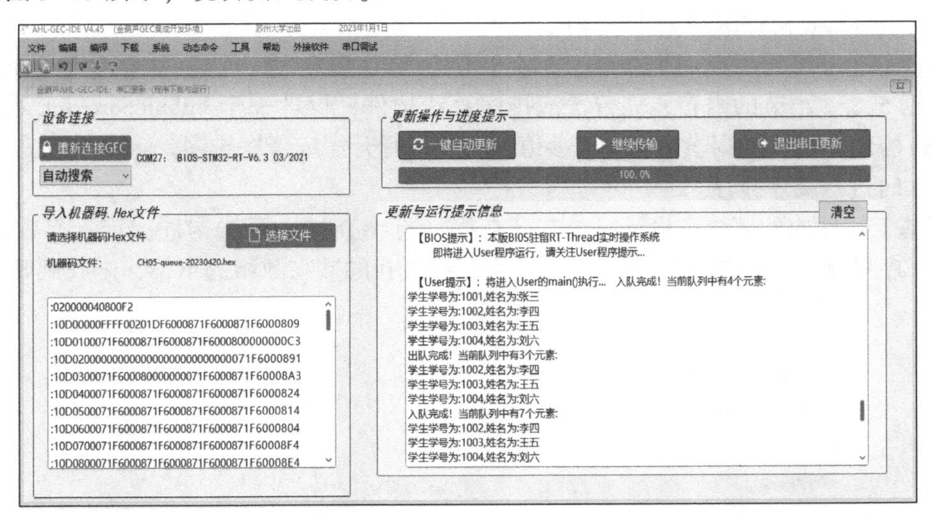

图 5-13　队列构件测试

5.6 本章小结

软件工程的基本要求是程序的可维护性，而可复用与可移植是可维护的基础，良好的构件设计是可复用与可移植的根本保证。一般把嵌入式构件分为基础构件、应用构件与软件构件三类。

基础构件是根据 MCU 内部功能模块的基本知识要素，针对 MCU 引脚功能或 MCU 内部功能，利用 MCU 内部寄存器所制作的面向芯片级的硬件驱动构件，也称为底层硬件驱动构件。其特点是面向芯片，以模块独立性为准则进行封装。常用的基础构件主要有：GPIO 构件、UART 构件、Flash 构件、ADC 构件、PWM 构件等。

应用构件是调用芯片基础构件制作完成的、符合软件工程封装规范的、面向实际应用硬件模块的驱动构件。其特点是面向实际应用硬件模块，以模块独立性为准则进行封装。例如 LCD 构件调用基础构件 SPI，完成对 LCD 显示器控制的封装。

软件构件是一个面向对象的、具有规范接口和确定的上下文依赖的组装单元，它能够被独立使用或被其他构件调用。它是不直接与硬件相关的、符合软件工程封装规范的、实现一组完整功能的函数。其特点是面向实际算法，以功能独立性为准则进行封装，具有底层硬件无关性。例如排序算法、队列操作、链表操作及人工智能的一些算法等。

习题

1. 简述构件的定义和嵌入式开发中构件的分类。
2. 简述底层硬件驱动构件的基本特征和表达形式。
3. 简述底层硬件驱动构件设计的基本原则。
4. 简述 GPIO 构件的定义和知识要素。
5. 简述 UART 构件的定义，给出不少于三个 UART 构件接口的设计。
6. 试分析 Flash 构件两种编程模式的不同。
7. 设计一个测试程序，用来测试 5.3.4 小节的 ADC 构件。
8. 根据 5.5.1 小节的内容，完善冒泡排序算法构件，设计一个 bubbleSort(int array[],int n,char sort)构件，可以根据参数 sort 实参值的不同进行升序或降序排序。sort=A 时进行升序排序，sort=D 时进行降序排序。
9. 请基于软件构件概念，设计一个二分查找（折半查找）算法构件，传入参数为目标数组（已按升序排序）和待查找的数，返回结果为待查找的数在数组的下标，未找到则返回-1。

第6章　RTOS下的程序设计方法

本章讨论RTOS下程序设计的若干问题，包括稳定性问题、中断服务例程（ISR）设计问题、线程划分与优先级安排问题、并发与资源共享问题，以及优先级反转问题等，并针对各个问题给出了相应的解决方案。

6.1 程序稳定性问题

程序稳定性问题是程序设计的核心问题，也是复杂问题。本节给出程序稳定性问题最基础性论述。这个论述不局限于RTOS下的程序设计，也适用于NOS下的程序设计。

6.1.1 稳定性的基本要求

稳定性是嵌入式系统的“生命线”。实验室中的嵌入式产品在经过调试、测试、安装，最终投放到实际应用后，由于受到干扰往往还会出现很多故障和不稳定的现象。由于嵌入式系统是一个综合了软件和硬件的复杂系统，因此单单依靠哪个方面都不能完全解决干扰问题，只有从嵌入式系统硬件、软件及结构设计等方面进行全面的考虑，综合应用各种抗干扰技术来全面应对系统内外的各种干扰，才能有效提高其抗干扰性能。

嵌入式系统的抗干扰设计主要包括硬件和软件两个方面。在硬件方面，通过提高硬件的性能和功能，能有效地抑制干扰，阻断干扰的传输信道。这种方法具有稳定、快捷等优点，但会使成本增加。而软件抗干扰设计采用各种软件方法，通过技术手段来增强系统的输入/输出、数据采集、程序运行、数据安全等抗干扰能力，具有设计灵活、节省硬件资源、低成本、高效能等优点，且能够处理某些用硬件无法解决的干扰问题。

嵌入式系统稳定性的基本要求有保证CPU运行的稳定、保证通信的稳定、保证物理信号输入的稳定、保证物理信号输出的稳定等。

1. 保证CPU运行的稳定

CPU指令由操作码和操作数两部分组成，取指令时先取操作码后取操作数。当程序计数器（PC）因干扰出错时，程序便会“跑飞”，引起程序混乱失控，严重时会导致程序陷入死循环或者误操作。为了避免这样的错误发生或者从错误中恢复，通常使用操作正常监控（看门狗技术）和定期自动复位系统（6.1.2小节介绍）等方法，还可使用指令冗余、软件拦截、数据保护等技术增强CPU运行的稳定性。

1）指令冗余。在双字节指令和三字节指令后可插入两字节以上的NOP（空操作指令），这样即使程序飞到操作数上，由于NOP的存在，避免了后面的指令被当作操作数执行，使程序自动纳入正轨。在关键位置插入几个单字节NOP或重复有效单字节指令，可解决大部分情况下指令解码紊乱的问题。

2）软件拦截。软件拦截就是用引导指令将捕捉到的乱飞程序引向正常位置处（如出错处理过程、复位入口地址等），此处将程序转向专门对程序出错进行处理的程序，使程序进入正轨。实现的方法是在程序存储器的未使用区域加上几条空操作指令和无条件跳转指令，无条件跳转指令转向出错处理过程或复位入口地址。

3）数据保护。对于程序执行过程 RAM 区数据保护，有以下三种方法：一是读写时用条件陷阱保护 RAM 区数据；二是软件冗余备份保护 RAM 区数据；三是片内 Flash 存储备份保护 RAM 区数据。

2. 保证通信的稳定

在嵌入式系统中，会使用各种各样的通信接口与外界进行交互，而在交互过程中保证通信的稳定是非常重要的。在设计通信接口的时候，设计者通常从通信数据速率、通信距离等方面进行考虑。一般情况下，通信距离越短越稳定，通信速率越低越稳定。例如，对于串行接口，通常只选用 9600、38400、115200 等低速波特率来保证通信的稳定性。另外，对于板内通信，使用 TTL 电平即可，而板间通信采用 232 电平，有时为了传输距离更远，可以采用差分信号 485 电平进行传输，但过程是一致的。

此外，为数据增加校验也是增强通信稳定性的常用方法，甚至有些校验方法不仅具有检错功能，还具有纠错功能。常用的校验方法有异或校验、循环冗余校验（CRC）、海明码校验及求和校验等。

3. 保证物理信号输入的稳定

模拟量和开关量都属于物理信号，它们在传输过程中很容易受到外界的干扰，雷电、可控硅、电机和高频时钟等都有可能成为其干扰源。在硬件上选用高抗干扰性能的元器件可有效地克服干扰。但这种方法通常面临着硬件开销和开发条件的限制。相比之下，在软件上可使用的方法比较多，且开销低，容易实现较高的系统性能。

通常的做法是进行软件滤波。对于模拟量，主要的滤波方法有限幅滤波法、中位值滤波法、算术平均值法、滑动平均值法、防脉冲干扰平均值法、一阶滞后滤波法，以及加权递推平均滤波法等；对于开关量，主要的滤波方法有同态滤波和基于统计计数的判定方法等。

4. 保证物理信号输出的稳定

系统的物理信号输出，通常是通过对相应寄存器的设置来实现的。由于寄存器数据也会因干扰而出错，所以使用合适的办法来保证输出的准确性和合理性也是很有必要的。主要方法有输出重置、滤波和柔和控制等。

在嵌入式系统中，输出类型的内存数据或输出 I/O 口寄存器也会因为电磁干扰而出错。输出重置是非常有效的办法。定期向输出系统重置参数，这样，即使输出状态被非法更改，也会在很短的时间里得到纠正。使用输出重置需要注意的是，对于某些输出量，如 PWM，短时间内多次的设置会干扰其正常输出。通常采用的办法是，在重置前先判断目标值是否与现实值相同，只有在不相同的情况下才启动输出重置。有些嵌入式应用的输出，需要某种程度的柔和控制，可使用滤波方法来实现。

总之，系统的稳定性关系到整个系统的成败，所以在实际产品的整个开发过程中都必须予以重视，并通过科学的方法进行解决，这样才能有效地避免不必要的错误的发生，提高产品的可靠性。

6.1.2 看门狗与定期复位的应用

主动复位是解决计算机长期稳定运行的重要方法。

1. 看门狗复位的应用

看门狗定时器（Watchdog Timer，WDOG）是一种通俗的说法，全称为 Computer Operating Properly Watchdog，简称 COP。它是一个自动计数器，目的是解决计算机运行可能会“跑飞”的问题。一般情况下，给看门狗计数器设定一个初值，启动看门狗后，看门狗计数器开始自动加 1 计数，编程时程序员在一些适当的地方加入看门狗清 0 指令，看门狗重新从 0 开始计数。这样，在程序运行正常情况下，看门狗计数器永远达不到设定值。若程序“跑飞”，就没有给看门狗清 0，看门狗计数器会自动增加到设定值，强制整个系统复位。

为什么称为“看门狗”？因为，正常运行过程中加入了“看门狗”清 0 指令，相当于给狗喂食，狗不饿就不“叫”，一旦程序“跑飞”，看门狗计数器就会自动达到设定值，也就是没有人给狗喂食，狗就发出“叫声”。此时，系统就会进行强制复位，以便回到正常运行状态。对看门狗复位过程的处理，同其他热复位一并进行。

看门狗的应用是为了保证系统运行的稳定，但要注意的是，对于程序开发阶段，最好关闭看门狗。看门狗一旦开启，就必须要在相应的复位时间之内进行“喂狗”操作，这给测试增加了不必要的代码，同时开启的看门狗会在遇到可能存在的问题时复位系统，严重干扰程序调试时对错误的定位。看门狗功能的加入与检验是在软件开发的功能测试阶段后与交付阶段前这段时间完成。

样例程序“..\03-Software\CH06-Design-method\Wdog”给出了看门狗的测试方法。例中使用 wdog_start( )、wdog_feed( )两个函数对看门狗进行开启和喂狗操作。

当开启看门狗时，如果将 for 循环中 wdog_feed( )这个喂狗操作注释，可以从图 6-1 看到输出的结果明显表示出程序不断复位，复位时间也跟设定的基本一致。

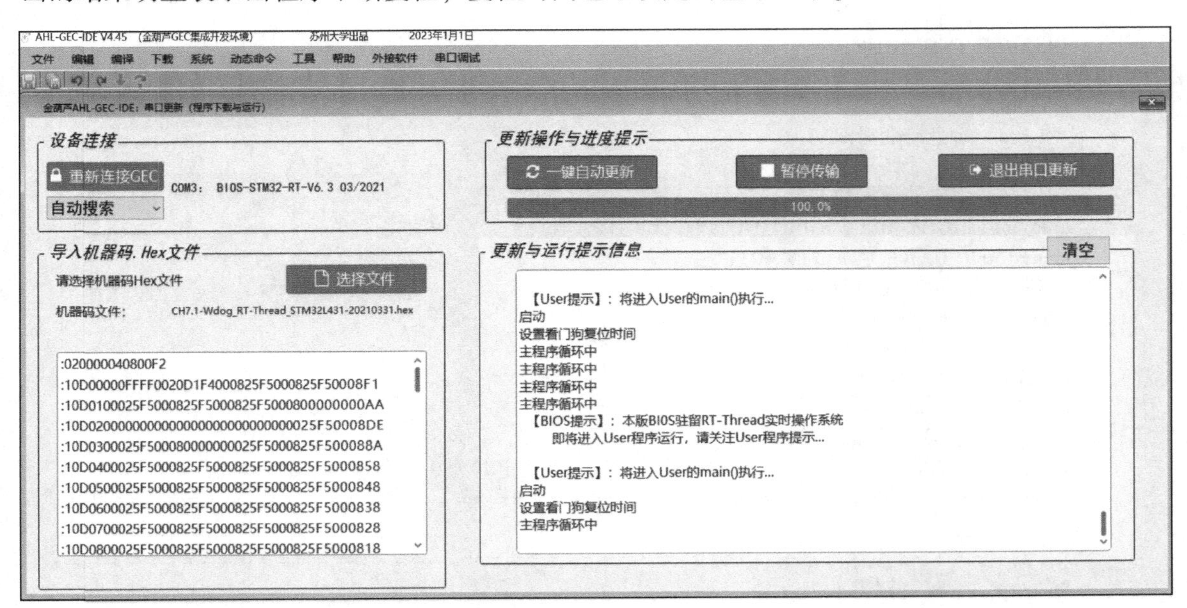

图 6-1　看门狗测试——无喂狗操作结果输出

如果不注释（即在规定时间内喂狗）则程序正常运行。可以从图 6-2 看到，一直进行 for 循环，进行小灯状态切换和输出主程序循环提示。

下面给出主函数文件 main.c 中的内容。

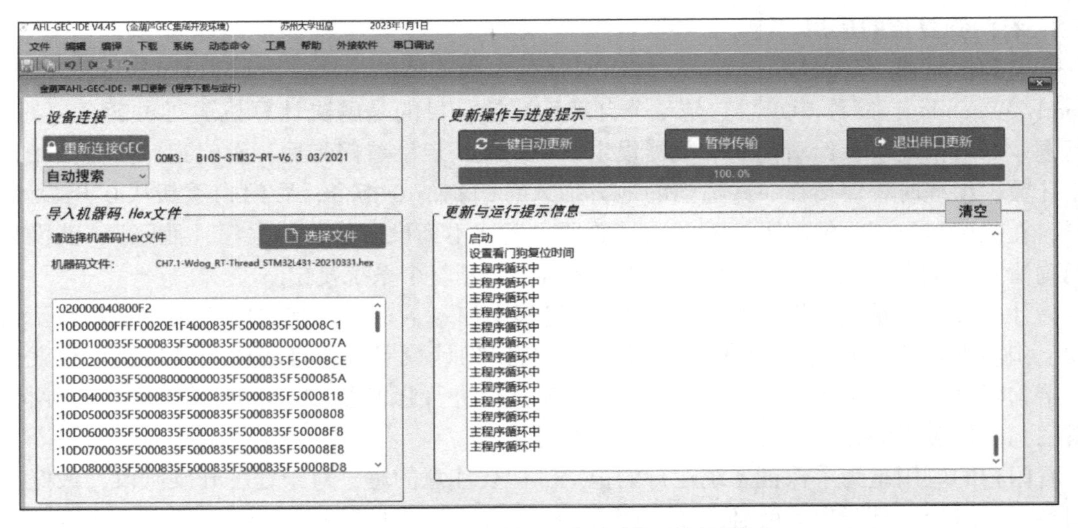

图 6-2　看门狗测试——有喂狗操作结果输出

```
#define GLOBLE_VAR
#include "includes.h"                //包含总头文件
int main(void)
{
    //(1)=====启动部分(开头)======================================
    //(1.1) 声明 main 函数使用的局部变量
    uint32_t mMainLoopCount;         //主循环次数变量
    //(1.2)【不变】关总中断
    DISABLE_INTERRUPTS;
    //(1.3) 给主函数使用的局部变量赋初值
    mMainLoopCount=0;                //主循环次数变量
    //(1.4) 给全局变量赋初值

    //(1.5) 用户外设模块初始化
    gpio_init(LIGHT_BLUE,GPIO_OUTPUT,LIGHT_ON);      //初始化蓝灯
    emuart_init(UART_User,115200);
    //(1.6) 使能模块中断
    uart_enable_re_int(UART_User);
    //(1.7)【不变】开总中断
    ENABLE_INTERRUPTS;
    printf("启动\n");
    printf("设置看门狗复位时间\n");
    wdog_start(2000);                //启动看门狗,复位定时为 2s
    //(1)=====启动部分(结尾)======================================

    //(2)=====主循环部分(开头)====================================
    for(;;) //for(;;)(开头)
    {
        //(2.1) 主循环次数变量+1
        mMainLoopCount++;
        //(2.2) 未达到主循环次数设定值,继续循环
        if (mMainLoopCount<=2000000) continue;
        //(2.3) 达到主循环次数设定值,执行下列语句,进行灯的亮暗处理
        //(2.3.1) 清除循环次数变量
```

```
        mMainLoopCount=0;
        //(2.3.2) 喂狗,灯切换状态
        //wdog_feed();                    //喂狗,该语句被注释即不喂狗
        gpio_reverse(LIGHT_BLUE);         //灯状态切换
        printf("主程序循环中\n");
    }//for(;;)结尾
    //(2)=====主循环部分(结尾)========================================
}//main 函数(结尾)
```

2. 定期复位的应用

在终端芯片中，有时会出现主程序正常执行只有一个或少许功能运行异常的情况，这时由于喂狗操作仍然定期进行，程序并不会为排除异常主动实现复位重启。定期复位方法就是每隔指定时间主动进行一次终端程序复位重启操作。对于对实时性要求不那么高的系统来说，主动重启不会对整个系统的功能造成破坏，而且可以避免出现看门狗无法监控的程序异常，保证系统功能正常运行。

在使用 ARM Cortex-M 内核的芯片中，可以使用 NVIC_SystemReset()系统复位函数进行软件强制复位操作，这样更便于同类型内核芯片间的复用和移植。STM32L431 芯片的 NVIC_SystemReset()系统复位函数具体如下所示。

```
void __NVIC_SystemReset(void)
{
    __DSB();                    //重置之前，确保所有未完成的内存访问（包括缓冲写入）均已完成
    SCB->AIRCR = (uint32_t)((0x5FAUL << SCB_AIRCR_VECTKEY_Pos) |
                 (SCB->AIRCR & SCB_AIRCR_PRIGROUP_Msk) |
    SCB_AIRCR_SYSRESETREQ_Msk);     //保持优先级组不变
    __DSB();                        //确保完成内存访问
    for(;;)                         //等待直到重启
    {
        __NOP();
    }
}
```

其中，__DSB()为 ARM 内核中自带的数据同步隔离汇编指令。在实际应用中，设定定时重启时间为 n 小时，即每过 n 小时完成一次终端重启（属于热复位）。需要注意的是，只有在没有重要任务运行的情况下，重启才是合适的。本书样例工程中含有该函数，需要时可直接使用。

6.1.3　临界区的处理

一般来说，临界资源主要分硬件和软件两种：硬件临界资源如串行通信接口等，软件临界资源如消息缓冲队列、变量、数组、缓冲区等。访问临界资源的那段代码称为临界区（Critical Section）。临界区也称为代码临界段，指处理时不可分割的代码，一旦这部分代码开始执行，则不允许被任何情况打断。

在 NOS 下，为确保临界段代码的执行，在进入临界段之前要关中断，在临界段代码执行完后应立即开中断。在串口中断组帧函数内，用到了临界区的概念。设串口中用于接收数据的数组 gcRecvBuf[]为全局变量，为了防止在中断过程中串口接收中断被更高级别的中断所抢占，从而有可能改变全局变量 gcRecvBuf[]的数据，影响程序的正确性，因此在串口接收中断中引入临界区的概念，将组帧函数放置于临界区内以确保程序的正确执行。

在 RTOS 下，为确保临界区代码的执行，可以利用信号量或互斥量来保证进程对临界资源的互斥访问。进程在进入临界区之前，应先对欲访问的临界资源进行检查，看它是否正被访问。如果此刻该临界资源未被访问，进程便可进入临界区对该资源进行访问，并设置它正被访问的标志；如果此刻该临界资源正被某线程访问，则本线程不能进入临界区。有一些如 RT-Thread 的操作系统中，对系统临界代码段的保护采用关闭中断方式进行。

6.2 ISR 设计、线程划分及优先级安排问题

ISR 与线程是 RTOS 下程序运行的两条线路，给出一些规则引导 ISR 设计、线程划分及优先级安排对 RTOS 下的程序设计十分必要。本节首先讨论 ISR 设计有哪些基本要求、如何能够设计出规范且高效的 ISR，随后讨论线程划分的基本原则，最后给出线程优先级安排问题。

1. ISR 设计的基本问题

中断服务例程（ISR）程序设计的基本要求是：短、小、精、悍。

RTOS 使用 ISR 来处理硬件中断和异常。用户 ISR 并不是一个线程，而是一个能快速响应硬件中断和异常的高速短例程，通常是用 C 语言编写的，功能主要包括服务设备、清除错误状况、给线程发信号等。通常情况下，用户 ISR 用于告知线程已经就绪。有多种方法使得线程处于就绪状态，例如设置一个事件位或向消息队列发送一个消息等。而线程的优先级决定了对来自中断源信息的处理速度。故一般与中断关联的线程优先级尽可能高，这样能保证能及时处理中断送来的信息。

ISR 是 RTOS 的重要组成部分。很多时候都会遇到 ISR 与线程之间的优先关系问题。不同操作系统对 ISR 与线程优先级的处理不同。例如，在 MQX 实时操作系统中对线程优先级和中断优先级进行了关联处理，线程能屏蔽优先级比它低两级的硬件中断；而在 RT-Thread 中，则是默认线程优先级与中断优先级不做关联，无论线程优先级设置为多少，对中断不造成影响，不会屏蔽任何中断。

线程对中断的屏蔽可以使用对芯片内核寄存器的直接编程来实现。例如，ARM Cortex-M 内核的微处理器提供了用于中断屏蔽的 PRIMASK、FAULTMASK 和 BASEPRI 特殊功能寄存器。当 PRIMASK 寄存器为 1 时，将屏蔽所有可编程优先级的中断；当 FAULTMASK 为 1 时，屏蔽了优先级低于-1 级的所有中断；BASEPRI 寄存器用于屏蔽低于某一阈值优先级的中断，该寄存器可以灵活用于屏蔽低于线程优先级的一些中断，从而为线程的运行提供相对安静的空间，减少对实时线程和紧急线程的干扰，当该寄存器的值设置为 0 时，不屏蔽任何中断。故用户可以合理使用相应的寄存器来进行中断屏蔽，满足自身的功能需要。

2. 线程划分的基本原则

普通线程的概念是相对中断服务例程而言的。其中，硬件驱动线程直接干预硬件。硬件驱动是不可重入的，只能由一个线程所控制。如串口实际发送数据的线程在工作时，其他线程不能进行直接干预，否则会出现二义性。再如，需调用串口实际发送数据的线程时，必须要通过同步手段互斥调用。这些线程优先级不必设置得过高。还有部分紧急线程，这类线程必须在指定时间内得到执行，否则会出现重大影响，这类线程需要设置高优先级，甚至可以放到中断服务例程中。线程的划分标准有多种，没有哪一种标准是最好的，只能选取最适合操作系统的一种。下面给出线程划分的几个简明原则。

1）**功能集中原则**。对于功能联系较紧密的可以作为一个线程来实现。但如果都以一个线

程来进行相互间的数据通信，会影响系统效率，所以可在线程中安排多个独立的模块来完成。

2）**时间紧迫原则**。对于实时性要求较高的线程，应分配较高的优先级，这样可以确保事件的实时响应。例如，在具有帧通信的系统中，接收数据在 ISR 中，解帧在线程中，此时解帧线程最好设定优先级高于其他线程，使接收到的数据得到及时解帧。不同线程的优先级可根据线程的紧迫性在线程模板列表中进行修改。

3）**周期执行原则**。对于一个需周期性执行的线程，可以将所等待的信号量置于线程循环体之前。

3. 线程优先级安排问题

大多数 RTOS 均支持优先级的抢占，当某个高优先级的线程处于就绪状态时，就可以马上获得 CPU 资源得以运行。合理地设置线程的优先级可以减少内存的损耗、有利于提高线程的调度速度，并有利于提高系统的实时性。所以，线程优先级的安排非常重要。

在 RT-Thread 中，就绪列表中每个不同优先级对应的索引下都有各自的就绪链表，线程优先级的值设置得过大，会增加内存的损耗，使线程就绪列表的距离拉大，增加线程调度查询就绪线程的时间。所以，用户线程优先级的最大值，应根据系统的线程数进行合理设置，不宜过大。

线程的调度主要是基于优先级的，好的线程优先级安排可以大大提高操作系统的执行效率。在优先级的安排上，线程越紧急，安排的优先级应越高；还有一些要在指定时间内被执行的线程，这些线程所指定的时间越短，线程的优先级被安排得越高；线程的执行频率越低，耗时越短，其优先级越高，这样系统中线程的平均响应时间最短。具体来说，线程优先级的安排要点如下。

1）**自启动线程的优先级最高**。初始自启动线程是 RTOS 启动时运行的第一个线程，一般用于创建其他的线程，当其他线程创建好后，它直接进入阻塞状态不再执行。该线程的优先级应该设置为最高，否则一旦有更高优先级的线程创建后，自启动线程会被抢占，导致还有一些线程无法被创建。

2）**紧迫性线程的优先级安排**。对于紧迫性、关键性线程，一般与中断服务例程（ISR）关联，优先级要尽可能高，这样有利于系统的实时性和数据信息处理的完整性。对于有时间要求的周期性或者无周期性线程，按照执行时间的紧迫程度排序，越紧迫安排的优先级越高。

3）**同优先级线程的安排**。对于没有特殊优先执行的几个线程，可以将优先级设置成同一级，这样可降低优先级使用的最大值，有利于缩短就绪列表的距离，降低内存的开销，提高线程调度查询的速度。

4）**有执行顺序要求的优先级安排**。有执行顺序的线程，根据信息传递的顺序，给上游线程安排高优先级，给下游线程安排低优先级。

5）**低优先级的安排**。运行时间较长的线程往往用于数据处理，需要花费很长的时间，所以此类线程应该分配较低的优先级。而可以一直处于就绪状态的线程的优先级应设为最低，以免其长期占用 CPU 资源。

总之，合理设置线程的优先级可以减少内存的损耗，有利于提高线程的调度速度，提高系统的可靠性和信息处理的完整性。但要注意的是，优先级安排要考虑到消息、信号量等线程间通信方式的使用，避免造成死锁。在软件设计时应尽量使互斥资源在相同优先级的线程中使用，若必须在不同优先级的线程中使用，则要注意对死锁的解锁处理。

6.3 利用信号量解决并发与资源共享的问题

本节来讨论利用信号量解决并发与资源共享的问题，并给出应用实例。

6.3.1 并发与资源共享的问题

1. 银行取钱问题

银行取钱可以分为以下四个步骤：

1）用户输入账户和密码，系统判断账户和密码是否匹配。

2）用户输入取款金额。

3）系统判断账户余额是否大于取款金额。

4）如果账户余额大于取款金额，则取款成功；如果余额小于取款金额，则取款失败。

对上述过程进行编程：首先定义一个账户类，该账户类封装了账户编号和余额两个实例变量；接下来，进行取钱操作，判断账户是否正确，若正确则进行取钱操作，当余额不足时不能取出现金，当余额足够时，取出现金且余额减少。

现有一账户，余额为 1000 元，同时有两个取钱线程（A 和 B）对账户同时取 800 元，有可能会导致取出 1600 元，余额为-600 元的结果。

在并发线程中，线程 A 会在何时转去执行线程 B 是不可预知的，那么就有可能出现下述的情况：当线程 A 判断完余额后就转去运行线程 B，由于此时的余额仍然是 1000 元，满足取钱的条件，线程 B 取走 800 元，余额为 200 元，再接着运行线程 A，由于之前已经对余额判断过了，满足条件，线程 A 取出 800 元，余额为-600 元。

上述问题主要是由多线程并发及对同一资源进行操作而引发的。

2. 并发的问题

现代操作系统是一个并发的系统，并发性是它的重要特征。操作系统的并发性指它具有处理和调度多个程序同时执行的能力。例如：多个 I/O 设备同时在输入/输出；内存中同时有多个系统和用户程序被启动、交替穿插地执行。

并发性虽然能有效提升系统资源的利用率，但也会引发一系列的问题。例如上述银行取钱的问题，由于 A 和 B 两个线程并发执行，若不加“约束”，就会对结果造成很大的影响。

3. 共享缓冲区的问题

内存空间中预留了一定的存储空间，这些存储空间用来缓冲输入或输出的数据，这部分预留的空间就是缓冲区（Buffer）。缓冲区的引入是为了解决高速设备与低速设备之间处理速度不匹配的问题。例如，对于操作系统 I/O 中的缓冲池，CPU 的处理速度是很快的，每秒可达百万字节，而磁盘的输入/输出的处理相对就慢很多，所以要有一个缓冲区用来缓和它们之间性能上的差异。

共享缓冲区有效解决了高速与低速设备之间速度不匹配的问题，但也带来了数据安全性等一些问题。例如同时读写文件的情况，由于文件是多个线程所共享的，若同时对文件进行读写，会出现数据读写不全或数据缺失等问题。

对于上述问题，利用信号量中的生产者-消费者模型，就可以很好地解决。

6.3.2 应用实例

生产者-消费者模型是信号量的经典用法之一。该模型能很好地解决多线程并发及共享缓冲区引发的一系列的问题。

1. 模型的描述

1）建立一个生产者线程、N 个消费者线程（N>1）。

2）生产者和消费者共用一个缓冲区，只能互斥访问缓冲区，并且缓冲区最多只能存放 Max 个资源。

3）生产者线程向缓冲区写入 1 个资源，当存储空间满时，生产者不能向缓冲区写入资源，生产者线程阻塞。

4）消费者线程从缓冲区获取 1 个资源，当缓冲区为空时，消费者不能从缓冲中获取资源，消费者线程阻塞。

2. 样例程序

这里将举例说明如何实现生产者-消费者模型，样例工程参见“..\03-Software\CH06-Design-method\Semaphore”，通过串口输出生产者-消费者模型在某一阶段相应的提示信息。具体实现过程如下所示。

（1）定义相关信号量并赋初值

1）定义信号量及全局变量。在 includes.h 文件中定义一个记录缓冲区中资源数的信号量（g_SPSource）、一个记录缓冲区中空闲空间的信号量（g_SPFree）、一个记录进入缓冲区的互斥量（g_Mutex），以及一个队列（g_Queue）。具体代码如下。

```
G_VAR_PREFIX mutex_t g_Mutex;              //定义进入缓冲区的互斥量
G_VAR_PREFIX sem_t g_SPSource;             //定义缓冲区中资源数的信号量
G_VAR_PREFIX sem_t g_SPFree;               //定义缓冲区中空闲空间的信号量
G_VAR_PREFIX Queue_t * g_Queue;            //声明队列
```

2）定义结构体变量。定义一个结构体类型数据，用于存放数据，并将此结构体类型放入队列中。其具体声明如下。

```
typedef struct BufferDate
{
    uint32_t   data;       //数据
}BufferDate_t;             //声明缓冲区结构体
```

3）创建信号量。在本节样例程序中，在 07_AppPrg/threadauto_appinit.c 中给信号量以及队列赋初值，代码如下：

```
g_Mutex = rmutex_create("g_Mutex",RT_IPC_FLAG_PRIO);            //创建互斥量
g_SPFree =sem_create("g_SPFree",10,RT_IPC_FLAG_FIFO);           //创建空闲空间的信号量
g_SPSource =sem_create("g_SPSource",0,RT_IPC_FLAG_FIFO);        //创建资源数的信号量
g_Queue = queue_init(sizeof(BufferDate_t),QUE_MAXSIZE);          //初始化队列
```

其中，sem_create(const char * name,uint32_t value,uint8_t flag)表示申请 value 个信号量，初始时系统拥有 value 个信号量。

（2）生产者线程

生产者线程在进入缓冲区之前，先等待空闲空间的信号量 g_SPFree，保证缓冲区中有空闲空间存放资源。若有该信号量，再等待缓冲区互斥量 g_Mutex，以保证某一时刻最多只能有一个线程进入缓冲区。当上述条件都满足时，生产者进入缓冲区，将一个自定义的结构体数据放入队列中。生产者线程完成此线程以后，先释放缓冲区中资源数的信号量 g_SPSource，以便“告知”消费者线程此时缓冲区有可供使用的资源，再释放缓冲区互斥量，能够让别的线程进

入缓冲区。其具体代码如下。

```
#include "includes.h"
//======================================================================
//线程函数：thread_producer
//功能概要：生产者线程，向共享缓冲区中放入一个资源
//内部调用：无
//======================================================================
void thread_producer(void)
{
    //(1)=====声明局部变量=============================================
    uint32_t node_number;                           //记录队列中元素编号
    uint32_t data;                                  //资源
    BufferDate_t buffer_data;                       //缓冲区数据结构体
    Queue_node_t *indexnode;                        //声明队列索引结点
    BufferDate_t out_data;                          //声明读取队列结点的内容结构体变量
    data=1;                                         //资源数据初始化
    printf("第一次执行生产者线程\r\n");
    //(2)=====主循环(开始)=============================================
    while (1)
    {
        //(2.1) 等待缓冲区空闲空间
        printf("生产者等待空闲空间\n");
        sem_take(g_SPFree,RT_WAITING_FOREVER);      //等待空闲空间信号量
        //(2.2) 获得缓冲区中的空闲空间，等待进入缓冲区
        printf("生产者等待缓冲区\n");
        mutex_take(g_Mutex,RT_WAITING_FOREVER);     //等待缓冲区互斥量
        g_Thread_count++;                           //缓冲区中的线程数加1
        //(2.3)进入缓冲区，存放一个资源
        printf("生产者进入缓冲区\n");
        printf("生产者生产一个资源\n");
        printf("队列中放入一个数据\n");
        buffer_data.data=data;                      //资源放入缓冲区中
        data++;                                     //资源内容更新
        queue_in(g_Queue,&buffer_data,QUE_MAXSIZE); //结构体进队列
        printf("入队完成！当前队列中有%d个元素：\n",queue_count(g_Queue));
        indexnode=g_Queue->m_front;                 //初始化索引结点为队首结点
        node_number=1;                              //初始化索引节点的标号
        while(indexnode!=NULL)                      //输出队列中的数据
        {
            out_data=*(BufferDate_t *)indexnode->m_data;
            printf("第%d个数据为:%d\n",node_number,out_data.data);
            indexnode=indexnode->m_next;
            node_number++;
        }
        sem_release(g_SPSource);                    //释放一个缓冲区中资源的信号量
        g_Free_count--;                             //缓冲区中空闲数减1
        g_Source_count++;                           //缓冲区中资源数加1
        printf("空闲数=%d\n",g_Free_count);
        //(2.4) 离开缓冲区
        mutex_release(g_Mutex);                     //释放缓冲区
        //(2.5) 延迟2s
        delay_ms(2000);                             //延时2s
```

```
    }
    //(2)======主循环(结束)========================================
}
```

(3) 消费者线程

消费者线程在进入缓冲区之前，首先等待缓冲区资源数的信号量 g_SPSource，保证缓冲区中有可使用的资源。若有该信号量，再等待缓冲区互斥量 g_Mutex，保证某一时刻最多只能有一个线程使用缓冲区。当上述条件都满足时，消费者可进入缓冲区，取队列中的一个数据出队。消费者线程完成以后，先释放空闲空间的信号量 g_SPFree，以便“告知”生产者线程此时缓冲区中有空闲空间存放资源，再释放缓冲区的互斥量，让别的进程可以进入缓冲区。消费者 1 线程的具体代码如下，其他消费者线程类似。

```
#include "includes.h"
//==========================================================
//函数名称：thread_consumer1
//功能概要：消费者线程，从公共缓冲区中取出一个资源
//参数说明：无
//函数返回：无
//内部调用：无
//==========================================================
void thread_consumer1(void)
{
    //(1)======声明局部变量======================================
    int node_number;                              //记录队列中元素编号
    Queue_node_t *indexnode;                      //声明队列索引结点
    BufferDate_t out_data;                        //声明读取队列结点的内容结构体变量
    printf("第一次执行消费者 1 线程\r\n");
    //(2)======主循环(开始)======================================
    while (1)
    {
        //(2.1) 等待缓冲区中的资源
        printf("消费者 1 等待资源\n");
        sem_take(g_SPSource,RT_WAITING_FOREVER);  //等待缓冲区资源数信号量
        //(2.2) 获得缓冲区中的资源,等待进入缓冲区
        printf("消费者 1 等待缓冲区\n");
        mutex_take(g_Mutex,RT_WAITING_FOREVER);   //等待缓冲区互斥量
        //(2.3) 进入缓冲区
        printf("消费者 1 进入缓冲区\n");
        printf("消费者 1 消耗一个资源\n");
        printf("队列中取出一个数据\n");
        queue_out(g_Queue);                       //出队一个结点
        indexnode=g_Queue->m_front;               //初始化索引结点为队首结点
        node_number=1;                            //初始化索引结点的标号
        printf("出队完成！当前队列中有%d 个元素:\n",queue_count(g_Queue));
        while(indexnode!=NULL)                    //输出队列中的数据
        {
            out_data=*(BufferDate_t *)indexnode->m_data;
            printf("第%d 个数据为:%d\n",node_number,out_data.data);
            indexnode=indexnode->m_next;
            node_number++;
        }
```

```
            sem_release(g_SPFree);                    //释放一个缓冲区空闲空间的信号量
            g_Free_count++;                           //缓冲区中的空闲数加 1
            g_Source_count--;                         //缓冲区中的资源数减 1
            printf("资源数=%d\n",g_Source_count);
            //(2.4) 释放缓冲区互斥量
            mutex_release(g_Mutex);                   //释放缓冲区
            //(2.5) 延迟 2 s
            delay_ms(2000);                           //延时 2 s
        }
    //(2)======主循环(结束)==========================================
}
```

3. 程序执行流程分析与运行结果

每当生产者线程想要生产一个资源时，会经过以下流程：申请一个空闲空间信号量→申请进入缓冲区→进入缓冲区→生产一个资源（数据进队列）→释放一个缓冲区资源的信号量→离开缓冲区（释放缓冲区互斥量）。

每当消费者线程想要消费一个资源时，会经过以下流程：申请一个缓冲区资源的信号量→申请进入缓冲区→进入缓冲区→消耗一个资源（数据出队列）→释放一个空闲空间信号量→离开缓冲区（释放缓冲区互斥量）。

程序开始运行后，通过串口输出某一个线程（可能是消费者线程或者生产者线程）在某一时刻的运行情况，结果如图 6-3 所示。

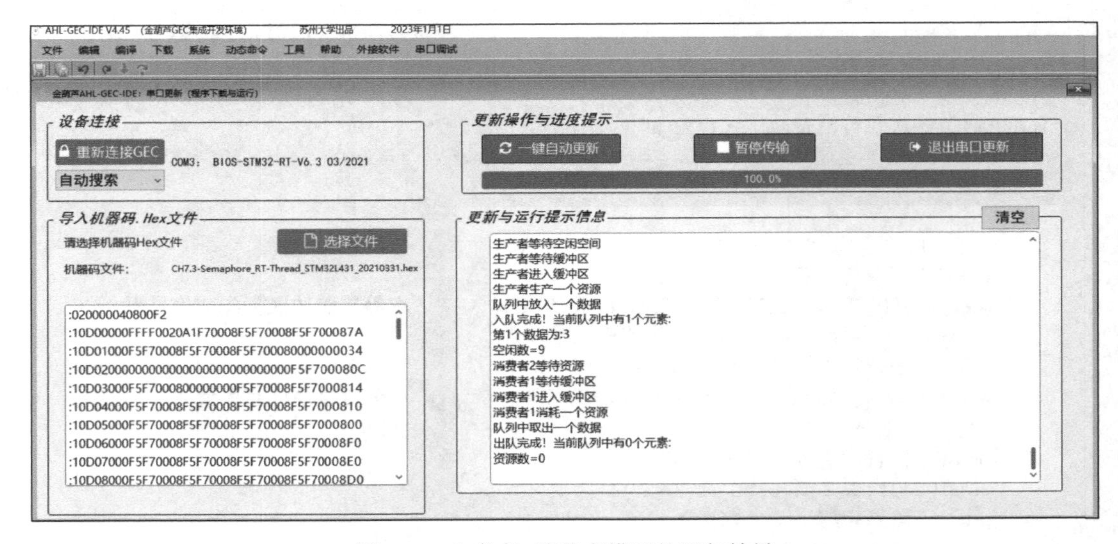

图 6-3　生产者-消费者模型的运行结果

6.4 优先级反转问题

优先级反转问题是一个在操作系统下编程可能出现的错误，若运用不当可能引起严重问题。本节首先给出优先级反转问题的来由，再给出优先级反转问题的一般描述，并利用程序进行演示，直观地描述出现优先级反转的场景；随后给出使用 RT-Thread 互斥量避免优先级反转问题的编程方法（将在第 9 章对互斥量原理进行剖析）。

6.4.1　优先级反转问题的出现

1. 优先级反转问题实例——火星探路者问题

“火星探路者” 于 1997 年 7 月 4 日在火星表面着陆。在开始的几天内工作稳定，并传回大量数据，但是几天后，“火星探路者” 开始出现系统复位、数据丢失的现象。经过研究发现是发生了优先级反转问题。

其中有如下两个线程需要互斥访问共享资源 “信息总线”。

T1：总线管理线程，高优先级（这里用 T1 表示），负责在总线上放入或者取出各种数据，频繁进行总线数据 I/O。它被设计为最重要的线程，并且要保证能够每隔一定的时间就可以操作总线。对总线的异步访问是通过互斥信号量来保证的。

T6：数据收集线程，优先级低（这里用 T6 表示）。它运行频率不高，只向总线写数据，并通过互斥信号量将数据发布到 “信息总线”。

如果在数据收集线程 T6 持有信号量期间，总线管理线程 T1 就绪，并且也申请获取信号量，则总线管理线程 T1 阻塞，直到数据收集线程 T6 释放信号量。

虽然这样看起来会工作得很好，当数据收集线程很快完成后，高优先级的总线管理线程会很快得到运行。但是，另有一个需要较长时间运行的通信线程（这里用 T3 表示），其优先级比 T6 高、比 T1 低。在较少的情况下，如果通信线程 T3 被中断程序激活，并且刚好在总线管理线程 T1 等待数据收集线程 T6 完成期间就绪，这样 T3 将被系统调度，从而比它优先级低的数据收集线程 T6 得不到运行，从而最高优先级的总线管理线程 T1 也无法运行，一直被阻塞在那里。在经历一定的时间后，看门狗观测到 “总线” 没有活动，将其解释为严重错误，并使系统复位。

2. 优先级反转问题的一般性描述

可从一般意义上描述优先级反转问题。当线程以独占方式使用共享资源时，可能出现低优先级线程先于高优先级线程被运行的现象，这就是线程优先级反转问题。一般性描述如下：

假设有三个线程 taskA、taskB 和 taskC，分别简记为 Ta、Tb 和 Tc，其优先级分别记为 Pa、Pb、Pc，且有 Pa>Pb>Pc，Ta 和 Tc 需要使用一个共享资源 S，Tb 并不使用 S。又假设用互斥量 x（x=0,1）标识对 S 的独占访问，初始时 x=1。表 6-1 列出了一个运行时序。设 t0 时刻，Tc 开始运行并且获取互斥量（即将 x 由 1 变为 0），使用 S。t1 时刻，Ta 被调度运行（因为 Pa>Pc，可以抢占 Tc）。运行到 t2 时刻，需要访问 S，但 Tc 并没有释放 S（也就是 x 还是处于 0 状态，只有 Tc 把 x 返回为 1，Ta 才能使用 S），所以 Ta 只好进入阻塞列表，直到 x=1，才能出阻塞列表，进入就绪列表，被重新调度运行。若 t3 时刻，Tb 抢占 Tc 获得运行。这样就出现了 Tb 虽然优先级比 Ta 低，但比 Ta 先运行的不合理情况，这就是优先级反转问题。

表 6-1　优先级反转过程

时刻	线程 Ta（高优先级 Pa）	线程 Tb（中优先级 Pb）	线程 Tc（低优先级 Pc）
t0	阻塞	阻塞	运行并获取互斥量
t1	抢占 Tc 并运行	阻塞	阻塞
t2	试图获取线程 Tc 的互斥量，未获得，阻塞等待互斥量释放	阻塞	重新获得 CPU 的使用权，继续运行
t3	阻塞	抢占线程 Tc 并运行	阻塞

样例工程“..\03-Software\CH06-Design-method\PrioReverseProblem”给出了其模拟演示，图 6-4 所示为演示结果，从中可以直观地了解优先级反转问题。

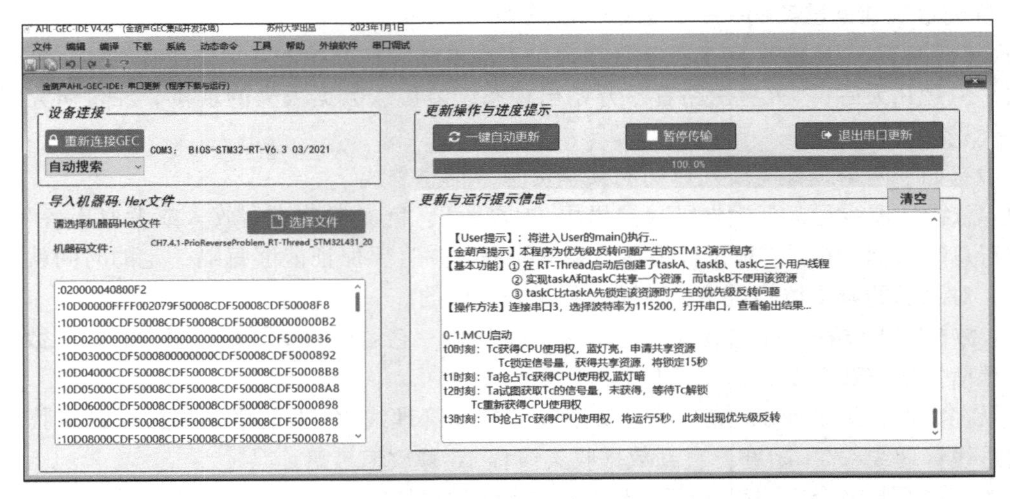

图 6-4　优先级反转问题的运行结果

6.4.2　RT-Thread 中避免产生优先级反转问题的方法

从上小节的分析可以看出，要解决优先级反转问题，可以在 Tc 获取共享资源 S 期间，将其优先级临时提高到 Pa，使 Tb 不能抢占 Tc。这就是所谓的优先级继承。一般性描述如下：

设有两个线程 Ta、Tc，其优先级分别记为 Pa、Pc，且有 Pa>Pc，Ta 和 Tc 需要使用一个共享资源 S。优先级继承是指当 Tc 锁定一个同步量使用 S 期间，若 Ta 申请访问 S，则将 Pc 临时提高到 Pa，直到其释放同步量后，再恢复到原有的优先级 Pc。这样，优先级介于 Pa 与 Pc 之间的线程就不会在 Tc 锁定 S 时抢占 Tc，避免了产生优先级反转问题。

RT-Thread 中的互斥量就具有此功能，因此使用互斥量作为同步量即可解决上述例子中的优先级反转问题。

使用互斥量的优先级继承方法解决优先级反转问题的例程可参见“..\03-Software\CH06-Design-method\PrioReverseSolve”。设置三个线程 taskA、taskB、taskC，优先级分别为 Pa、Pb、Pc，且 Pa>Pb>Pc。程序具体的一次运行过程见表 6-2。

表 6-2　使用互斥量的优先级继承方法解决优先级反转问题的运行过程

时刻	线程 taskA（高优先级 Pa）	线程 taskB（中优先级 Pb）	线程 taskC（低优先级 Pc）
0 s	处于延时阻塞列表	处于延时阻塞列表	获得 CPU 的使用权，运行并获取互斥量
5 s	抢占 Tc 并运行，试图获取线程 Tc 的互斥量，未获得，临时提升线程 Tc 的优先级至 Pa，阻塞等待互斥量释放	试图获得 CPU 的使用权，但优先级低于线程 Ta 和 Tc，阻塞	运行
15 s	获取互斥量和 CPU 的使用权并运行	阻塞	释放互斥量，一次流程执行完毕，进入就绪列表，等待下一次执行
20 s	一次流程执行完毕，进入延时阻塞列表，等待下一次执行	获得 CPU 的使用权并运行	就绪

图 6-5 所示为程序运行结果，可以直观地看到优先级反转问题已经得到解决。

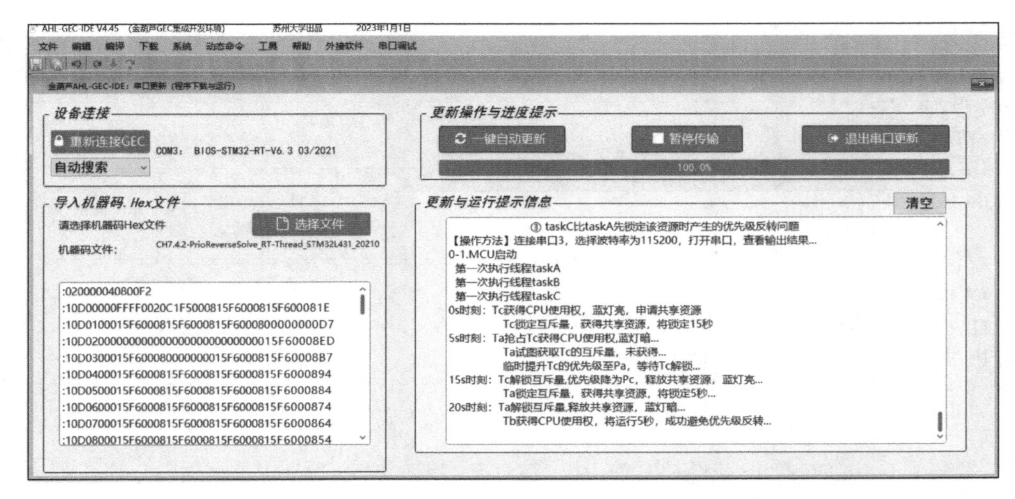

图 6-5　解决优先级反转问题的运行结果

本样例的具体操作步骤如下。

1. 声明和初始化互斥量

在 includes. h 文件中对要使用的互斥量进行声明：

```
G_VAR_PREFIXmutex_t mutex_S;
```

在 threadauto_appinit. c 文件中对该互斥量进行初始化：

```
mutex_S =mutex_create("mutex_S",RT_IPC_FLAG_PRIO);      //初始化互斥量
```

2. 声明和运行线程

在 includes. h 文件中声明三个线程函数：

```
void thread_taskA(void);          //taskA 线程函数声明
void thread_taskB(void);          //taskB 线程函数声明
void thread_taskC(void);          //taskC 线程函数声明
```

在 threadauto_appinit. c 文件中创建三个线程并启动它们开始运行：

```
thread_t thd_taskA;
thread_t thd_taskB;
thread_t thd_taskC;
//创建三个任务线程
thd_taskA =thread_create("taskA", (void *)thread_taskA, 0, 512, 9, 10);
thd_taskB =thread_create("taskB", (void *)thread_taskB, 0, 512, 10, 10);
thd_taskC =thread_create("taskC", (void *)thread_taskC, 0, 512, 11, 10);
//启动三个任务线程
thread_startup(thd_taskA);           //启动任务线程 taskA
thread_startup(thd_taskB);           //启动任务线程 taskB
thread_startup(thd_taskC);           //启动任务线程 taskC
```

3. 样例程序

（1）线程 taskC

```
#include "includes. h"
//==============================================================
//函数名称：thread_taskC
```

```
//功能概要：最低优先级线程
//参数说明：无
//函数返回：无
//内部调用：无
//======================================================================
void thread_taskC(void)
{
    //(1)======声明局部变量==================================================
    int i,j,t,t0;
    gpio_init(LIGHT_BLUE,GPIO_OUTPUT,LIGHT_OFF);
    printf("第一次执行线程 taskC\r\n");
    //(2)======主循环(开始)==================================================
    while(1)
    {
        printf("0s 时刻：Tc 获得 CPU 使用权，蓝灯亮，申请共享资源\r\n");
        gpio_set(LIGHT_BLUE,LIGHT_ON);
        mutex_take(mutex_S,RT_WAITING_FOREVER);          //Tc 申请互斥量
        printf("        Tc 锁定互斥量，获得共享资源，将锁定 15s\r\n");
        //模拟 Tc 处于运行状态
        t0=tick_get();                                   //获取时钟嘀嗒（ms）
        i=0;
        while(i<15)
        {
            for (j=0;j<100;j++) __asm("nop");            //空循环防止读取时钟嘀嗒过快
            t=tick_get();
            if (t-t0>=1000)                              //到达 1 s
            {
                t0=t;                                    //更新 t0
                i++;                                     //秒数加 1
            }
        }
        //到此 Tc 结束运行状态
        printf("15s 时刻：Tc 解锁互斥量，优先级降为 Pc，释放共享资源，蓝灯亮...\r\n");
        gpio_set(LIGHT_BLUE,LIGHT_ON);
        mutex_release(mutex_S);                          //Tc 释放互斥量
    }
    //(2)======主循环(结束)==================================================
}
```

（2）线程 taskB

```
#include "includes.h"
//======================================================================
//函数名称：thread_taskB
//功能概要：中等优先级线程
//参数说明：无
//函数返回：无
//内部调用：无
//======================================================================
void thread_taskB(void)
{
    //(1)======声明局部变量==================================================
    int i,j,t,t0;
    printf("第一次执行线程 taskB\r\n");
```

```
    //(2)======主循环(开始)==========================================
    while(1)
    {
        //模拟 Tb 比 Tc 晚 5 s 到达
        delay_ms (5000);
        //实际上 Tb 会先执行完上行语句进入延时等待列表后，再将 CPU 的使用权让给 Tc
        printf("      Tb 获得 CPU 使用权，将运行 5 s，成功避免优先级反转...\r\n");
        //模拟 Tb 处于运行状态
        t0=tick_get();                              //获取时钟嘀嗒 (ms)
        i=0;
        while(i<5)
        {
            for (j=0;j<100;j++) __asm("nop");       //空循环防止读取时钟嘀嗒过快
            t=tick_get();
            if (t-t0>=1000)                         //到达 1 s
            {
                t0=t;                               //更新 t0
                i++;                                //秒数加 1
            }
        }
        //到此 Tb 结束运行状态
        printf("Tb 释放 CPU 使用权...\r\n");
        //为了便于无限循环，重复上述过程，将 Tb 放入延时阻塞列表 15 s
        delay_ms (4000);
    }
    //(2)======主循环(结束)==========================================
}
```

（3）线程 taskA

```
#include "includes.h"
//==================================================================
//函数名称：thread_taskA
//功能概要：最高优先级线程
//参数说明：无
//函数返回：无
//内部调用：无
//==================================================================
void thread_taskA(void)
{
    //(1)======声明局部变量==========================================
    int i,j,t,t0;
    gpio_init(LIGHT_BLUE,GPIO_OUTPUT,LIGHT_OFF);
    printf("第一次执行线程 taskA\r\n");
    //(2)======主循环(开始)==========================================
    while(1)
    {
        //模拟 Ta 比 Tc 晚 5 s 到达
        delay_ms (5000);
        //实际上 Ta 会先执行完上行语句进入延时等待列表后，再将 CPU 使用权让给 Tc
        printf("5s 时刻：Ta 抢占 Tc 获得 CPU 使用权，蓝灯暗...\r\n");
        gpio_set(LIGHT_BLUE,LIGHT_OFF);
        printf("Ta 试图获取 Tc 的互斥量，未获得...\r\n");
        printf("临时提升 Tc 的优先级至 Pa，等待 Tc 解锁...\r\n");
```

```
        mutex_take(mutex_S,RT_WAITING_FOREVER);
        printf("Ta 锁定互斥量，获得共享资源，将锁定 5s...\r\n");
        //模拟 Ta 处于运行状态
        t0=tick_get();                                   //获取时钟嘀嗒(ms)
        i=0;
        while(i<5)
        {
            for (j=0;j<100;j++) __asm("nop");            //空循环防止读取时钟嘀嗒过快
            t=tick_get();
            if (t-t0>=1000)                              //到达 1s
            {
                t0=t;                                    //更新 t0
                i++;                                     //秒数加 1
            }
        }
        //到此 Ta 结束运行状态
        printf("20s 时刻：Ta 解锁互斥量，释放共享资源，蓝灯暗...\r\n");
        gpio_set(LIGHT_BLUE,LIGHT_OFF);
        mutex_release(mutex_S);                          //Ta 释放互斥量
        //为了便于无限循环重复上述过程，将 TA 放入延时阻塞列表 5s
        delay_ms (5000);
    }
    //(2)=====主循环(结束)=====================================
}
```

4. 运行流程分析

taskC 首先到来，获得 CPU 的使用权开始运行，点亮小灯并锁定互斥量。5 s 后，taskA 到来，由于 Pa>Pc，所以抢占 taskC 获得 CPU 的使用权并熄灭小灯。但是当 taskA 运行至请求锁定互斥量时，发现 taskC 此时已锁定互斥量，因此 RT-Thread 会临时提升 taskC 的优先级至与 taskA 相同（即 Pa），使得 taskC 重新获得 CPU 的使用权，taskA 等待 taskC 解锁互斥量。而紧随着 taskA 到来的 taskB，由于 taskC 优先级的提升，也进入等待状态。taskC 执行完毕后解锁互斥量并点亮小灯，taskA 获得 CPU 的使用权继续运行，锁定互斥量。taskA 运行完毕后释放 CPU 的使用权并熄灭小灯，taskB 获得 CPU 的使用权后开始运行。在 taskA 等待 taskC 释放互斥量期间，因为临时提升了 taskC 的优先级，所以当 taskB 到来时不会抢占 taskC 的 CPU 使用权而导致 taskA 的等待时间更长。这样就成功解决了优先级比 taskA 低的 taskB 先于 taskA 运行的优先级反转现象。

6.5 本章小结

本章讨论了 RTOS 下程序设计相关问题，包括稳定性问题，ISR 设计问题、线程划分及优先级安排问题、并发与资源共享问题，以及优先级反转问题等。

稳定性是软件的基石，嵌入式软件设计要努力做到保证 CPU 运行的稳定、通信的稳定、物理信号输入的稳定、物理信号输出的稳定等。看门狗技术、定时复位技术、临界区处理技术等都是增强软件运行稳定性的有效手段。

中断服务例程的基本要求是：短、小、精、悍。对于线程的划分，可以按照功能集中原则、时间紧迫原则、周期执行原则等进行划分。关于线程优先级安排，可参照以下几点：自启动线程优先级最高；紧迫性线程优先级按其紧迫性排列；没有特殊优先执行要求的多个线程，可设置为同一优先级；有执行顺序的线程，根据其执行顺序排列优先级；数据处理耗时长的线程优先级较低；可以一直处于就绪状态的线程优先级最低。

在学习过程中，读者应充分掌握利用信号量解决并发与资源共享问题的方法与技巧，并深入理解优先级反转问题，能够在实际应用中合理运用优先级继承方法解决优先级反转问题。

习题

1. 简述如何保证 CPU 运行的稳定。
2. 简述如何保证通信的稳定。
3. 简述如何保证物理信号输入的稳定。
4. 简述如何保证物理信号输出的稳定。
5. 说明看门狗复位和定时复位的作用及用法。
6. 请说明在 NOS 下和 RTOS 下对临界区代码处理方式有何不同。
7. 线程调度主要是基于优先级的，进行线程优先级安排时需要考虑哪些问题？
8. 有五个哲学家，他们的生活方式是交替地进行思考和进餐。哲学家们共用一张圆桌，分别坐在周围的五张椅子上，在圆桌上有五支筷子。平时哲学家进行思考，饥饿时便试图先取其左边的筷子，再取其右边的筷子，如果没有拿到筷子将进行等待；只有在他拿到两支筷子时才能进餐。该哲学家进餐完毕后，放下左右两只筷子继续思考。

   请用信号量机制描述如何确保哲学家能正常完成进餐。
9. 生产者-消费者问题是操作系统中的经典问题，请用现实生活中的场景来描述生产者-消费者问题。
10. 分析优先级反转对程序造成的影响。RT-Thread 采用何种方法来避免优先级的反转？

第 7 章　嵌入式人工智能：EORS

人工智能是计算机技术发展到一定阶段的产物。嵌入式计算机系统是各个行业智能化的核心之一。嵌入式人工智能是人工智能理论与方法在嵌入式计算机系统的具体体现，将服务于各个行业的未来发展。本章主要介绍一个可实践、可二次编程、能够体现嵌入式人工智能基本知识要素的系统——物体认知系统，作为一个嵌入式人工智能的实例。

7.1　AHL-EORS 简介

与应用于社会普适场景的大模型人工智能相比，应用于工业场景、边缘设备与物联网等领域的人工智能则属于小模型人工智能。它对小范围特定知识进行学习，成为解决某一特定问题的“专家”，与大多数人的学习经历十分相似。嵌入式人工智能大多属于小模型人工智能。面向特定范围的物体认知系统是小模型人工智能的一个实例。本节主要内容包括物体认知系统概述、硬件组成、硬件测试导引。读者可以通过物体认知系统，对嵌入式人工智能有一个直观的了解。

7.1.1　AHL-EORS 概述

1. 人类智能与人工智能

人类智能是指基于人的大脑、眼睛、皮肤、耳朵、手脚及肢体等而产生的输入/输出系统。嵌入式人工智能是人工智能算法的主要落地形式，其核心是嵌入式微型计算机技术，程序是其基本点，其中还可包含嵌入式人工智能的基本算法。嵌入式人工智能与人类智能最简单的对应是：人的眼睛对应于摄像头，皮肤对应于传感器，耳朵对应于语音识别，手脚及肢体动作对应于执行机构。

本章主要以摄像头为基础从机器视觉的角度阐述嵌入式人工智能。通俗地说，人们通过眼睛采集图像，通过示教获得其图像代表什么，经过多次反复学习，认识周围世界。这在人工智能的语境下，叫作“标记、训练与推理”。

从眼睛认识世界的角度来看：标记，就是说这个东西是什么；训练，就是有一定量的反复学习，在人的头脑中形成记忆蓝图；推理，就是看到具体对象就知道是什么。

计算机要做到这一点是不容易的。采样是相对简单的，主要是拍摄图片，接下来对大量图片进行标记，用合适的数学模型进行训练。这种训练需要较高的算力资源，可在个人计算机或云服务器上进行。这个过程把大量模型参数确定下来，训练完成后具有确定参数的人工智能模型就成为某一特定问题的“专家”，把这个模型放到嵌入式微型计算机上，就可以应用于具体的实践中。

以上过程对许多开发人员来说是件比较困难的事情。苏州大学嵌入式实验室开发了一套面向嵌入式人工智能学习与实践的物体认知系统，把这个复杂过程变成易于实践的流程，读者可以跟随其一步一步地进行实践，在实践中逐步体会人工智能的基本内涵，并可以在此基础上，进行人工智能实际应用的开发。

人工智能分为学习与推理两大基本过程，学习又分为有监督学习与无监督学习两大类，目前人工智能研究中的学习大部分为有监督学习。一般来说，人工智能的学习算法大多在性能较高的通用计算机上进行，但是，人工智能真正落地的产品为种类繁多的嵌入式计算机系统。嵌入式人工智能就是指含有基本学习或推理算法的嵌入式智能产品。本书以物体认知系统为例学习嵌入式人工智能。

2. 为什么要研发物体认知系统

物体认知，即说出物体的名字，是幼儿学习启蒙的开端，蕴含了人类智能中的“示教、学习、识别”基本过程。

嵌入式物体认知系统（Embedded Object Recognition System，EORS）是指以嵌入式计算机为核心，利用图像、声音、气味、形态等传感器采集物体信息，进行标记、训练与推理的系统。

基于图像识别的嵌入式物体认知系统是指嵌入式计算机通过摄像头采集物体图像，利用图像识别相关算法进行训练、标记，训练完成后可进行推理，完成对图像的识别。它体现了人类智能中的“示教、学习、识别”基本过程，展示了人工智能中的“标记、训练、推理”基本要素。

苏州大学嵌入式实验室开发了基于机器视觉的低成本、低资源的嵌入式物体认知系统AHL-EORS㊀。其主要用于嵌入式人工智能入门教学，试图把复杂问题简单化，利用最小的资源、最清晰的流程体现人工智能中“标记、训练、推理”的基本知识要素。同时，它提供完整源码、编译及调试环境，期望达到“学习汉语拼音从 a（啊）、o（喔）、e（鹅）开始，学习英语从 A、B、C 开始，学习嵌入式人工智能从物体认知系统开始”的目标。学生可通过本系统来学习人工智能的相关基础知识，并能真实感受到学习人工智能的快乐，消除畏惧心理，敢于自行开发自己的人工智能系统。AHL-EORS 除了用于教学，本身亦可用于产品缺陷检测、数字识别、数量计数等实际应用系统中。

7.1.2　AHL-EORS-D1-H 硬件组成

2018 年以来，苏州大学嵌入式实验室持续进行 EORS 的研究，并获得了美国发明专利。2022 年，利用拥有较丰富资源的全志半导体 D1-H 芯片为核心构建 EORS，以摄像头为图像输入，研发了原理清晰、二次开发便利、流程简捷的嵌入式人工智能开发套件 AHL-EORS-D1-H。它不仅可以用于教学，也可以用于实际工业控制类产品的研发。

物体认知系统 AHL-EORS-D1-H 实物如图 7-1 所示，硬件清单见表 7-1。D1-H 芯片内核为阿里平头哥 64 位 RISC-V 架构玄铁处理器 C906。

表 7-1　AHL-EORS-D1-H 硬件清单

序号	名　称	数量	功 能 描 述
1	GEC 主机	1	1）内含嵌入式微型计算机（型号：D1-H）、5 V 转 3.3 V 电源等 2）2.8 in（240×320 像素）彩色 LCD 3）接口底板，含外设接口 UART、A/D、PWM 、SPI、I2C 等
2	Type-C 线	1	将最小系统板上 Type-C 接口与 PC 的 USB 接口相连，提供程序下载

㊀ AHL 三个字母是“Auhulu”的缩写，中文名字为“金葫芦”，其含义是“照葫芦画瓢”，期望通过本系统提供的符合软件工程原理的“葫芦”，为嵌入式人工智能的学习与开发提供坚实基础，达到降低学习与开发难度这个目标。“照葫芦画瓢”这句俗语出自宋·魏泰《东轩笔录》第一卷，比喻照着样子模仿，简单易行。

（续）

序号	名　称	数量	功 能 描 述
3	摄像头	1	获取图像。摄像头模块为 OV7670，30 万像素，自带容量为 384 KB 的 FIFO 芯片（AL422B），可存储 2 帧 QVGA（320×240 像素）的图像数据，方便获取图像数据。集成了有源晶振，用于产生 12 MHz 时钟作为摄像头的时钟输入，无须外部提供时钟
4	液晶屏	1	显示结果。LCD 显示图像的默认设置为 112×112 像素

图 7-1　AHL-EORS-D1-H 实物图

该物体认知系统使用 AHL-D1-H 开发板，如图 7-2 所示。主要技术指标有：阿里平头哥玄铁处理器 C906，1 GHz 主频；板载 Flash，256 MB；板载 RAM，512 MB；板载红、绿、蓝三色灯；板载热敏电阻；板载 OTG 接口，供 BIOS 下载使用；板载 CH342 双路 TTL-USB 串口，即用户程序下载与用户串口。软件系统符合通用嵌入式计算机 GEC 规范，提供全部源码。

图 7-2　AHL-D1-H 开发板

7.1.3　硬件测试导引

产品出厂时已经将测试工程（见电子资源..\03-Software\CH07-EAI-EORS-D1-H\Gray\Nums）下载到嵌入式芯片中，可以进行 0~9 十个数字的识别，测试步骤如下。

1）**通电**。使用盒内 USB 线给设备供电，电压为 5 V，可选择计算机、充电宝等的 USB 接口（**注意：供电要足**）。

2）**测试**。上电后，正常情况下，LCD 彩色屏幕会显示图像，可识别盒子内“一页纸硬件测试方法”上的 0~9 数字，显示各自识别概率及系统运行状态等参数。

测试方法：

① 将套件盒子中测试纸背面的数字放在光照良好的场景下，并将要识别的数字放置在距离摄像头 20 cm 左右的位置，即从开发板的边缘到数字纸张有大约一支普通圆珠笔的距离。

② 以在 LCD 屏幕的红线框中可以清楚地显示数字为标准。

③ 保持数字方向与屏幕文字方向一致。

④ 观察结果。正确情况下，LCD 屏幕上显示识别出的对应数字，以及该数字的识别概率。若通过 Type-C 线将硬件板 Type-C 接口与 PC 相连，也可以通过 AHL-GEC-IDE 的工具菜单下的串口工具显示识别结果。

7.2　AHL-EORS 基本应用方法

本节以识别 0~9 十个数字为例，介绍 AHL-EORS 基本应用方法。读者通过本节样例可熟悉并掌握完整的 AHL-EORS 图像数据集采集、模型训练及部署、终端识别这一 EORS 的基本工作过程，对 EORS 系统有一个初步的认识。

7.2.1　图像数据采集

图像数据采集是进行图像识别的基本过程。EORS 的数据采集是由 AHL-EORS-CX 软件完成的，所以首先需要安装“..\03-Software\CH07-EAI-EORS-D1-H\”文件夹下的 AHL-EORS-CX 软件。

1. 对终端的操作

为了进行数据采集与标记，首先需要下载与 AHL-EORS-CX 配套的终端数据采集软件。

1）下载编译脚本。在苏州大学嵌入式学习社区→金葫芦专区→AHL-GEC-IDE 栏目中，下载 riscv64-elf-mingw.rar，解压到 D 盘。

2）设置 AHL-D1-H 编译环境。在 AHL-GEC-IDE 中，使用“工具”→“环境变量设置”命令，设置 D1-H 芯片程序编译的环境变量，重新启动计算机后生效。

3）下载“03-Software\CH07-EAI-EORS-D1-H\Gray\Gray-DataSend”中的机器码到 AHL-D1-H 中。

2. PC 端的操作

1）打开数据采集软件。双击桌面上的图标打开 AHL-EORS-CX 程序，功能选择界面如图 7-3 所示。

2）进入采集界面。单击“通用采集软件”按钮，进入采集界面，如图 7-4 所示。

3）打开采集端口。首先选择串口，单击“打开串口”按钮。若打开成功，在状态栏会提

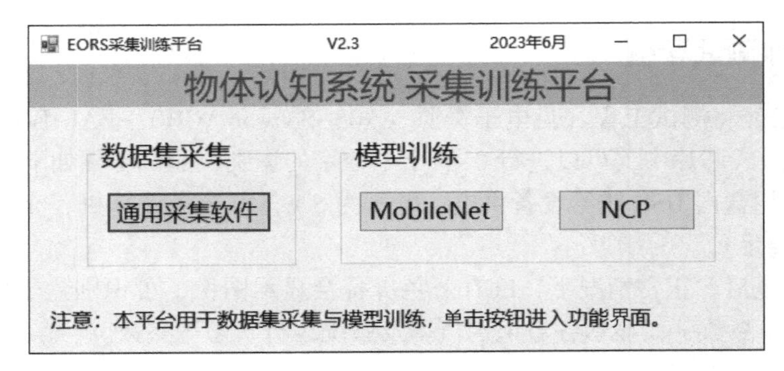

图 7-3　功能选择界面

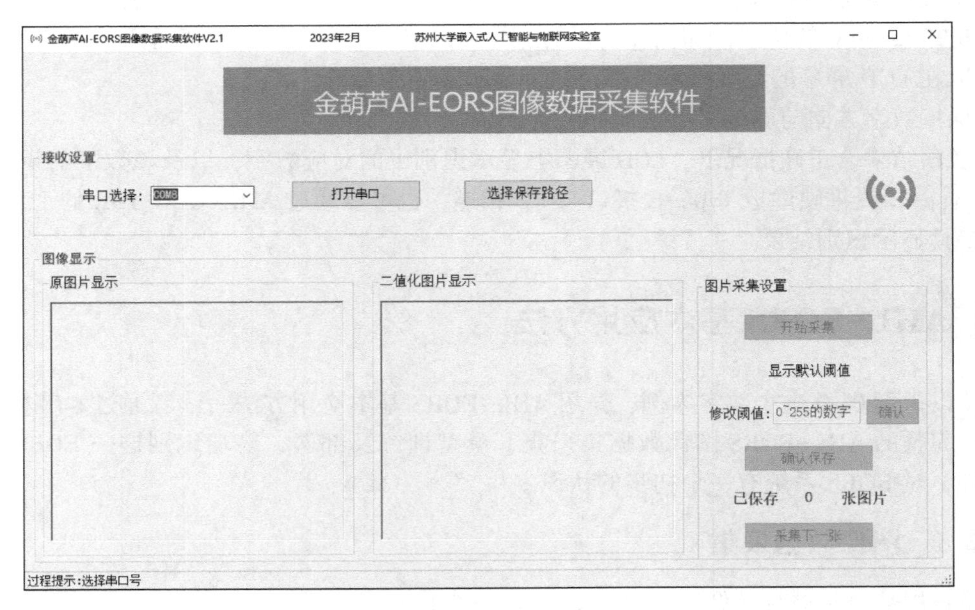

图 7-4　采集界面

示打开成功；若提示打开错误，可选择其他串口打开。

4）设置保存路径。单击“选择保存路径”按钮，出现选择文件路径界面，选择要保存文件的具体位置，此时存放数据集的文件名为“ModelTrain ×年×月×日×时×分×秒 . txt”。

5）进行图像采集。单击“开始采集”按钮进行采集。图像采集后会在“图像显示”区域显示。如果对二值化图片不满意，可以修改阈值。阈值是对原图片进行二值化计算的开关量，默认采用大津二值化算法计算阈值，在使用时不建议修改。采集一张完整的图像的数据后，系统会显示采集到的这张图像，如图 7-5 所示。

注意：采集时摄像头与图片保持 5 cm 以上的距离，以确保数字能够完整地显示在开发板屏幕上。若 PC 端数字显示不完整、不清晰，可以调整图片位置直到在开发板屏幕上显示清晰、完整的数字。

采集完成后，调整图片，采集结果不会变化。单击“采集下一张”按钮，可重新进行采集。

6）保存图像。若显示的图像清晰且无其他干扰，满足采集要求，则单击“确认保存”按钮，将本张图像添加到数据集中；否则，单击“采集下一张”按钮，丢弃本张图像的数据。

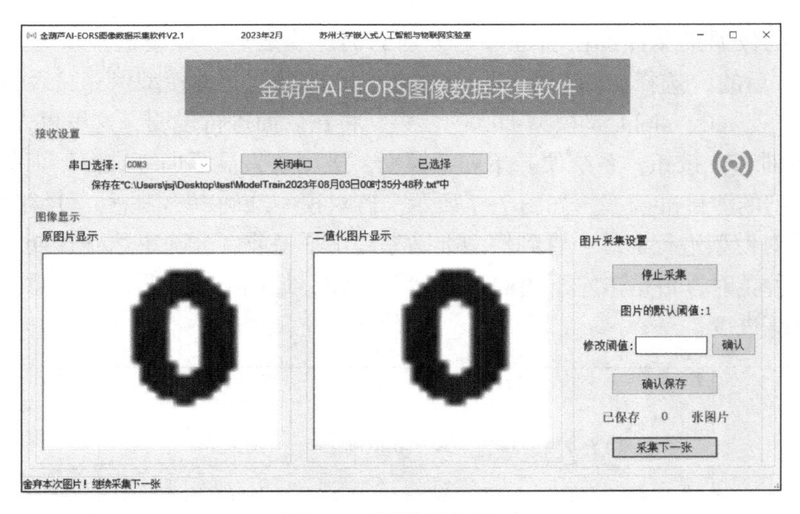

图 7-5　图像采集界面

7）完成一类图片的采集后（建议每类图像采集的图片数量不少于 10 张）。单击“停止采集”按钮，完成一类图片的采集。

8）重复步骤 4）～步骤 7），直到完成所有类别图像的采集。

9）采集完成所有图像数据之后，将所有的 . txt 文本文件按照类别合并，存放在对应的 . txt 格式文件中。最后将文件名改为对应的类别名，如 0. txt、1. txt 和 2. txt 等。

这样便完成了“标记、训练、推理”三个步骤中的第一步——“标记”。

7. 2. 2　模型训练与生成推理工程

1. 模型训练

在有了数据集后就可以用数据集进行训练。模型训练的步骤如下。

1）双击桌面上的图标打开 AHL-EORS-CX 程序。单击“模型训练”选项中的“NCP”按钮（本书采用的训练模型为 NCP 模型，其原理将在 7. 4 节介绍）。打开过程较为缓慢，时间超过 10 s，具体时间与 PC 性能相关，请耐心等待，不要多次点击。

2）在弹出的“模型类型”对话框中选择物体种类和图像类型。本样例数据集为 0～9 十个数字的灰度图像，物体种类数量为 10，选择灰度图像，设置结果如图 7-6 所示。单击“确定”按钮进入模型训练界面。

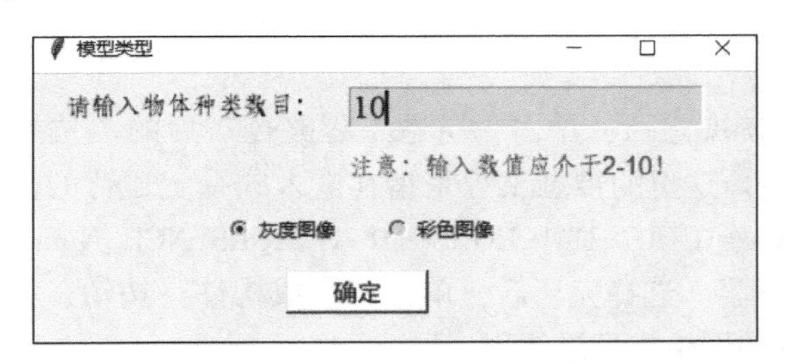

图 7-6　训练模型设置

3）进入模型训练界面，首先是读取数据集，可以先使用本书配套的数据集，存放在“. . \03-Software\CH07-EAI-EORS-D1-H\Numbers”文件夹下，单击每个类别数据集后的“选择文件”

按钮，选择对应的数据集文件；在确定每个类别的训练集之后，继续选择模型生成路径，单击“模型生成路径”后的“选择文件”按钮，选择对应的数据集文件模型保存路径；训练轮数、学习率、测试集比率、tail、alpha 是模型训练的参数，将在后面进行说明，这里可先保持默认设置；最后单击“开始训练”按钮，系统便开始训练模型，进度条将显示训练进度。训练结束，将在提示窗口中显示模型的测试准确率，如图 7-7 所示。若对模型准确率不满意，可继续单击“开始训练”按钮，继续对模型进行训练，直到模型准确率趋于平稳或者准确率达到预期为止。需要重新训练或选取物体种类时，可单击左下角的“返回”按钮，返回上一级界面。注意：返回后将丢失目前的模型和训练进度。

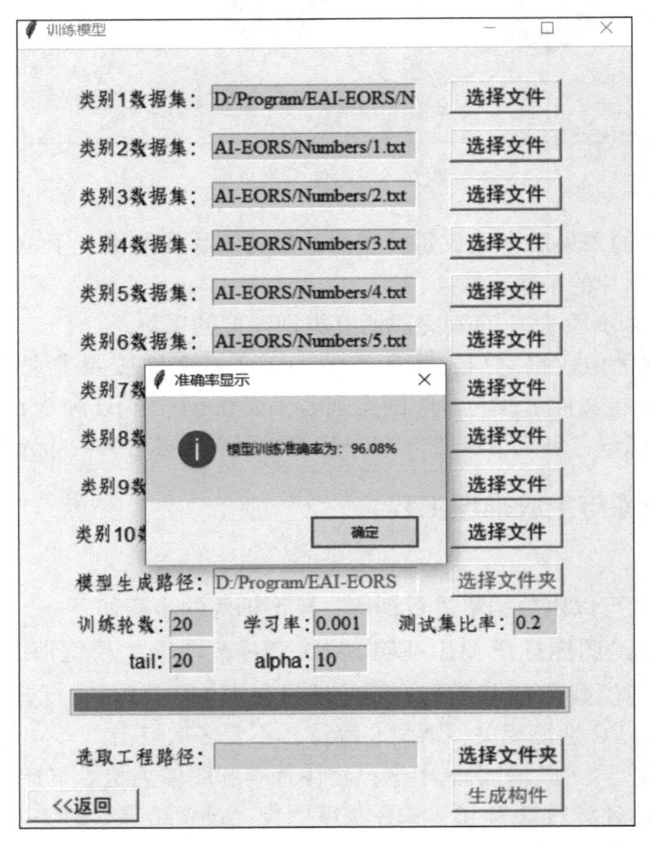

图 7-7 训练过程的准确率显示

2. 生成推理工程

在得到满意的模型准确率之后，单击“选取工程路径”后的“选择文件夹”按钮，选择指定的 AHL-EORS 推理工程。这里的推理工程是指在嵌入式系统运行的推理工程，本书配套的推理工程位于“..\03-Software\CH07-EAI-EORS-D1-H\EORS_NCP_Nums_Predict”目录下（建议先复制一份作为自己的工程）。选择完毕后，单击“生成构件”按钮，将更新工程推理模型参数构件，即对本次训练得到的网络模型进行部署。

工程的 06_SoftComponent 文件夹下的 model_init.h、model_init.c、model_md.h、model_md.c 就是这一步生成更新的两个模型构件，学习完成后网络结构的参数存放在其中。下一步就可以用这个工程进行推理了。

7.2.3　进行推理

在完成训练并生成推理工程的基础上，就可以使用嵌入式系统进行图像识别了。首先要将训练好的模型和推理程序下载到嵌入式系统中（这一步通常称为部署）。

将有推理程序的嵌入式系统连接到 PC 上就可以对数字进行识别了。注意：识别时数字需要与嵌入式系统保持平行。识别结果会在嵌入式系统显示屏上显示，如图 7-8 所示，其中 Result 表示识别结果，Accuracy 表示准确率。

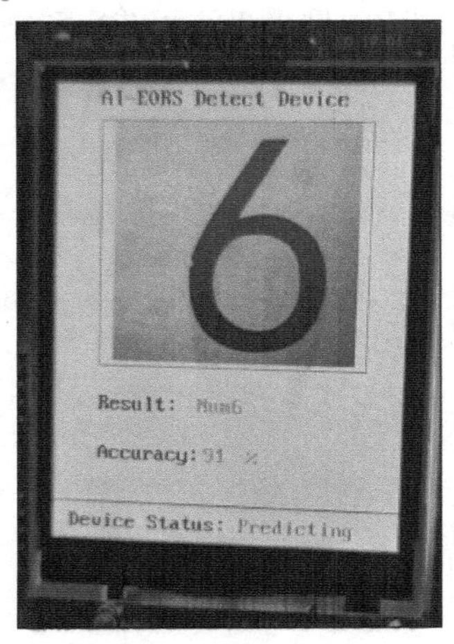

图 7-8　图像识别结果显示

至此，就完成了 AHL-EORS 程序从数据采集到模型训练与部署，最后实现对 0~9 十个数字进行识别（推理）的全过程。

可以在这个工程源码基础上进行二次编程，实现各种各样的功能。

7.3　AHL-EORS 的数据采集工程与推理工程简明解析

AHL-EORS 的开发涉及 PC 端程序开发和嵌入式系统程序开发。本书只讨论嵌入式系统开发过程，PC 端给出打包完成的可执行文件，配合嵌入式系统完成数据采集、模型训练与部署、图像识别。

7.3.1　AHL-EORS 的数据采集工程简明解析

要进行机器学习，首先要有学习样本。第一步需要做的就是对 0~9 这 10 个数进行图像特征的提取，并且分别保存在 10 个 .txt 文件中。这 10 组图像数据的集合称为“数据集”，其中每一组图像数据称为一个“样本”。

下面来具体说明如何实现终端的数据采集。该过程主要通过数据采集线程、数据发送线程及一个定时器中断实现。

1）主线程 app_init 负责串口、摄像头及 LCD 显示器等外设的初始化，并创建用户线程 thd_gray_get 和 thd_gray_send。

2）thd_gray_get 为数据采集线程，负责采集图像。

3）thd_gray_send 为数据发送线程，负责传输图像到上位机。

具体代码参见“..\03-Software\CH07-EAI-EORS-D1-H\EORS-DataSend”文件夹。

1. 主线程（app_init）

主线程 app_init 声明和运行线程，在 includes.h 文件中声明全局图像指针、数据采集线程及数据发送线程函数。

```
uint16_t * image_orginal;          //图像指针
void thread_gray_get ();           //数据采集线程函数
void thread_gray_send ();          //数据发送线程函数
```

在 threadauto_ appinit.c 文件中创建数据采集线程并启动它们。

```
thread_t thd_gray_get;
thread_t thd_gray_send;
//创建数据采集线程
thd_gray_get=thread_create("gray_get", (void *)thread_gray_get, 0, (1024*7), 11, 10);
//创建数据发送线程
thd_gray_send=thread_create("gray_send", (void *)thread_gray_send, 0, (1024*7), 11, 10);
printf("0-1. 启动 thd_gray_get 线程\n");
thread_startup(thd_gray_get);
printf("0-2. 启动 thd_gray_send 线程\n");
thread_startup(thd_gray_send);
```

2. 数据采集线程（thd_gray_get）

数据采集线程函数的代码如下。

```
#include "includes.h"
//=======================================================================
//函数名称：thread_gray_get
//功能概要：图像采集
//参数说明：无
//函数返回：无
//内部调用：无
//=======================================================================
void thread_gray_get(void)
{
    uint32_t Received_State;
    while (1)
    {
        sem_take(g_sp,WAITING_FOREVER);              //获取一个信号量
        LCD_show_status(RUN);                         //LCD 显示：正常运行
        LCD_DrawRectangle(30,24,214,195,RED);         //标注屏幕红框
        LCD_show_status(GETIMG);                      //LCD 显示：获取图像
        //首先等待事件触发，获取 56×56 大小的 16 位一维图像数组，并在 LCD 显示图像
        event_recv(g_getImg, Get_Img_Event, EVENT_FLAG_OR |
                        EVENT_FLAG_CLEAR, WAITING_FOREVER, &Received_State);
        if(Received_State == Get_Img_Event)
        {
            image_orginal = cam_getimg_5656();
        }
        sem_release(g_sp);                            //释放一个信号量
    }
}
```

3. 数据发送线程（thd_gray_send）

数据发送线程函数的代码如下。

```
#include "includes.h"
//============================================================
//函数名称：thread_gray_send
//功能概要：灰度图像发送
//参数说明：无
//函数返回：无
//内部调用：无
//============================================================
void thread_gray_send(void)
{
    image_28 image_Gray_predict;                    //灰度推理输入图像数组指针
    while (1)
    {
        sem_take(g_sp,WAITING_FOREVER);  //获取一个信号量
        LCD_show_status(SENDINGDATA);     //LCD 显示发送数据
        Model_GetInputImg(image_orginal,image_Gray_predict);
        printf("sg\n");
        for(int h=0;h<Pic_Width;h++)
        {
            for(int w=0;w<Pic_Height;w++)
            {
                printf("%d ",image_Gray_predict[h][w]);
            }
            printf("\n");
        }
        printf("e\n");
        g_receiveFlag = 0;                       //允许获取下一张图片
        sem_release(g_sp);                       //释放一个信号量
    }
}
```

4. 运行流程和结果

主线程创建并启动数据采集线程后，通过信号量机制循环调用 thd_gray_get 线程及 thd_gray_send 线程，在 thd_gray_get 线程中采集图像信息，并在 thd_gray_send 线程中进行数据传输。数据采集需要配合本书配套的数据采集软件才能完成。运行界面如图 7-9 所示。

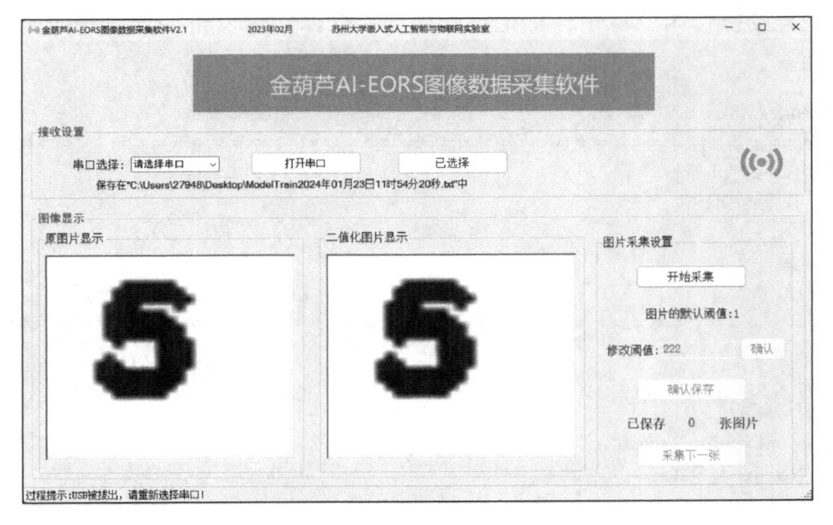

图 7-9　数据采集界面

7.3.2 AHL-EORS 的推理工程简明解析

可以选择"..\03-Software\CH07-EAI-EORS-D1-H\EORS_NCP_Nums_Predict"工程作为自己的样例工程，每一个样例工程对应一个模型，根据 7.2 节介绍的模型参数构件的更新方法，更新成用户自己训练出的推理模型参数构件，再重新编译烧录，系统便能够认识 0~9 这 10 个数字。下面来具体说明如何实现终端的推理识别。

1）主线程 app_init，负责串口、摄像头及 LCD 显示器等外设的初始化，并创建用户线程 thd_picget、thd_reason 和 thd_use。

2）thd_reason 为图像推理线程，通过 LCD 显示图像和推理结果。

具体代码可参见"..\03-Software\CH07-EAI-EORS-D1-H\EORS_NCP_Nums_Predict"文件夹。

1. 主线程（app_init）

主线程 app_init 声明和运行线程，在 includes.h 文件中声明图像获取、推理和应用线程函数。

```
void thread_picget();
void thread_reason();
void thread_use();
```

在 threadauto_appinit.c 文件中创建图像推理线程并启动运行。

```
//定义线程
thread_t thd_picget;
thread_t thd_reason;
thread_t thd_use;
//创建图像推理线程
thd_picget=thread_create("pic get", (void *)thread_picget, 0, (1024*6), 11, 20);
thd_reason=thread_create("reason", (void *)thread_reason, 0, (1024*50), 11, 20);
thd_use=thread_create("use", (void *)thread_use, 0, (1024*30), 11, 20);
//启动线程
thread_startup(thd_reason);
thread_startup(thd_use);
```

2. 图像获取线程（thd_ picget）

图像获取线程的操作与图像采样标记过程相同，获取图像以备推理过程使用。图像获取线程函数的代码如下。

```
#include "includes.h"
//==========================================================
//函数名称：thread_picget
//功能概要：图像获取
//参数说明：无
//函数返回：无
//内部调用：无
//==========================================================
void thread_picget(void)
{
    //原始图像指针
    uint16_t * mPrimitiveImagePtr;
    uint32_t Received_State;
    while (1)
    {
        //获取一个信号量
```

```
        sem_take(g_sp,WAITING_FOREVER);
        //标志位置 1
        pic_filter_flag = 1;
        LCD_show_status(RUN);
        //标注屏幕红框
        LCD_DrawRectangle(30,24,214,195,RED);
        //从摄像头模块中获得 56×56 像素大小的彩色图像
        //LCD 显示获取图像
        LCD_show_status(GETIMG);
        //首先等待事件触发，获取 56×56 大小的 16 位一维图像数组，并在 LCD 显示图像
        event_recv(g_getImg, Get_Img_Event, EVENT_FLAG_OR |
                        EVENT_FLAG_CLEAR, WAITING_FOREVER, &Received_State);
        if(Received_State == Get_Img_Event)
        {
            mPrimitiveImagePtr = cam_getImg_5656();
        }
        //将一维图像数组转换为 28×28 的灰度数组，同时对数组进行滤波操作
        if(Model_GetInputImg(mPrimitiveImagePtr,mPredictImgeArray)==0)
        {
            //滤波背景失败
            LCD_show_status(FILTERERROR);
            //标志位置 0
            pic_filter_flag = 0;
        }
        //释放一个信号量
        sem_release(g_sp);
    }
}
```

3. 图像推理线程（thd_reason）

图像推理线程函数的代码如下。

```
#include "includes.h"
//======================================================================
//函数名称：thread_reason
//功能概要：图像推理
//参数说明：无
//函数返回：无
//内部调用：无
//======================================================================
void thread_reason(void)
{
    //存放归一化后的数组
    float image_normalized[Pic_Nums][Pic_Width][Pic_Height];
    float softmax[SortNum] = {0};
    while (1)
    {
        //获取一个信号量
        sem_take(g_sp,WAITING_FOREVER);
        //图片获取，且滤波成功
        if(pic_filter_flag == 1)
        {
            //LCD 显示推理
```

```
            LCD_show_status(PRDICT);
            //进行归一化处理
            Model_Normalization(mPredictImgeArray,image_normalized);
            //推理
            Model_PredictImage(image_normalized,softmax,openmax);
            event_send(g_useShow, Use_Show_Event);
        }
    }
}
```

4. 识别结果应用线程（thd_use）

获取预测结果后进入识别结果应用线程。识别结果应用线程函数的代码如下。

```
#include "includes.h"
//======================================================================
//函数名称：thread_use
//功能概要：应用
//参数说明：无
//函数返回：无
//内部调用：无
//======================================================================
void thread_use(void)
{
    //定义局部变量
    uint8_t i;                          //循环局部变量
    uint16_t temp_out;                  //转换为百分制后的局部交换变量
    uint8_t cmp_arr[SortNum+1];         //转换类型后的输出数组
    uint8_t max=0;                      //输出数组最大值
    uint8_t max_index=0;                //输出数组最大值成员的索引
    uint32_t Received_State;
    while(1)
    {
        //等待推理程序事件字
        event_recv(g_useShow, Use_Show_Event, EVENT_FLAG_OR |
                        EVENT_FLAG_CLEAR, WAITING_FOREVER, &Received_State);
        if(Received_State == Use_Show_Event){
            for( i=0;i<SortNum+1;i++)
            {
                temp_out = (int)(openmax[i] * 100);
                cmp_arr[i] = temp_out;
            }
            //得到数组中最大值及最大值成员索引
            for( i=0;i<SortNum+1;i++)
            {
                if(cmp_arr[i]>max)
                {
                    max=cmp_arr[i];
                    max_index=i;
                }
            }
            //显示分类结果
            LCD_show_result(max,max_index);
            //置0，以便下一轮图片处理
```

```
            max = 0;
            max_index = 0;
            //允许获取下一张图片
            g_receiveFlag = 0;
            //释放一个信号量
            sem_release(g_sp);
        }
    }
}
```

5. 运行流程和结果

主线程创建并启动推理线程后，thd_picget 线程开始执行获取图像，thd_reason 线程模型进行推理，最后输出推理结果，如图 7-10 所示，是推理识别数字“0”的正确现象。

图 7-10　图像识别结果显示

7.4　初步理解 AHL-EORS 的基本原理

本系统所使用的图像分类算法是基于深度学习算法的一种。常用的深度学习网络模型主要有深度置信网络（Deep Belief Network，DBN）、层叠自动去噪编码机（Stacked Denoising Autoencoder，SDA）、卷积神经网络（Convolutional Neural Network，CNN），它们都已经应用在日常生活与工业生产的各个场景，如无人驾驶、自然语言处理、人脸识别等。其中，卷积神经网络由于其独有的权值共享特征，对图像数据的处理效率较高，因此本系统选用的 NCP 线性神经网络模型运用了卷积神经网络。

7.4.1　卷积神经网络的技术特点

传统的人工神经网络中相邻的两层网络的每个神经元节点之间都是通过全连接的方式互相连接的，在处理图像等数据量较大的数据输入时，往往会消耗更多的计算与存储资源，并且过多的参数也会造成模型的过拟合，并不符合人类的认知特性。人类往往是通过比较物体中固有的特征与其他物体的不同来进行物体分类的，并非学习物体的所有特征。而卷积神经网络所具有的局部感知、权值共享、池化操作等众多优良特性能有效解决这一问题。卷积神经网络通过卷积核与图像进行卷积的方式实现了不同神经元之间的权值共享，在降低网络参数数量的同时也降低了网络计算量。池化操作的引入也使得卷积神经网络具有了一定的平移不变性及变换不变性，提升了网络的泛化能力。因此，卷积神经网络具备了更强的鲁棒性与容错能力，对大量信息特征的处理性能高于一般的全连接神经网络。所以，将卷积神经网络应用于图像分类是非常合适的。

7.4.2 卷积神经网络的原理

从数学角度来看，最基本的卷积神经网络包含卷积、激活与池化三个组成部分，如图 7-11 所示。如果将卷积神经网络应用于图像分类，则输出结果是输入图像的高级特征的集合。

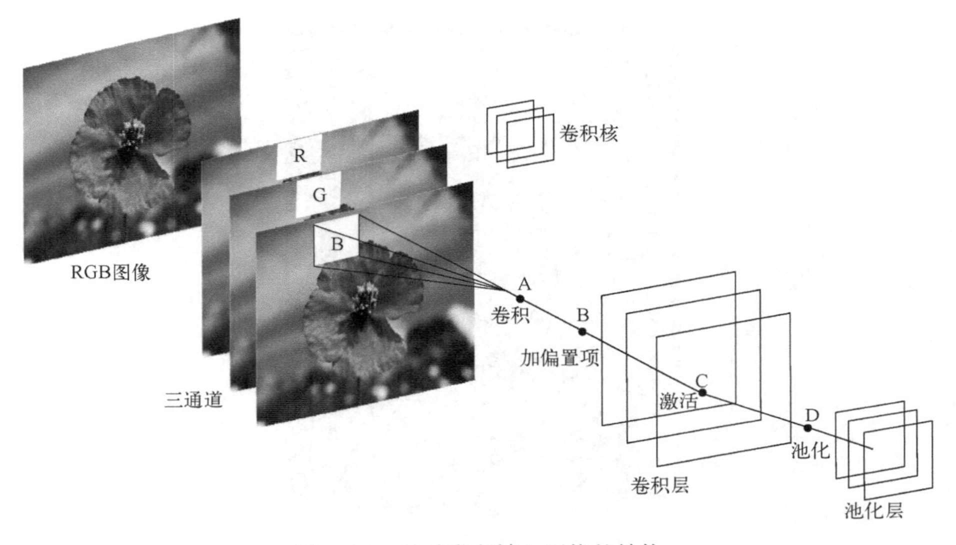

图 7-11 基础卷积神经网络的结构

1. 卷积

从数学角度来说，卷积是通过两个函数 h 和 g 生成第三个函数的一种数学算子，表示函数 h 与 g 经过翻转和平移的重叠部分函数值乘积对重叠长度的积分。翻转，即卷积的“卷”，指的是函数的翻转，从 $g(t)$ 变成 $g(-t)$ 这个过程。平移求积分，即卷积的“积”，连续情况下指的是对两个函数的乘积求积分，离散情况下就是加权求和。

在图像处理中，卷积操作是卷积神经网络的重要组成部分。卷积网络通过卷积核与输入图像进行卷积操作从而提取图像的特征，同时过滤掉图像中的一些干扰。卷积简单来说就是对输入的图像二维数组和卷积核进行内积操作，即输入矩阵与卷积核矩阵进行对应元素相乘并最终求和，所以单次卷积操作的结果输出是一个自然数。卷积核遍历输入图像数组的所有成员，最终得到一个二维矩阵，矩阵中每个元素的数值代表着每次卷积核与输入图像的卷积结果。一次完整的卷积操作，实际上就是每个卷积核在图像上滑动，与滑动过程中的指定区域进行卷积操作后得到的卷积结果，最终得到输出矩阵。

在图像处理中，卷积核的一般数学表现形式为 $P×Q$ 大小的矩阵（$P<M,Q<N$，M、N 为输入图像矩阵大小）。设卷积核中第 i 个元素为u_i，输入图像矩阵区域的第 i 个元素为v_i，卷积得到的输出矩阵 **conv** 中第 x 行第 y 列的元素为$\mathrm{conv}_{x,y}$，那么可以得出计算公式：

$$\text{conv}_{x,y} = \sum_{i}^{PQ} u_i v_i \tag{7-1}$$

卷积核会依次从左往右、从上往下滑过该图像所有的区域，与滑动过程中每一个覆盖到的局部图像($P\times Q$)进行卷积，最终得到特征图像。每一次滑动卷积核都会获得特征图像中的一个元素。卷积核每次平移的像素点个数，称为卷积核的滑动步长。如图 7-12 所示，此时输出的卷积结果便是图像中灰色区域与卷积核进行卷积操作后得到的结果。具体来说，图像灰色区域第 1 行第 1 列的元素“105”乘以卷积核第 1 行第 1 列的元素“0”，图像灰色区域第 1 行第 2 列的元素“102”乘以卷积核第 1 行第 2 列的元素“-1”，……，图像灰色区域第 3 行第 3 列的元素“104”与卷积核第 3 行第 3 列的元素“0”相乘，最后对所有的计算结果求和。

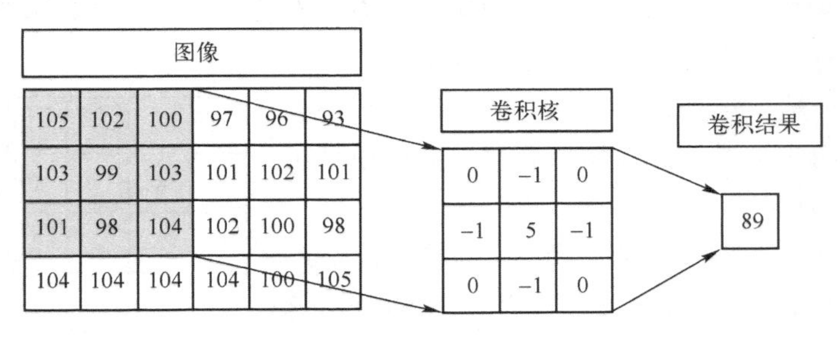

图 7-12　卷积操作

上例中的卷积对应的数学计算公式为

$$105\times0+102\times(-1)+100\times0+103\times(-1)+99\times5+103\times(-1)+101\times0+98\times(-1)+104\times0=89$$

图 7-12 中的图像与卷积核进行卷积操作后，最终可得到一个 2 行 4 列的二维矩阵。

卷积核在对整个图像滑动进行卷积处理时，每经过一个图像区域得到的值越高，说明该区域与卷积核检测的特定特征相关度越高。而想要得到图像特征，如何选用合适的卷积核是个十分关键的问题。根据需要选择特定的卷积核，不同的卷积核可以实现不同的检测效果，比如上例中的检测弧度，又或者锐化/模糊图像等。而在卷积神经网络中，通过在训练过程中不断更新每一个卷积核的参数来调整卷积核的所有参数，使得提取的图像特征更接近实际需求。

2. 激活

在卷积神经网络中，上层节点的输出和下层节点的输入之间具有一个函数关系，这个函数关系称为激活函数，定义为 $f(\,)$。激活层通过激活函数对卷积层输出结果做非线性映射。如果不使用激活函数，那么每一层的输出都是上一层输入的线性函数，无论拥有多少层神经网络，输出都是输入的线性组合，这样的效果等同于只有一层的神经网络。

通过激活函数，卷积神经网络在激活层将处理的数据限制在一个合理的范围内，同时提升了数据处理速度。激活函数会将输出数值压缩在 0~1 之间，将较大数值变为接近 1 的数，将小的数值变为接近 0 的数。因此，在最后计算每种可能所占比重时，大的数值比重大。

例如卷积层中卷积核的部分参数数值低于 0.00001，而图像输入的大小在 0~255 之间，这样通过卷积层卷积处理后的特征图像的元素值在 0.0001 左右，经过激活函数处理后，这类数值尽可能归零，把计算重点放在激活数值较大的特征图像上，输出大的数值。这样的情况就可以看作激活。

卷积输出矩阵的第 x 行第 y 列元素及该层偏置 b 经过激活函数 $f(\,)$ 处理后的结果 $z_{x,y}$ 的计算公式为

$$z_{x,y} = f\left(\sum_{i}^{PQ} u_i v_i + b\right) \tag{7-2}$$

常用的激活函数有 ReLU、sigmoid、tanh、LeakyReLU 等。相对于其他图像来说，物体识别场景的环境噪声小、层次结构组成单一，因此本系统采用的激活函数为修正线性单元（the Rectified Linear Unit，ReLU）。它的特点是收敛快、求梯度简单，但较脆弱。ReLU 函数的计算公式为

$$f(x)=\max(kx,0) \tag{7-3}$$

式中，k 为上升梯度，在 ReLU 激活函数中，k 的取值为 1。

3. 池化

池化操作通常在卷积操作之后，是降采样的一种形式，通过降低输入特征图层分辨率的方式获得具有空间不变性的图像特征。池化使用矩形窗体在输入图像上进行滑动扫描，并且通过取滑动窗口中的所有成员中最大、平均或其他的操作，来获得最终的输出值。池化层对每一个输入的特征图像都会进行缩减操作，进而减少后续的模型计算量，同时模型可以抽取到更加广泛的特征。

池化层一般包括最大池化、均值池化、高斯池化等。目前，简单的池化操作有最大值池化（Max Pooling）及平均值池化（Average Pooling），如图 7-13 所示。例如：最大值池化，2×2 大小的最大值池化就是取像素点中的最大值；平均值池化，就是取四个像素点的平均值。

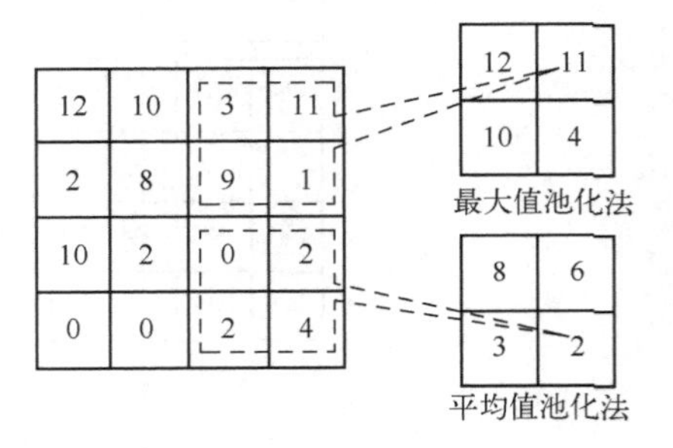

图 7-13　两种池化方法

4. 连接

在将网络应用于处理图像分类任务时，通常的做法是将 CNN 输出的高级图像特征集作为全连接神经网络（Fully Connected Neural Network，FCNN）的输入，用 FCN 来完成输入图像到对应物体标签的映射，即图像分类。

神经网络，即由具有适应性的简单单元组成的互联网络，其原理是模拟生物神经系统对真实世界物体所做出的交互反应。全连接神经网络是一种多层次的全连接的网络。它的输入是多次卷积/池化的结果，输出是分类结果。

如图 7-14 所示，假设给定输入样本集为$\{\boldsymbol{x}_1,\boldsymbol{x}_2,\cdots,\boldsymbol{x}_3\}$，第 l 层的第 i 个神经元为 $\boldsymbol{a}_i^{(l)}$，神经元的总层数为 L。

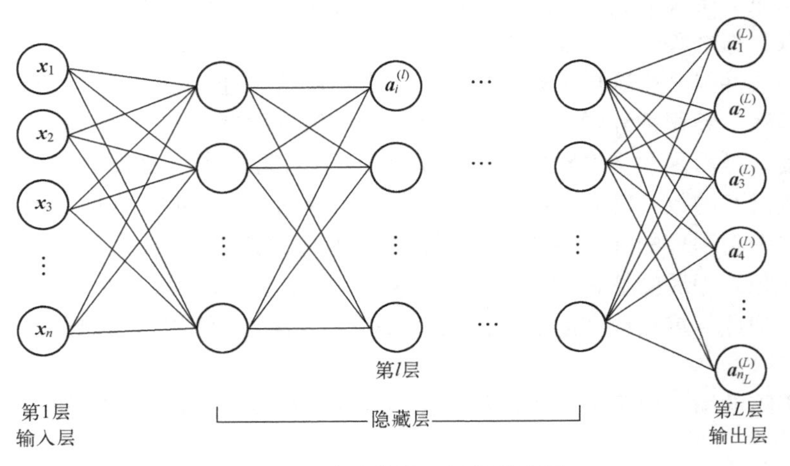

图 7-14　全连接神经网络结构图

在计算完这一层中的所有神经元后，将计算结果作为分类依据，将输出神经元与分类结果一一映射，将神经元的输出作为训练时更新参数和推理时进行分类的依据。

假设 $M×N$ 的图像在经过卷积与池化后，变为了 d 个包含高级图像特征的参数，此时，可以将该 d 个数值作为全连接神经网络的输入，将全连接神经网络的输出作为图像分类的判断标准。在经过全连接神经网络的传播后，便可以将一个 $M×N$ 的矩阵最终转变为全连接神经网络的输出，其中每一个输出值即为每一类物体的输出值，通过比较对应数值的大小来判定图像属于哪一类物体。

7.4.3　AHL-EORS 模型的选取：NCP 模型

网络模型本身的性能是决定物体认知系统性能的关键因素。针对低资源嵌入式环境，在降低网络模型资源所占大小的情况下保持模型的性能是模型选取的重要因素。神经回路策略（Neural Circuit Policies，NCP）是一种基于线虫神经网络结构的模型[㊀]。此模型首先通过普通卷积来降维，提取特征，之后传入自定义神经网络进行分类计算，从而得到结果。由于 NCP 是自定义网络，所以可以调整神经元的个数，从而减小模型所占资源，非常适合嵌入式设备进行人工智能部署。

NCP 模型主要分为两个部分。首先是通过普通的卷积神经网络来降低维度，提取特征，然后传入全连接层进一步降低维度，之后就传入 NCP 网络结构。具体来说，NCP 一共分为四层：第一层是感知层，用于接收输入数据；第二层是中间层；第三层是决策层；第四层是运动层，也就是输出结果。NCP 中的基本神经构建模块称为液体时间常数（Liquid Time Constant，LTC）神经元，在由一组 LTC 神经元构造 NCP 通过输入突触连接到神经元 j 时，每个 LTC 神经元具有状态动力学 $x_i(t)$：

$$\dot{x}=-\left(\frac{1}{\tau_i}+\frac{w_{ij}}{C_{m_i}}\sigma_i(x_j)\right)x_i+\left(\frac{x_{\text{leak}_i}}{\tau_i}+\frac{w_{ij}}{C_{m_i}}\sigma_i(x_j)E_{ij}\right) \tag{7-4}$$

式中，$\tau_i=C_{m_i}/g_{l_i}$ 是神经元 i 的时间常数；w_{ij} 是从神经元 i 到 j 的突触权重；C_{m_i} 是膜电容；$\sigma_i(x_j)=l/(1+\mathrm{e}^{-\gamma_{ij}(x_j-\mu_{ij})})$；$x_{\text{leak}_i}$ 是静息电位；E_{ij} 是反转突触电位，定义了突触的极性。LTC 神经元的整体耦合灵敏度（时间常数）由下式定义：

$$\tau_{\text{system}_i}=\frac{1}{\dfrac{1}{\tau_i}+\dfrac{w_{ij}}{C_{m_i}}\sigma_i(x_j)} \tag{7-5}$$

这个可变的时间常数决定了决策过程中神经元对驱动 NCP 中的几个神经元的反应速度。

而在 NCP 中，层与层直接的连接也类似于线虫神经网络布线。具体步骤如下：

1）插入四个神经层：N_{s} 为感觉神经元，N_{i} 为中间神经元，N_{c} 为命令神经元，N_{m} 为运动神经元。

2）在每两个连续的层之间——任意源神经元，将 $n_{\text{so-}t}$ 突触（$n_{\text{so-}t}\leqslant N_t$）（突触极性为 ~ Bernoulli($P_2$)）插入 $n_{\text{so-}t}$ 个目标神经元，随机选择 ~ Binomial 二项分布($n_{\text{so-}t}, P_1$)。P_1 和 P_2 是与其分布相对应的概率。

3）在每两个连续的层之间——任意没有突触的目标神经元 j，插入 $m_{\text{so-}t}$ 突触

㊀ LECHNER M, HASANI R, AMINI A, et al. Neural circuit policies enabling auditable autonomy [J]. Nature Machine Intelligence, 2020, 2 (10): 642-652.

$\left(m_{so-t} \leqslant \frac{1}{N_t}\sum_{i=1,i\neq j}^{N_t} L_{t_i}\right)$，其中$L_{t_i}$是针对目标神经元 i 的突触数量，具有突触极性（(来自兴奋性或抑制性）~Bernoulli(P_2)），来自 m_{so-t}源神经元，随机选自~Binomial 二项分布(m_{so-t},P_3)。m_{so-t}是无突触连接的从源到目标神经元的突触数量。

4）指令神经元的循环连接——任意指令神经元，插入突触极性为~Bernoulli(P_2)的 l_{so-t}突触（$l_{so-t} \leqslant N_c$），连接到 l_{so-t}目标指令神经元，并且随机地服从~Binomial 二项分布(l_{so-t},P_4)。l_{so-t}是从一个神经元到目标神经元的突触数量。

应用上述 NCP 设计原则会使得 LTC 神经元的网络非常简洁和稀疏。NCP 模型在每层的传播过程中除了需要使用到前一层输出的特征图像、本层的权重及偏置数组和输出的特征图像数组外，还需要存储 NCP 层中使用的膜电容、静息电位等参数。同样，所有运算的占用空间之和不能超过 64 KB。根据此原则设计出的 NCP 终端推理模型架构见表 7-2，其中 SortNum 代表物体种类数，此处假设 SortNum=3。

表 7-2　NCP 终端推理模型架构表

层序	层　名	输入特征大小	输出特征大小	卷积核参数	占 用 空 间
1	卷积层	28×28×1	24×24×6	5×5×6	17.172 KB
2	最大池化层	24×24×6	12×12×6	—	3.375 KB
3	卷积层	12×12×6	8×8×6	5×5×6×6	5.016 KB
4	最大池化层	8×8×6	4×4×6	—	0.094 KB
5	平铺层	4×4×6	1×96	—	0.094 KB
6	全连接层	1×96	1×（2×SortNum）	—	2.648 KB
7	NCP 层	1×（2×SortNum）	1×1×SortNum		7.031 KB

7.5 本章小结

人工智能要真正落地，必然是产生出各种各样融入人工智能算法的具体产品。在这些产品中，计算机程序起到重要的作用。这些程序基于实时操作系统场景编程时，将使得一个大的工程分解为一个一个小工程，程序变得清晰、易维护、可移植。RT-Thread 可以很好地服务于嵌入式人工智能的编程场景。本章给出的基于 RT-Thread 的嵌入式物体认知系统，可以作为嵌入式人工智能入门的实践案例，通过它可以较容易地理解在嵌入式设备上进行人工智能应用的原理，掌握物体认知系统的具体实现过程。

习题

1. 简述利用神经网络进行图像识别的大致步骤。
2. 根据本章内容，利用 AHL-EORS，完成对字母 A、B、C 、D、E 的认知实训，要求能够识别 A、B、C、D、E 五个字母。
3. 利用 AHL-EORS 自行设计一个识别系统，认知几个周围物体。
4. 如何利用 AHL-EORS 系统进行二次编程?
5. AHL-EORS 系统可以扩展到哪些应用中?

第 8 章　基于 WiFi 通信的物联网应用开发

实现物联网应用项目的快速开发具有重要的意义和价值。本章以 WiFi 通信为蓝本阐述物联网的快速开发方法。从技术科学角度，把物联网应用开发的知识体系归纳为**终端**（UE）、**信息邮局**（MPO）、**人机交互系统**（HCI）三个有机组成部分。针对终端，以通用嵌入式计算机（GEC）概念为基础，给出了应用程序模板。针对信息邮局，将其抽象为固定 IP 地址与端口，给出云侦听程序模板；针对人机交互系统，给出 Web 程序及微信小程序模板。这些工作为“照葫芦画瓢”地进行具体应用开发提供了共性技术，形成以 GEC 为核心、以构件为支撑、以工程模板为基础的物联网应用开发生态系统，可有效地降低物联网应用开发的技术门槛。

8.1　WiFi 应用开发概述

本节首先是对 WiFi 的概述，然后给出由此延伸的基本概念，随后阐述 WiFi 应用开发所面临的问题，并给出解决这些问题的基本对策，最后对金葫芦 WiFi 开发套件做基本描述。

8.1.1　WiFi 概述

WiFi 的发音是[ˈwaifai]，中文里常被叫作“移动热点”。WiFi 是一种基于 IEEE 802.11 标准的无线局域网技术。

从技术指标来看，WiFi 的通信距离为 100 m 左右。1997 年发布的 WiFi 0 版本，工作频段为 2.4 GHz，最高传输速率为 2 Mbit/s；2022 年发布 WiFi 7 版本，工作频段为 2.4 GHz、5 GHz、6 GHz，最高传输速率 30 Mbit/s。WiFi 模块的发射功率一般在 18 dBm 左右。

WiFi 主要应用于无线上网。目前几乎所有的笔记本计算机、智能手机、平板计算机都支持 WiFi 上网，在有 WiFi 无线信号覆盖的情况下，可以不通过电信运营商的网络上网，节省了流量费。但是，大多 WiFi 无线上网的信息来自于有线宽带。例如，处于互联网中的笔记本计算机内有个 WiFi 无线网卡，它把有线信号转换成 WiFi 信号，诸如手机等 WiFi 设备可以通过它接入互联网。我国也有许多地方实施“无线城市”工程，提供 WiFi 信号供民众使用；也有一些大学在校园范围内提供 WiFi 信号供在校师生使用。

8.1.2　WiFi 通信过程与应用开发相关的基本概念

许多工厂覆盖 WiFi，通过 WiFi 接入了厂局域网，也可以通过出厂网关进入公网。基于此场景，若嵌入式终端具备 WiFi 通信功能，则可以通过 WiFi 通信实现工厂设备与互联网的信息互通。这就是基于 WiFi 通信的物联网应用开发的着眼点。

进行基于 WiFi 通信的物联网应用开发，需要了解几个与终端（UE）、信息邮局（MPO）、人机交互系统（HCI）相关的基本概念。

1. 与 UE 相关的基本概念

（1）使用媒体访问 MAC 地址作为 UE 的唯一标识

WiFi 设备是指带有 WiFi 通信功能的器件。本书所使用的带有 WiFi 通信功能的 UE 就是一种 WiFi 设备。

UE 需要一个唯一的标识，以便区分不同的 UE。可使用媒体访问 MAC（Media Access Control address，介质访问控制层）地址[㊀]作为 UE 的唯一标识。每个 WiFi 模块都有这样一个唯一的标识，就像手机中的 SIM 卡号一样。

（2）WiFi 热点

WiFi 热点，即无线接入点（AccessPoint，AP），是一种可以把互联网转换为 WiFi 无线信号的设备，附近用户能够通过该热点接入互联网。大多数情况下，互联网是有线连接在一起的通信网络。**简单地说，带有 WiFi 通信的终端要连上一个 WiFi 热点，才有可能进入互联网系统。**

（3）服务集标识

当 UE 的无线信号打开时，UE 会与附近的热点连接。UE 可以通过 AT 指令[㊁]获取接入点的服务集标识（Service Set Identifier，SSID）。根据服务集标识，UE 可以知道自己接入了哪个热点。

（4）WiFi 热点给 UE 分配的 IP 地址

当 UE 成功连接到一个热点时（即附着到核心网时），该热点会通过动态主机配置协议（Dynamic Host Configuration Protocol，DHCP）向 UE 分配一个 IP 地址，使其能够在核心网上通信。

2. 与 MPO 相关的基本概念

在 WiFi 终端通信编程中，需要提供一个固定 IP 地址和端口号，以供 UE 与 MPO 服务器建立连接进行数据交互。目前，许多 IT 类公司均提供服务器租赁服务（即云平台服务），可提供有固定 IP 地址的服务器。在本书中，固定 IP 地址和端口号就是 WiFi MPO 的抽象表现形式了。

下面对 IP 地址与端口号的基本概念做一个总结。

（1）IP 地址

Internet 上的每台主机都有一个唯一的 IP 地址。IP 地址由网络号（Network ID）和主机号（Host ID）两部分组成。网络号标识的是 Internet 上的一个子网，由互联网名称与数字地址分配机构（the Internet Corporation for Assigned Names and Numbers，ICANN）负责分配，目的是保证网络地址的全球唯一性。而主机号标识的是子网中的某台主机，由各个网络的系统管理员分配。网络地址的唯一性与网络内主机地址的唯一性确保了 IP 地址的全球唯一性。

IP4 的地址长度为 32 位，分为 4 段，每段 8 位，若用十进制数字表示，则每段数字的范围

㊀ MAC 地址是由 IEEE（Institute of Electrical and Electronics Engineers，电子电气工程师学会）规定用于标识网络设备地址的全球唯一标识符，由 48 位二进制数表示，被分为两个部分：OUI（Organizationally Unique Identifier）和 NIC（Network Interface Controller）。OUI 部分占 24 个二进制位，用于标识设备制造商。每个制造商都有一个唯一的 OUI，由 IEEE 进行分配管理。NIC 部分占 24 个二进制位（有时也被称为设备标识符），由设备制造商自行设置，用于对同一制造商的设备进行唯一标识。合并 OUI 和 NIC 部分的 48 位二进制数构成了完整的 MAC 地址，例如 00:1A:2B:3C:4D:5E。MAC 硬件标识是 MAC 地址中与硬件设备及其制造商相关的部分，它能够提供关于设备制造商和设备类型的信息，并在无线和有线网络中用于寻址和通信识别。

㊁ AT 即 Attention。AT 指令：一般应用于终端设备与计算机之间的连接与通信，本书特指通信模组通过串口能够接收的指令。每条 AT 指令，以字符“AT”开始，以回车符结尾，最长为 1058B（含 AT 两个字符）。对于 AT 指令的发送，除 AT 两个字符外，最多可以接收 1056B 字符（包括最后的空字符）。通信模组生产厂家在参考手册中会给出其支持的 AT 指令集，供通信模组底层驱动开发人员使用。一般应用级编程人员，只需要了解通信模组底层驱动构件（uecom 构件）是通过 AT 指令实现的，着重掌握 uecom 构件的使用方法即可进行应用层面的程序设计。本书不再展开介绍具体的 AT 指令。

为1~254（0和255除外），段与段之间用点“.”隔开，例如192.168.149.1。IP地址就像家庭住址一样，如果要写信给一个人，就要知道他（她）的地址，这样邮递员才能把信送到，计算机发送信息就好比是邮递员，它必须知道唯一的“家庭地址”才能不至于把信送错人家。只不过一般的地址使用文字来表示，而计算机的地址用数字来表示。

在计算机中，IP地址是分配给网卡的，每个网卡有一个唯一的IP地址，如果一个计算机有多个网卡，则该台计算机则拥有多个不同的IP地址，在同一个网络内部，IP地址不能相同。

（2）端口号

一台拥有IP地址的主机可以提供许多服务，比如Web服务、FTP服务、SMTP服务等，这些服务完全可以通过一个IP地址来实现。就好比一座大楼里有许多不同的房间，每个房间的功能不同，大楼的名字相当于IP地址，房间号相当于端口号。那么，主机是怎样区分不同的网络服务呢？显然不能只靠IP地址，因为IP地址与网络服务的关系是一对多的关系，是通过“IP地址+端口号”来区分不同服务的。

为了在一台设备上可以运行多个程序，人为地设计了端口（Port）的概念，就好比公司内部的分机号码。规定一个设备有2^{16}个，即65536个端口，每个端口对应一个唯一的程序。每个网络程序，无论是客户端还是服务器端，都对应一个或多个特定的端口号。由于0~1024之间多被操作系统占用，所以实际编程时一般使用1024以后的端口号。下面是一些常见的服务对应的端口号：ftp，21；telnet，23；smtp，25；dns，53；http，80；https，443。

IP地址和端口号的组合实现网络通信中端到端连接。发送方通过指定目标设备的IP地址和目标应用程序的端口号，将数据包发送给接收方，接收方根据端口号将数据包路由给相应的应用程序。

（3）互联网

互联网是一个全球性的计算机网络系统，由多个物理网络、路由器、服务器和终端设备组成，它们之间通过标准的传输控制协议/互联网协议（Transmission Control Protocol/Internet Protocol，TCP/IP）实现数据的传输和交换。一旦终端成功连接到WiFi并获得了有效的IP地址，它就可以通过WiFi热点与互联网进行通信。

3. 与HCI相关的基本概念

HCI包含通过MPO接收UE数据的计算机、供人机交互使用的手机与平板计算机等。

（1）侦听程序与云服务器

UE主动向“固定IP地址:端口”发送数据，可以把具有固定IP地址且负责接收数据的计算机称为云服务器或云平台。要接收数据，云服务器上必须运行一个程序负责此项工作，这就是**侦听**（Monitor）**程序**。它负责监视UE是否有发来数据，若有数据就把它接收下来放入数据库，还要负责把人机交互系统要送给终端的数据发送给终端。

云服务器具有固定的IP地址和端口号，是侦听程序及数据库的物理支撑。侦听程序及数据库的运行和维护都在云服务器完成。云服务器的访问需要具有权限的用户名和密码。云服务器的使用需要向第三方机构交纳费用。

（2）数据库

数据库是驻留在云服务器上的存储数据的地方。数据库由若干张表组成，每张表又由若干个字段组成。对数据库的操作大多是对表的操作，而对于表的基本操作有：增、删、改、查。

（3）客户端

客户端又称为用户端，是指与服务器相对应的、为客户提供本地服务的程序。一般安装在普通的用户计算机（可被称为客户机）上，需要与服务器端互相配合运行。较常用的用户端包括如网页浏览器、即时通信软件等。对于这一类应用程序，需要网络中有相应的服务器和服务程序来提供相应的服务，如数据库服务等。这样，在客户机和服务器端，需要建立特定的通信连接，来保证应用程序的正常运行。

8.1.3 物联网应用开发所面临的问题及解决思路

物联网应用开发涉及传感器应用设计、微控制器编程、终端的无线通信、数据库系统、PC 端侦听程序设计、人机交互系统的软件设计等，是一个融合多学科领域的综合性系统，因而具有较高的技术门槛。

1. 物联网应用开发所面临的问题

物联网智能制造系统受到许多实体行业的广泛重视。然而，**进行物联网智能系统的软/硬件设计往往具有较高的技术门槛**，主要表现在：需要软/硬件协同设计，涉及软件、硬件及行业领域知识；一些系统具有较高的实时性要求；物联网智能产品必须具有较强的抗干扰性与稳定性；开发过程中需要不断的软/硬联合测试等。因此，开发物联网智能产品会出现成本高、周期长、稳定性难以保证等困扰，对技术人员的综合开发能力提出了更高的要求。这些问题是许多中小型终端产品企业技术转型的重要瓶颈之一。

大多数具体的物联网智能系统是针对特定应用而开发的，**许多终端企业的技术人员往往从“零”做起**，对移植与复用重视不足，新项目的大多数工作必须重新开发，不同开发组之间也难以共用技术积累。通常，系统的设计、开发与维护交由不同的人员负责，由于设计思想不统一，会有人员分工不明确、开发效率低下的问题，给系统的开发与维护工作带来困难。

2. 解决物联网应用开发所面临问题的基本思路

解决物联网应用开发所面临问题的基本思路是：从技术科学层面来说，研究抽象物联网应用系统的技术共性，加以提炼分析，形成可复用、可移植的构件、类、框架，实现整体建模，合理分层，达到软/硬可复用与可移植的目的。因此，本章给出物联网智能系统的应用架构及应用方法，技术人员可以依照软/硬件模板（“葫芦”），在此模板的，进行特定应用的开发（“画瓢”）。架构抽象物联网智能系统的共性技术、厘清共性与个性的衔接关系、封装软/硬件构件、实现软件分层与复用。从而有效降低技术门槛、缩短开发周期、降低开发成本、明确人员职责定位、减少重复劳动、提高开发效率。从形式上说，可以把这些内容称为“中间件”，它们不是终端产品，但为终端产品服务，有了它们，可以较大地降低技术门槛。

8.1.4 金葫芦 WiFi 开发套件简介

为了能够实现“照葫芦画瓢”这个核心理念，首先要设计好“葫芦”。为此设计了金葫芦 WiFi 开发套件，也设计了 NB-IoT、Cat1、4G 等开发套件。本章以 WiFi 通信为蓝本，阐述物联网应用开发的一般方法。该类套件不同于一般评估系统，它根据软件工程的基本原则设计了各类标准模板（“葫芦”），为“照葫芦画瓢”打下坚实基础。该套件由文档、硬件、软件三部分组成。

1. 金葫芦 WiFi 开发套件的设计思想

金葫芦 WiFi 开发套件的关键特点在于完全从实际产品可用角度设计终端板。一般的“评估板”与“学习板”，仅为学习而用，并不能应用于实际产品。而金葫芦 WiFi 开发套件的软件部分给出了各组成要素较为规范的模板，且注重文档的撰写。其设计思想及基本特点主要有：立即检验 WiFi 通信状况、透明理解 WiFi 通信流程、实现复杂问题简单化、兼顾物联网应用系统的完整性、考虑组件的可增加性及环境的多样性、考虑“照葫芦画瓢”的可操作性。

2. 金葫芦 WiFi 开发套件的硬件资源

金葫芦 WiFi 开发套件的硬件部分由 ST 的 STM32L431RCT6 微控制器与上海庆科的 EMW3072 的 WiFi 模块组成。AHL-STM32L431 正面集成了最小系统，反面添加了 WiFi 外设模块，构成了 AHL-STM32L431-WiFi，如图 8-1 所示。只要一根标准的 Type-C 线即可进行基于 WiFi 通信的物联网实践。

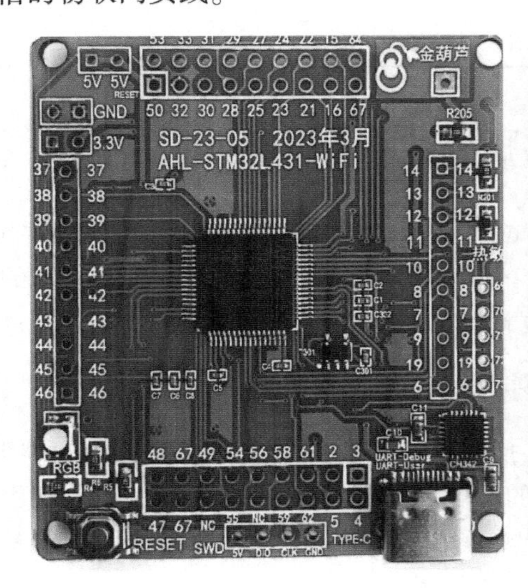

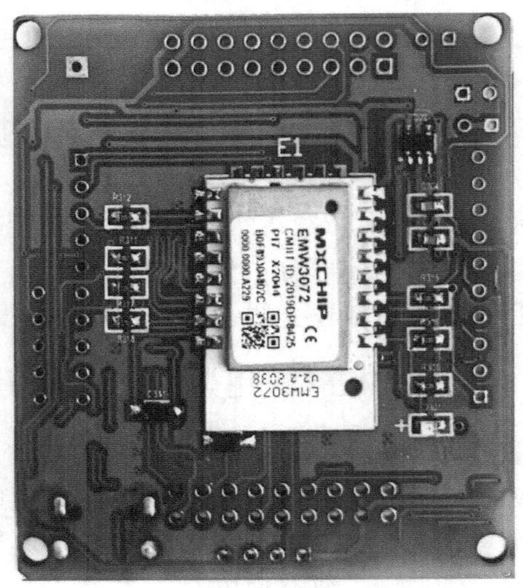

图 8-1　AHL-STM32L431-WiFi 的正反面

金葫芦 WiFi 开发套件的硬件设计目标是将 MCU、通信模组、MCU 硬件最小系统等形成一个整体，集中在一个 SoC 片上，能够满足大部分的终端产品的设计需要。其软件设计目标是，在出厂时含有硬件检测程序（基本输入/输出系统（BIOS）+基本用户程序），直接供电即可运行程序，实现联网通信。把硬件驱动按规范设计好并固化于 BIOS，提供静态连接库及工程模板（“葫芦”），可节省大量的开发时间，同时给出与人机交互系统（HCI）的工程模板和实例，并开源全部用户级源代码，可以实现快速应用开发。

3. 金葫芦 WiFi 开发套件的软件资源

金葫芦 WiFi 开发套件的软件资源见本书电子资源的“..\03-Software\CH08-WiFi-IoT”文件夹，主要内容见表 8-1。

表 8-1　金葫芦 WiFi 开发套件的软件资源

名　称	文 件 夹	说　明
终端用户程序	User-WiFi（注意芯片型号）	GEC 端用户程序，需要使用 AHL-GEC-IDE 下载
云侦听程序	CS-Monitor	云侦听程序，可视为信息邮局的软件抽象，用于侦听 WiFi 终端运行的数据和状态等，使用 Visual Studio 2022 社区免费版开发环境（C#）
Web 程序	AHL-WiFi-WEB	使用 Visual Studio 2022 开发环境
微信小程序	Wx-Client	微信小程序，使用微信开发者工具

（续）

名　　称	文　件　夹	说　　明
内网穿透程序	frp_32225、frp_23335	把面向 WiFi 终端服务的本地计算机 IP 和端口映射到云服务器 IP 和端口，把面向 HCI 服务的本地计算机 IP 和端口映射到云服务器 IP 和端口
远程更新程序	Update-pc	远程更新程序，用于更新 WiFi 终端运行的 BIOS 程序与 User 程序。使用 Visual Studio 2022 开发环境
BIOS	（注意芯片型号）	需要使用 JFlash 软件烧写 .hex 文件
用户手册	（注意芯片型号）	使用说明文档

8.2 WiFi 应用架构及通信基本过程

本节从 WiFi 应用开发共性技术的角度，把 WiFi 应用架构抽象为 WiFi 的终端、信息邮局、人机交互系统三个组成部分，分别给出其定义。理解这些概念，WiFi 应用开发技术的基本要素也就一目了然。本节还介绍了从信息邮局角度理解终端与人机交互系统的基本通信过程。

8.2.1 建立 WiFi 应用架构的基本原则

运营商建立 WiFi 网络，其目的是为 WiFi 应用产品提供信息传送的基础设施。有了这个基础设施，WiFi 应用开发研究及物联网工程专业的教学就可以进行了。但是，WiFi 应用开发涉及许多较为复杂的技术问题。在 8.1.3 节中提出的解决 WiFi 应用开发所面临问题的基本思路是：从技术科学层面，研究抽象 WiFi 应用开发过程的技术共性。

本节将遵循人的认识过程，即由个别到一般，再由一般到个别的哲学原理，从技术科学范畴，以面向应用的视角，抽取 WiFi 应用开发的技术共性，建立起能涵盖 WiFi 应用开发知识要素的应用架构，为实现快速、规范的应用开发提供理论基础。

从个别到一般，就是要把 WiFi 应用开发所涉及的软件/硬件体系的共性抽象出来，概括好、梳理好，建立与其知识要素相适应的抽象模型，为具体的 WiFi 应用开发提供模板（“葫芦”），为“照葫芦画瓢”提供技术基础。

从一般到个别，就是要厘清共性与个性的关系，充分利用模板（“葫芦”），依据“照葫芦画瓢”方法，快速实现具体应用的开发。

8.2.2 终端、信息邮局与人机交互系统的基本定义

WiFi 应用架构（Application Architecture）是从技术科学角度整体描述 WiFi 应用开发所涉及的基本知识结构，主要体现开发过程所涉及的微控制器（MCU）、WiFi 通信、人机交互系统等层次。

从应用层面来说，WiFi 应用架构可以抽象为终端（UE）、信息邮局（MPO）、人机交互系统（HCI）三个组成部分，如图 8-2 所示。这种抽象为深入理解 WiFi 的应用层面开发共性提供理论基础。

1. 终端

终端（Ultimate-Equipment，UE）[⊖]是一种以微控制器（MCU）为核心，具有数据采集、控

⊖ 终端的英文是 Ultimate-Equipment，简写为 UE，人们也称为 User-Equipment，简写仍为 UE，这只是一种巧合。因此，UE 既可以代表终端设备，也可以代表用户设备，含义一致。

制、运算等功能，且有 WiFi 通信功能，甚至包含机械结构，用于实现特定功能的软/硬件实体。例如 WiFi 智能家居、WiFi 工业控制系统等。

图 8-2　WiFi 应用架构

UE 一般以 MCU 为核心，辅以通信模组及其他输入/输出电路。MCU 负责数据采集、处理、分析，干预执行机构，以及与通信模组的板内通信连接；通信模组将 MCU 的板内连接转为 WiFi 通信，以便借助 WiFi 接入点与远程服务器通信。

2. 信息邮局

信息邮局（Message Post Office，MPO）是一种基于 WiFi 协议的信息传送系统，运行云侦听程序。由于 UE 使用的是 2.4 GHz 频段，所以接入点也必须工作在 2.4 GHz 频段。首先需要提供一个 2.4 GHz 频段的 WiFi 接入点，配置完接入点后，需要修改 UE 中的接入点信息，才能让 UE 找到。MPO 在 UE 与 HCI 之间起信息传递的桥梁作用。

MPO 中的云服务器（Cloud Server，CS），可以是一个实体服务器，也可以是几处分散的云服务器。对编程者来说，它就是具有信息侦听功能的**固定 IP 地址与端口**。具有固定 IP 地址的计算机是要向互联网运营商或第三方机构申请并交纳费用的。

3. 人机交互系统

人机交互系统（Human-Computer Interaction，HCI）是实现人与 MPO（WiFi 云服务器）之间信息交互、信息处理与信息服务的软/硬件系统。目标是使人们能够利用个人计算机、笔记本计算机、平板计算机、手机等设备，通过 MPO，实现获取 UE 的数据，并可实现对 UE 的控制等功能。

从应用开发角度来看，HCI 就是与 MPO 的固定 IP 地址与端口打交道，通过这个固定 IP 地址与端口，实现与 UE 的信息传输。

8.2.3　基于信息邮局粗略了解基本通信过程

本小节基于 MPO 来初步了解一下 WiFi 的通信流程。这种了解，有助于形成 WiFi 应用开发的编程蓝图。

在有了 WiFi 应用架构之后，类比通过邮局寄信的过程，来理解 WiFi 的通信过程。虽然流程不完全一样，但仍然可以做一定的对比理解。注意取其意忘其形，不能牵强对比。

图 8-3 所示为基于 MPO 的 WiFi 通信流程，分为上行过程与下行过程。

设云服务器的 IP 地址为 IP_a（例如为 116.62.63.164），面向终端的端口号为 P_x（例如为 32225），面向人机交互系统的端口号为 P_y（例如为 32226）。

1. 数据上行过程

UE“寄”信息的过程（上行过程）：UE 有个唯一标识——NIC 卡号，即 MAC 地址（自

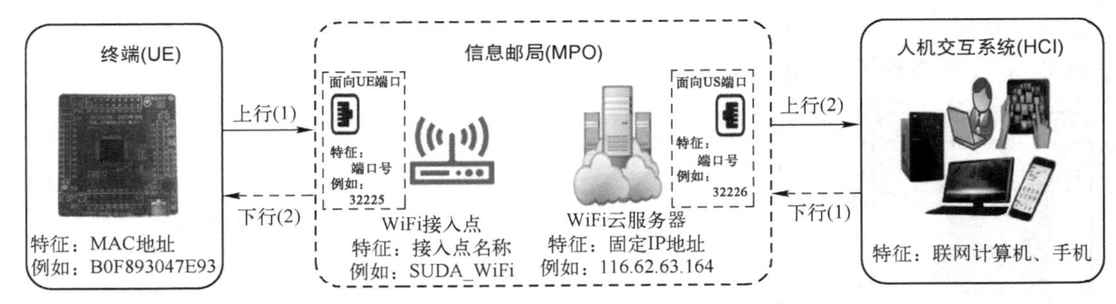

图 8-3　基于 MPO 的 WiFi 通信流程

身地址，即寄件人地址）；对方地址是个中转站（这就是收件人地址了），即固定 IP 地址与端口号；MPO 把通过接入点 AP 传来的“信件”送到固定 IP 地址与端口这个中转站；HCI “侦听”着这个固定 IP 地址与端口，一旦来“信”，则把“信件”取走。具体流程描述如下：

1）在云服务器上运行云侦听程序 CS-Monitor，该程序中设定了云服务器面向终端的端口号为“$IP_a:P_x$”，它把“耳朵竖起来”侦听着是否有终端发来的数据；同时该程序打开面向人机交互系统客户端的端口“$IP_a:P_y$”，等待客户端的请求。

2）在人机交互系统的客户端计算机上运行客户端程序，建立与云服务器的连接。

3）终端会根据云服务器面向终端的端口“$IP_a:P_x$”，通过接入点与云服务器建立连接，并将数据发送给云服务器，云服务器将收到的数据存入数据库的上行表中。

4）人机交互系统客户端有一个专门负责侦听云服务器是否发送过来数据的线程，当侦听到有数据发送过来时，将对这些数据进行解析，并进行处理。

2. 数据下行过程

HCI“寄”信息给 UE 的过程（下行过程）：把标有收件人地址（UE 的 NIC 卡号）“信件”送到固定 IP 地址与端口，MPO 会根据收件人地址送到相应的终端。

当然这个过程的实际工作要复杂得多，但从应用开发角度这样理解就可以了，信息传送过程由 MPO 负责，WiFi 应用产品开发人员只需专注于 UE 的软/硬件设计，以及 HCI 的软件开发。

总结一下，UE 负责数据采集及基本运行，控制执行机构，并把数据送往 MPO，此时 MPO 已经抽象成具有固定 IP 地址的云服务器的某一端口。MPO 则“竖起耳朵”侦听着 UE 发来的数据，一旦“听”到数据，就把它接收下来存入数据库，这就是数据上行过程。反之，MPO 下发数据到 UE，触发 UE 内部中断接收数据，这就是数据下行过程。

8.3 在局域网下验证 WiFi 通信过程

要了解 WiFi 终端是如何把信息送到本地计算机中的，首先要做的是让终端与你的计算机通过 WiFi 连接起来。

下面利用笔记本计算机验证 WiFi 通信过程。前提条件是使用 Windows 10 系统，需要保证该计算机已连接到互联网。

8.3.1 笔记本计算机的设置

1. 打开移动热点

在屏幕左下方的搜索栏中输入“移动热点设置”，按〈Enter〉键，在打开的界面中进行移动热点设置。设置“与其他设备共享我的 Internet 连接”为“开”，这样 WiFi 终端就可以通过这个移动热点使用 TCP/IP 通信了。

2. 编辑移动热点信息

在该界面下，设置“网络名称”“网络密码”和“网络频带”。例如，将网络名称设为“WiFiTest”，密码设为“12345678”。该名称与密码将在终端程序对应的 WiFi 热点名称与密码设置中得以体现，保持一致方可通信。将网络频带设为 2.4 GHz，这是由 AHL-STM32L431-WiFi 开发套件使用的 WiFi 模块 EMW3072 决定的。设定好的界面如图 8-4 所示。

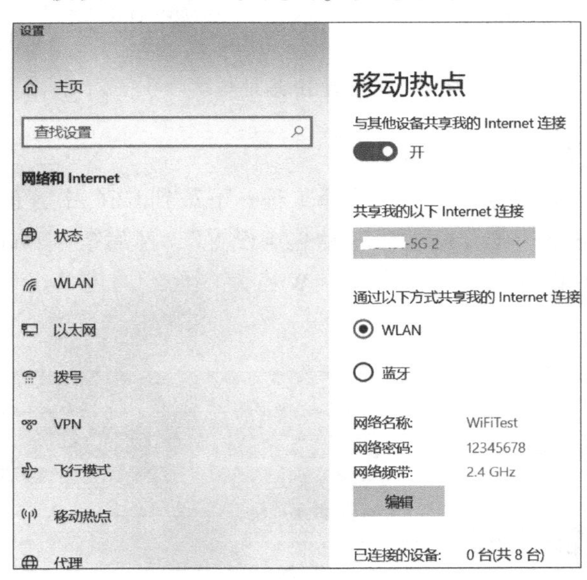

图 8-4　打开与设置移动热点

3. 获取本机 IP 地址

在屏幕左下方的搜索栏中，输入“DOS”三个字母，然后按〈Enter〉键，进入 DOS 命令行界面。输入命令“ipconfig”获取本机 IP 地址，如图 8-5 所示。这是本实验使用的 IPv4 地址，请记下这个地址，以便在终端程序中设置这个地址，方可进行通信。

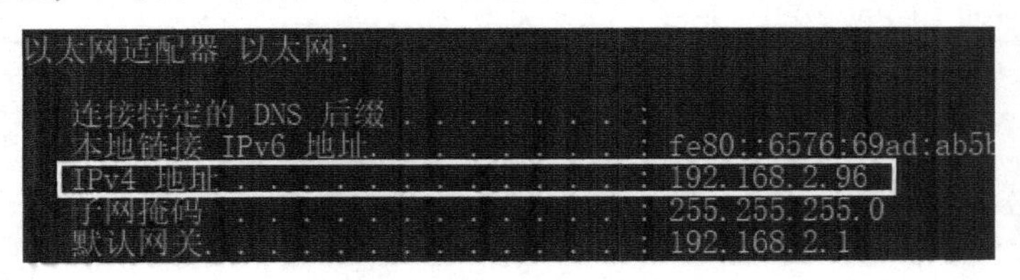

图 8-5　获取本机 IP 地址示意图

8.3.2　修改终端程序并下载运行

1. 修改终端程序的服务器及 WiFi 配置

复制电子资源“..\03-Software\CH08-WiFi-IoT”文件夹中的 User-WiFi 程序（注意：文件名中有芯片型号）为 User-WiFi-Test1，修改这个程序进行测试使用。利用 AHL-GEC-IDE 打开这个工程，修改“\07_AppPrg\includes.h”中的 flashInit 数组，将终端模板工程中的服务器 IP 地址修改为本机 IP 地址，端口号的设置范围为 0~65535（80 和 443 不能使用，可自定义，不重复即可）。按照图 8-6 所示，IP 地址改为 192.168.2.96，端口号设为 32225，同时将 WiFi 名称、WiFi 密码分别修改为 WiFiTest、12345678。

```
//②服务器信息
//012345678901234  服务器IPserverIP[15]
 "192.168.2.96",              //CS-Monitor使用
//01234 服务器端口号serverPort[5]
 "32225",                     //CS-Monitor监听的端口号
 //③用户存入flash的信息
 30,                          //发送频率
 0,                           //复位次数
 "U0",                        //命令
 "WiFiTest",                  // WiFi的SSID (WiFi名称)
 "12345678"                   // WiFi的密码 (WiFi密码)
 }
```

图 8-6　修改 IP 地址与端口号

2. 编译下载运行修改后的终端程序

删除工程中的原 Debug 文件夹，重新编译工程，下载到 GEC 中，正常情况如图 8-7 所示。此时，在屏幕左下方的搜索栏中，输入“移动热点设置”，然后按〈Enter〉键，进入移动热点界面，可以看到已连接的设备有 1 台，这说明 WiFi 终端已经通过 WiFi 通信的方式连接上笔记本计算机的移动热点了。

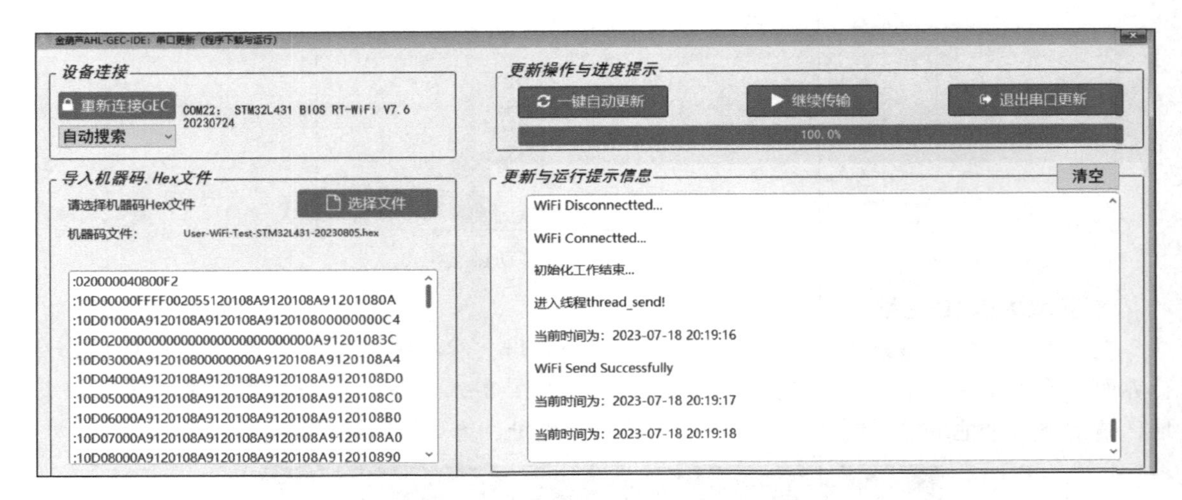

图 8-7　终端程序下载后运行正常

8.3.3　修改并运行 CS-Monitor 程序

1. 修改 CS-Monitor 程序中的端口号

复制电子资源“..\03-Software\CH08-WiFi-IoT”文件夹中的 CS-Monitor 程序为 CS-Monitor-Test1，修改这个程序进行测试使用。双击该文件夹下解决方案文件 AHL-IoT.sln，打开工程，修改 04_Resource\AHL.xml 中的本地端口号，与终端设置的一致即可。本例面向终端的端口号为 32225，面向 HCI（网页、手机 App、微信小程序）的端口号为 32226。面向终端的 IP 地址使用 local，面向 HCI 的 IP 地址使用 ws://0.0.0.0，如图 8-8 所示。

2. 修改上传数据时间间隔

每隔 30 s CS-Monitor 会收到来自 WiFi 终端的数据，正常显示如图 8-9 所示。在收到数据后的短时间内可以更改上传间隔，例如改为 10 s，单击“回发”按钮，再单击“清空”按钮，下次的数据时间间隔已经改变。

```
<!--【2】【根据需要进行修改】指定HCICom连接与WebSocket连接-->
<!--【2.1】指定连接的方式和目标地址-->
<!--例<1>：监听本地的30330端口时，使用"local:"进行标志"local:30330"-->
<!--例<2>：连接116.62.63.164的30330号端口时 "116.62.63.164:30330"-->
<HCIComTarget>local:32225</HCIComTarget>
<!--【2.2】指定WebSocket服务器地址和端口号与二级目录地址-->
<!--【2.2.1】指定WebSocket服务器地址和端口号-->
<WebSocketTarget>ws://0.0.0.0:32226</WebSocketTarget>
<!--【2.2.2】指定WebSocket服务器二级目录地址-->
<WebSocketDirection>/wsServices/</WebSocketDirection>
```

图 8-8　修改 CS-Monitor 端口号

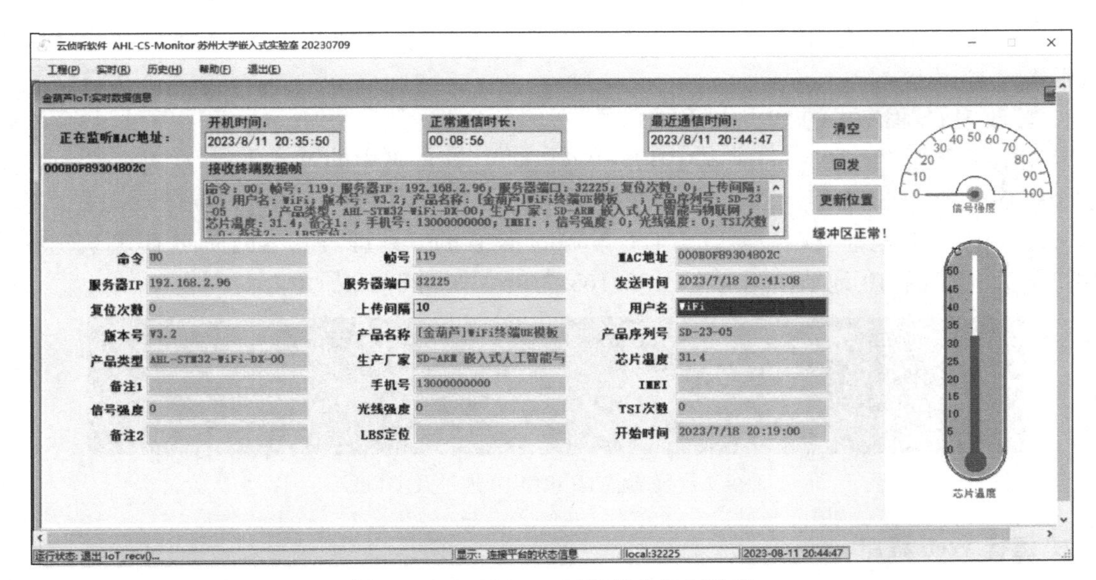

图 8-9　CS-Monitor 正常接收数据界面

3. 查看数据库与表的简单方法

数据存放在数据库文件 AHL-IoT. mdf 中，该文件处于工程文件夹的“..\04_Resource\DataBase”文件夹内。该文件夹内还有另一文件 AHL-IoT_log. ldf，它是自动生成的日志文件。

AHL-IoT. mdf 内含几张数据表，每张数据表都由行和列组成，每一列称为一个字段，每一行称为一个记录。在 C#开发环境中简单地查看数据库与表的内容的步骤如下。

1）**打开 CS-Monitor 工程，利用“解决方案资源管理器”查看程序。**若未出现“解决方案资源管理器”窗口，则单击“视图”→“解决方案资源管理器”命令。

2）**查看数据库。**在“服务器资源管理器”窗口中右击“数据连接”，在弹出的菜单中单击“添加连接”命令，弹出“添加连接”对话框。将“数据源”改为“Microsoft SQL Server 数据库文件”，单击“浏览”按钮，根据工程路径选择需要查看的数据库文件“AHL-IoT. mdf”后，单击“测试连接”按钮。此时会弹出“测试连接成功”对话框，单击“确定”按钮可退出该对话框。然后单击“添加连接”对话框下部的“确定”按钮。此时“服务器资源管理器”中的“数据连接”下会出现“AHL-IoT. mdf”，这就是要查看的数据库了。

3）**查看数据内的表。**单击“AHL-IoT. mdf”前的小箭头“▷”，出现“▷ 表 ▷”等栏目，再单击“ 表”前的小箭头▷，即可展开表，显示其中所含的内容。

可以看到，AHL-IoT 所含的三张表的名字分别为 Device（设备信息表）、Down（下行数据表)、Up（上行数据表）。

以查看数据表 Up 为例，右击“Up”，在弹出的快捷菜单中单击“显示表数据”命令，即可显示 Up 表中的数据。

也可以采用 SQL（结构化查询语言）进行查询。步骤如下：右击“Up”，在弹出的菜单中单击“新建查询”命令，在弹出的对话框中输入“select * from Up”命令，单击对话框左上角的▶按钮，执行 SQL 语句，即可实现数据查询。

8.3.4 修改并运行 Web 程序

在 CS-Monitor 程序正确运行的前提下，有关数据会进入数据库，CS-Monitor 程序利用数据库服务 Web 程序。

1. 修改 Web 程序中的 IP 地址及端口号

复制电子资源“..\03-Software\CH08-WiFi-IoT”文件夹中的 Web 程序为 Web-Test1，修改这个程序进行测试使用。双击该文件夹下解决方案文件 US-Web.sln，打开工程，修改 Web.config 中的 IP 地址及端口号，与 CS-Monitor 设置的一致即可。本例面向 HCI（如网页）的端口号为 32226，IP 地址使用 ws://192.168.2.96，如图 8-10 所示。

```
<!--更改此处的value为自己的服务器域名加端口号-->
<!--<add key="connectionPathString" value="ws://suda-mcu.com:38967/wsServicesForExample"/>-->
<add key="connectionPathString" value="ws://192.168.2.96:32226/wsServices"/>
<!--<add key="connectionPathString" value="wss://suda-mcu.com/wsServicesForExample"/>-->
<!--用于网页显示，更改连接地址的时候一起更改-->
<add key="connectionPathString1" value="192.168.2.96:32226"/>
```

图 8-10　修改 Web 程序 IP 地址及端口号

2. 运行 Web 程序

在 CS-Monitor 正确运行及 Web.config 中的 IP 地址及端口号正确设置的前提下，双击“IIS Express”（浏览器）进入金葫芦 WiFi 网页。单击“实时数据”选项卡，在其界面中可见每隔 30 s Web 会收到来自 CS-Monitor 的数据，正常显示如图 8-11 所示。

图 8-11　Web 正常接收数据界面

8.3.5　新增一个物理量

首先将电子资源"..\03-Software\CH08-WiFi-IoT"文件夹中的 User-WiFi-Test1 程序（注意芯片型号）复制为 User-WiFi-Test2，修改这个程序进行测试使用，然后按照下面的步骤完成 User-WiFi-Test2 的"照葫芦画瓢"，以实现对蓝灯状态的控制。

1. 修改终端程序

1）**添加变量**。打开 User-WiFi-Test2 样例工程，找到 07_AppPrg 文件夹下的 includes.h 头文件，在 UserData 结构体的注释"//【画瓢处】-用户自定义添加数据"下添加变量。

```
//【画瓢处】-用户自定义添加数据
uint8_t light_state ;                              //蓝灯状态变量
```

2）**初始化蓝灯**。在 thread_init.c 的初始化处初始化蓝灯。

```
//【画瓢处 1】-初始化
gpio_init(LIGHT_BLUE,GPIO_OUTPUT,LIGHT_ON);      //初始化蓝灯
```

在 userData_init 函数中，初始化蓝灯状态变量。

```
//【画瓢处 2】-初始化蓝灯状态变量
data->light_state = 0 ;
```

3）**控制红灯闪烁**。在 thread_send.c 文件中的注释"//【画瓢处 3】-控制蓝灯"处，添加根据接收到的状态变量控制蓝灯语句。

```
//【画瓢处 3】-控制蓝灯
//-----------------------------------------------------------------
if (gUserData.light_state==0)
    gpio_set(LIGHT_BLUE,LIGHT_ON);
else
    gpio_set(LIGHT_BLUE,LIGHT_OFF);
//-----------------------------------------------------------------
```

4）**编译并下载修改后的终端程序**。删除工程中的原 Debug 文件夹，重新编译修改后的终端程序，下载到 GEC 中运行即可。至此，终端"画瓢"程序已经修改完毕。下面介绍对 CS-Monitor"画瓢"程序的修改过程。

2. 修改 CS-Monitor

将"..\03-Software\CH08-WiFi-IoT"文件夹中的 CS-Monitor-Test1 程序复制为 CS-Monitor-Test2，修改这个程序进行测试使用。通过在 CS-Monitor 的 AHL.xml 文件中增加一个可写类型的小灯控制字段，达到控制小灯状态的目的。

利用 Visual Studio 2022 打开 CS-Monitor-Test2 模板程序，按照以下步骤进行修改。

1）**添加变量名和显示名**。为了更具有直观性，在 CS-Monitor 中新增一栏，用于存储小灯信息的变量及显示名。可以在 AHL.xml 文件中搜索"画瓢处"，确认"画瓢处"的位置。以下为在 AHL.xml 文件中新增代码的具体实现。

```
<!--【画瓢处 1】-此处可按需要增删变量，注意与 MCU 端帧结构保持一致-->
<!--【新增小灯】-添加显示新增小灯的字段-->
<var>
  <name>light_state</name>
  <type>byte</type>
  <otherName>蓝灯状态</otherName>
```

```
    <wr>write</wr>
</var>
```

2）**添加该变量至命令“U0”中**。在 AHL.xml 文件中，将新增变量 light_state 添加至命令“U0”中。可以在 AHL.xml 文件中搜索“【画瓢处】-添加该变量至命令‘U0’”进行画瓢处的确认。

```
<!--【根据需要进行修改】通信帧中的物理量，注意与 MCU 端的帧结构保持一致-->
<!--【画瓢处】-【新增小灯】添加变量至命令 U0-->
    <commands>
            <A0>cmd,equipName,equipID,equipType,vendor,productTime,userName,phone,serverIP,serverPort,sendFrequencySec,resetCount</A0>
        …(此部分内容省略)
            <B3>cmd,sendFrequencySec,resetCount</B3>
            <U0>cmd,sn,IMSI,serverIP,serverPort,currentTime,resetCount,sendFrequencySec,userName,softVer,equipName,equipID,equipType,vendor,mcuTemp,surpBaseInfo,phone,IMEI,signalPower,bright,touchNum,surplusInfo,lbs_location,startTime,light_state </U0>
    …(此部分内容省略)
    </commands>
```

3. 运行 CS-Monitor 测试控制蓝灯

添加完成后运行 CS-Monitor，出现图 8-12 所示的结果，界面中自动增加了一个“蓝灯状态”文本框。在“蓝灯状态”文本框中输入 1，单击“回发”按钮，发开板上的蓝灯会亮起；等下轮数据上来后，若输入 0 再单击“回发”按钮，则可关闭蓝灯。由此可体会到如何增加一个物理量，以及数据的双向通信。

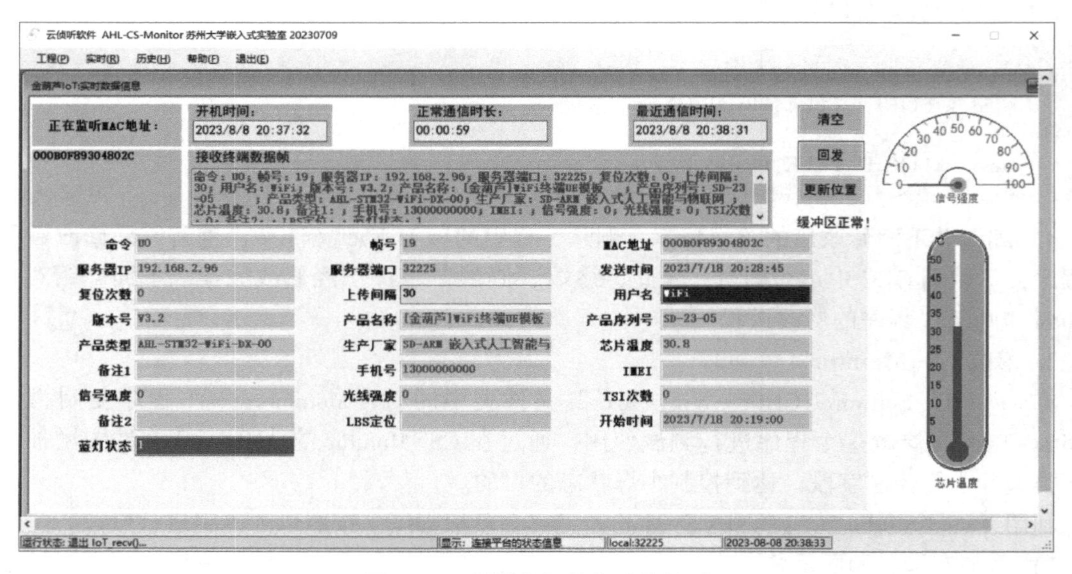

图 8-12　新增蓝灯状态后的界面

8.4 在公网下验证 WiFi 通信过程

8.4.1 内网穿透

在 WiFi 的通信模型中，终端的数据是直接送向具有固定 IP 地址的计算机的。本书把具有固定 IP 地址的计算机统称为“云平台”。云侦听程序（CS-Monitor）需要运行在云平台上，才能正确接收终端的数据，并建立上下行通信。这里利用苏州大学嵌入式实验室租用的固定 IP 地址“116.62.63.164”（域名为 suda-mcu.com），使用 7000～7009 这 10 个端口服务于本书的教学，这个服务器简称为“苏大云服务器”（如果读者使用自建云服务器，在下面程序中需要将使用的服务器地址和端口号改成自建的云服务器地址和端口号。注意：云服务器、终端、人机交互系统、所用的地址和端口号需要保持一致）。在此服务器上，运行了内网穿透软件快速反向代理（Fast Reverse Proxy，FRP）的服务器端，将固定 IP 地址与端口“映射”到读者的计算机上。下面首先简要介绍 FRP 内网穿透基本原理，然后给出 FRP 客户端配置方法。

1. FRP 内网穿透基本原理

FRP 内网穿透的基本原理可通过图 8-13 来理解。FRP 服务端软件将内网的 CS-Monitor 服务器映射到云服务器的公网 IP 上，接入外网的读者计算机和云服务器一起组成了新的“信息邮局”，为终端与人机交互系统提供服务。此时，客户端程序 CS-Client、Web 程序、微信小程序、终端都可以像访问公网 IP 那样，访问读者计算机上运行的 CS-Monitor 服务器了。

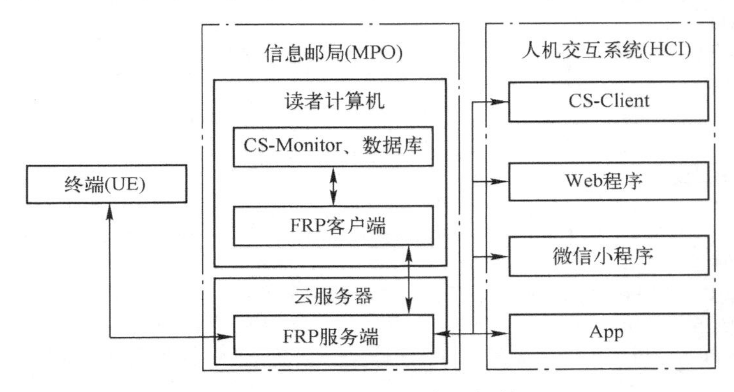

图 8-13　FRP 内网穿透拓扑

2. 利用苏大云服务器搭建读者的临时服务器

CS-Monitor 的运行需要两个端口：一个服务于 UE，另一个服务于 HCI。设面向 UE 的映射名称为“UE_map”，端口号为 32225，则映射到公网的 UE 端口号为 32225，这两个端口号（32225）必须相同；面向 HCI 各客户端的映射名称为“HCI_map”，本机服务侦听的 HCI 端口号为 32226，映射到公网的 HCI 端口号为 32226，这两个端口号（32226）也必须相同。

（1）复制 FRP 文件夹

将电子资源中 frp 文件夹复制到读者计算机的 C 盘根目录下，就完成了 FRP 客户端的安装，即 C 盘有了“C:\frp”文件夹，这就是读者计算机上的 FRP 客户端软件文件夹。

（2）修改客户端配置文件 frpc.ini

在读者计算机上，用记事本打开 C:\frp\frpc.ini 文件并进行修改。有关需要配置字段的说明，见表 8-2。

表 8-2　配置文件字段说明

字段	说　明
server_addr	云服务器 IP 地址，设置为 116.62.63.164（苏大云服务器）
server_port	FRP 服务器侦听端口，可设置 7000～7009 中的一个端口号

（续）

字段	说　明
[xxx_map]	xxx_map 为映射名称，读者可自定义，不重复即可
type	连接类型，设置为 tcp
local_ip	读者计算机的 IP 地址，一般直接使用 0.0.0.0
local_port	本机服务侦听的端口，范围为 0~65535（其中 80 和 443 不能使用），可自定义，不重复即可
remote_port	映射到公网的端口，范围为 0~65535（其中 80 和 443 不能使用），可自定义，不重复即可
#	用于注释说明

C:\frp\frpc.ini 文件的内容如下：

```
#frpc.ini
[common]
server_addr = 116.62.63.164
#FRP 服务器端口，苏大云服务器提供了 7000-7009 十个端口，读者可选用其中一个
server_port = 7000
#UE 的内网穿透配置，可修改，不重复即可，为确保不重复，建议改为 UE_mapXXX
[UE_map]
#连接类型为 tcp
type = tcp
#读者计算机的 IP 地址
local_ip = 0.0.0.0
#本机端口，范围 0-65535（其中 80 和 443 不可使用），可自定义不可重复，与云服务器端口一致
local_port = 32225
#映射到公网的端口，与 local_port 相同（即云服务器端口）
remote_port = 32225
#HCI 的内网穿透配置，可修改，不重复即可，为确保不重复，建议改为 HCI_mapXXX
[HCI_map]
#连接类型为 tcp
type = tcp
#读者计算机的本机 IP 地址
local_ip = 0.0.0.0
#本机端口，范围 0-65535（其中 80 和 443 不能使用），可自定义，不可重复，与云服务器端口一致
local_port = 32226
#映射到公网的端口，与 local_port 相同
remote_port = 32226
```

通过以上配置，就可以把面向终端服务的本地计算机 IP 地址和端口号（0.0.0.0:32225）映射到云服务器 IP 地址和端口号（116.62.63.164:32225），把面向人机交互系统服务的本地计算机 IP 地址和端口号（0.0.0.0:32226）映射到云服务器 IP 地址和端口号（116.62.63.164:32226 或 suda-mcu.com:32226），见表 8-3。

表 8-3　云服务器与本地计算机的映射关系

功能名称	本地计算机 IP 和端口	映射的云服务器 IP 和端口
UE 服务	0.0.0.0:32225	116.62.63.164:32225
HCI 服务	0.0.0.0:32226	116.62.63.164:32226 或 suda-mcu.com:32226

（3）启动 FRP 客户端

双击 C:\frp\frp.bat 文件，启动 FRP 客户端。若成功启动 FRP 客户端，则命令行会提示以

下信息。

```
2023/06/28 15:26:05 [I] [proxy_manager.go:144] [d71694cc7fb24a8d] proxy added: [HCI_maptest UE_maptest]
2023/06/28 15:26:05 [I] [control.go:164] [d71694cc7fb24a8d] [HCI_maptest] start proxy success
2023/06/28 15:26:05 [I] [control.go:164] [d71694cc7fb24a8d] [UE_maptest] start proxy success
```

至此，FRP 客户端启动，读者的临时服务器已经搭建完毕，终端是与 116.62.63.164:32225 这个地址及端口打交道，人机交互系统是与 116.62.63.164:32226 这个地址及端口打交道。

在此情况下，云侦听程序 CS-Monitor 与 8.3.3 小节一致，**即运行 CS-Monitor-Test1 工程**。下面介绍终端模板工程的设置及运行。

8.4.2　修改终端程序并下载运行

复制电子资源“..\03-Software\CH08-WiFi-IoT”文件夹中的 User-WiFi-Test1 程序（注意芯片型号）为 User-WiFi-Test3，设固定 IP 地址为 116.62.63.164。按照 8.3.2 小节中的方法修改服务器地址为“116.62.63.164”，删除工程中的原 Debug 文件夹，重新编译工程，下载到 GEC 中运行即可。

在完成 8.4.1 小节操作并启动了 FRP 客户端后，读者已经拥有了自己的临时云服务器，形象地说，拥有了“一朵临时云”，它是运行 CS-Monitor 程序的基础。在本机运行 CS-Monitor，就如在云服务器上运行 CS-Monitor。

特别提示：此时运行 CS-Monitor，若没有数据，检测一下 FRP 的端口设置是否与云侦听的一致。

8.4.3　修改并运行 Web 程序

复制电子资源“..\03-Software\CH08-WiFi-IoT”文件夹中的 Web 程序为 Web-Test2，修改这个程序进行测试使用。参照 8.3.4 小节，修改 Web.config 中的 IP 地址及端口号为 116.62.63.164:32226 即可。

8.4.4　修改并运行微信小程序

微信小程序的开发环境可从网上下载，方法如下：打开浏览器搜索“微信官方文档”，单击“小程序”→“工具”→“下载”→“稳定版 Stable Build”命令，选择对应的计算机系统版本下载安装即可。

1. 修改微信小程序中的端口号

复制电子资源“..\03-Software\CH08-WiFi-IoT”文件夹中的 Wx-Client 程序为 Wx-Client-Test，修改这个程序进行测试使用。打开微信小程序开发工具，导入样例程序“..\03-Software\CH08-WiFi-IoT\Wx-Client-Test”文件夹，在配置文件 app.js 中修改 04_Resource\AHL.xml 中的端口号，与 CS-Monitor 设置的一致即可。本例面向终端的端口号为 32225，面向人机交互系统的端口号为 32226，如图 8-14 所示。

2. 运行微信小程序

单击上方工具栏中的“编译”命令，进入首页之后单击“实时数据”选项卡进入“实时数据”界面。正常情况下，可以显示终端的实时数据，如图 8-15 所示。

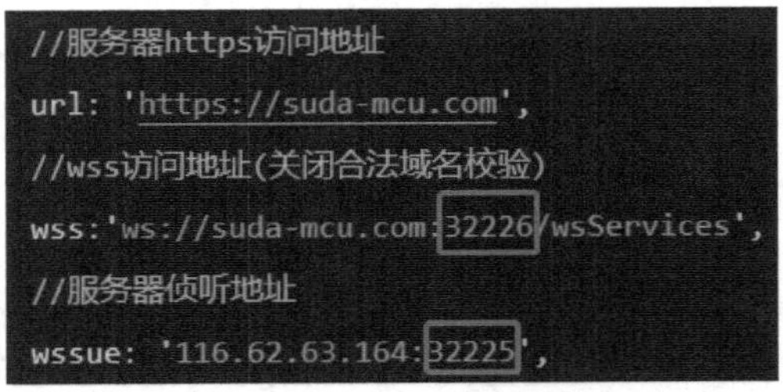

```
//服务器https访问地址
url: 'https://suda-mcu.com',
//wss访问地址(关闭合法域名校验)
wss:'ws://suda-mcu.com:32226/wsServices',
//服务器侦听地址
wssue: '116.62.63.164:32225',
```

图 8-14　修改微信小程序中的端口号

图 8-15　微信小程序“实时数据”界面

3. 数据回发

微信小程序在接收到终端数据的 30 s 内，可修改页面中“上传间隔”文本框中的内容，并单击“回发”按钮。如果终端相应的数据得到更新，则表示微信小程序已将数据回发给终端。此为下行数据过程。

8.4.5　直接在云服务器上运行 CS-Monitor

若有自己的服务器，在运行 8.4.2 小节的终端程序情况下，不需要内网穿透，可直接在服务器上运行 CS-Monitor，则终端数据通过 WiFi 通信进入公网，送向云侦听程序，如图 8-16 所示。

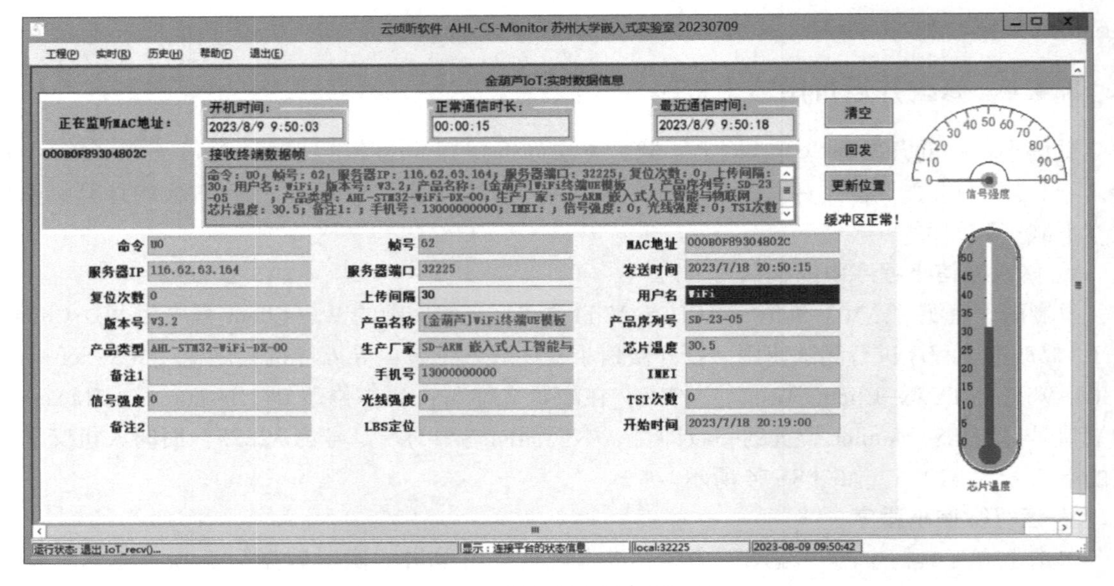

图 8-16　在云服务器上运行 CS-Monitor

这样，CS-Monitor 就可以自然地服务 Web 程序与微信小程序。这是实际项目中的应用场景。

8.5 程序模板简明解析

8.5.1 终端模板

终端（UE）模板工程在“User_WiFi”文件夹。下面介绍 UE 的运行过程，包括主线程启动和分线程运行。

1. UE 硬件接口描述

UE 硬件接口见工程文件夹下的\05_UserBoard\user.h 文件，具体描述见表 8-4。

表 8-4　硬件接口相关介绍

硬件模块	名　称	引脚或模块	备　注
红色小灯	LIGHT_RED	(PTB_NUM｜7)	初始化小灯时，将其设置为 GPIO 输出模式，设置为亮
绿色小灯	LIGHT_GREEN	(PTB_NUM｜8)	
蓝色小灯	LIGHT_BLUE	(PTB_NUM｜9)	
UE 串口	UART_UE	UART_1	
定时器	TIMER_USER	TIMERC	
内部温度采集通道	AD_MCU_TEMP	17	芯片内部温度检测

2. UE 程序功能

1）初始化部分。上电启动后初始化工作主要包括：①给通信模组供电；②初始化红色运行指示灯、Flash 模块，初始化 TIMERC 定时器为 20 ms 中断；③设置系统时间初值为“年-月-日时：分：秒”；④使能 TIMERC 中断。

2）周期性循环功能主要包括：①控制运行指示灯每秒闪烁一次；②根据发送频率，定时向 CS-Monitor 发送数据。

3）中断服务例程功能：①在 TIMERC 中断服务例程中进行计时；②MCU 与通信模组相连接的串口中断，UE 与 CS-Monitor 通信使用该中断。

3. 线程划分

按照功能集中原则、时间紧迫原则及周期执行原则进行线程的划分。

1）初始化线程 thread_init，负责完成上电启动后的初始化工作。

2）发送数据线程 thread_send，功能包括：①控制运行指示灯每秒闪烁一次；②每 30 s 将待发送数据组帧发送给 CS-Monitor。

4. 线程和中断服务例程的执行流程

UE 模板工程在 RT-Thread 系统下实现，执行流程主要由两个线程 thread_init.c、thread_send.c 及中断服务例程三部分组成。因该程序代码量较大，这里只给出各线程的执行流程（见图 8-17），以及中断服务例程的执行流程（见图 8-18）。

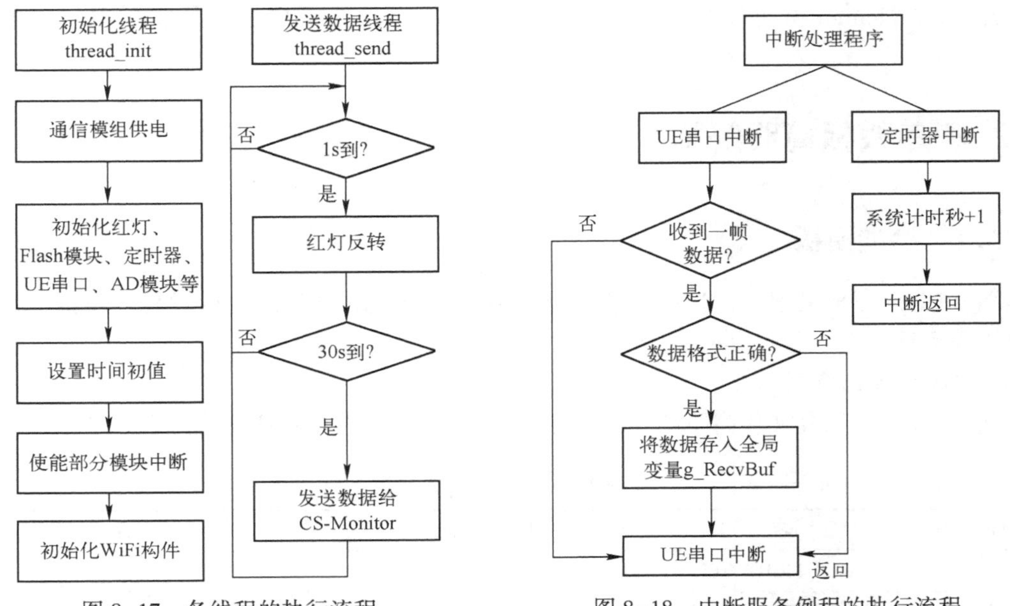

图 8-17　各线程的执行流程　　　　图 8-18　中断服务例程的执行流程

8.5.2　云侦听模板

云侦听程序（CS-Monitor）是指运行在云服务器上的、负责侦听UE和HCI（包括Web程序、微信小程序等）的、并对数据进行接收与存储和处理的程序。可以形象地理解为，云服务器“竖起耳朵”侦听着UE发来的数据，一旦“听”到数据，就把它接收下来，因此称为“CS-Monitor”。云侦听模板工程在“CS-Monitor”文件夹下。

1. 界面加载处理程序

界面加载过程主要包括：①从Program. cs文件的应用程序主入口点main函数处开始执行，创建并启动主窗体FrmMain；②在主窗体加载事件处理程序FrmMain_Load中初始化数据库表结构，然后跳转至实时数据界面frmRealtimeData窗体运行；③在frmRealtimeData窗体中，动态加载界面待显示数据的标签和文本框、侦听面向UE数据的端口、将IoT_rec函数注册为接收UE上行数据的事件处理程序，最后开启WebSocket，服务于UE回发数据，以及CS-Monitor与HCI的数据交互。

2. 云侦听事件处理程序

云侦听事件包括接收UE数据的DataReceivedEvent事件和接收HCI数据的OnMessage事件。DataReceivedEvent事件绑定的处理函数是IoT_recv，其主要功能包括：①解析并显示UE数据；②将数据存入数据库的上行表中；③向HCI广播数据到达信息。OnMessage事件的主要功能包括：①接收HCI发来的数据；②将数据回发给UE。

3. 控件单击事件

控件单击事件包括“清空”和“回发”按钮事件，以及实时曲线、历史数据、历史曲线、基本参数、帮助和退出等菜单栏单击事件。“清空”按钮事件的主要功能是清除实时数据界面的文本框内容。“回发”按钮事件的主要功能是在指定的回发时间内将更新后的数据发送给UE。

8.5.3　Web程序模板

Web程序是一种可以通过浏览器访问的应用程序，其最大的优点就是用户容易对其访问，只需要一台已经联网的计算机即可通过 Web 浏览器进行访问，不需要安装其他软件。通过 Web 访问 WiFi 终端，获取终端数据，实现对终端的干预，是 WiFi 应用开发的重要一环，也是 WiFi 应用开发生态体系的一个重要知识点。本节将介绍如何运行 Web 程序，以及 Web 程序的模板工程结构。

表 8-5 列出了 Web 程序模板的树形工程结构，其物理组织与逻辑组织一致。该模板是在 Visual Studio 2022（简称 VS2022）开发环境下，基于 ASP. NET 制作的。

表 8-5　Web 程序模板的树形工程结构

工程结构	说明
▷ 01_Doc	Web 程序模板工程说明文档文件夹
◢ 02_Class	抽象提取的类
▷ DataBase	数据库操作相关类
▷ FineUI	引用 FineUI 的类
▷ Frame	帧封装类
▷ 03_Web	Web 程序文件夹
◢ 04_Resources	资源引用文件夹
▷ css	样式表文件夹
▷ icon	图标文件夹
▷ images	图片文件夹
▷ js	JavaScript 文件夹

1. 说明文档文件夹

说明文档文件夹（01_Doc）中存放的是“说明 . docx”或者“Readme. txt”文件，它是整个 Web 程序模板工程的描述文件，主要包括项目名称、功能概要、使用说明及版本更新等内容。用户在首次接触 Web 程序模板工程时，通过此文件夹无须打开项目，即可了解项目的实现功能及运行方法。

可修改性：文件夹名不变，文件内容随 Web 程序模板工程的变动而修改。

2. 类文件夹

类文件夹（02_Class）中存放的是 Web 程序模板工程用到的各类工具。例如，SQL 操作类在 Database 文件夹下，界面优化类在 FineUI 文件夹中。

可修改性：文件夹和子文件夹名不变，文件个数和文件内容随 Web 程序模板工程的变动而修改。

3. Web 程序文件夹

Web 程序文件夹（03_Web）中存放的是各个 Web 网页，它们是直接与最终用户交互的界面。任一 Web 网页均包括前台（. aspx 文件）和后台（. aspx. cs 文件）两个部分。前台用于页面的设计，后台负责页面功能的实现。如果 Web 网页上使用了服务器控件，还会自动生成设计器文件（. aspx. designer. cs 文件）。

可修改性：文件夹名不变，文件个数和文件内容随 Web 程序模板工程的变动而修改。

4. 资源引用文件夹

资源引用文件夹（04_Resources）包含所引用的 CSS 文件、JS 文件，以及引用的图片、图标等，用于实现网页的样式设计及动画效果。

可修改性：文件夹名不变，文件个数和文件内容随 Web 程序模板工程的变动而修改。

5. Web 工程配置文件

Web 工程配置文件 Web. config 用于设置 Web 程序模板工程的配置信息，如连接字符串设置，是否启用调试、编译及运行，对 . Net Framework 版本的要求等。

可修改性：文件名不变，文件内容随 Web 程序模板工程的变动而修改。

8.5.4 微信小程序模板

2017 年 1 月 9 日，腾讯公司推出的微信小程序正式上线。这是一种不需要下载安装即可使用的应用。它实现了应用“触手可及”的梦想，用户通过扫一扫或者搜索小程序名即可打开应用。在有网络的情况下，可以在手机或者平板计算机等移动端设备中，借助微信打开微信小程序访问 WiFi 终端的数据，实现对终端数据的查询及控制，具有重要的应用价值。

微信开发者工具是腾讯公司推出的帮助开发者简单和高效地开发和调试微信小程序的一款开发工具，集成了公众号网页调试和小程序调试两种开发模式。使用小程序调试，开发者可以完成小程序的 API 和页面的开发调试、代码查看和编辑、小程序预览和发布等功能。本节将介绍如何运行微信小程序及微信小程序的模板工程结构。

1. 工程结构

微信小程序工程结构共有 5 个文件夹和 4 个文件，它们的功能见表 8-6。

表 8-6 微信小程序工程视图下文件目录结构

目录	名称	功能	备注
doc	文档文件夹	存放文档文件	
images	图片文件夹	存放图片资源	
pages	页面文件夹	存放小程序的页面文件	文件名不可更改
templates	模板文件夹	存放自定义构件模板	
utils	工具文件夹	存放全局的一些 JS 文件	文件名不可更改
app.js	逻辑文件	运行后首先执行的 JS 代码	文件名不可更改，文件内容根据需要修改
app.json	公共设置文件	运行后首先配置的 JSON 文件	
app.wxss	公共样式表	全局的界面美化代码	
project.config.json	工具配置文件	对开发工具进行的配置	文件名不可更改

1）文档文件夹（doc）：主要存放与微信小程序相关的文档文件，如目录结构介绍、项目相关介绍，以及实现的功能等。

2）图片文件夹（images）：用于存放小程序中需要使用的图片资源。

3）页面文件夹（pages）：主要存放微信小程序的各个页面文件，内部包含的每个文件夹都对应于一个页面。

4）模板文件夹（templates）：保存在页面编写过程中使用的自定义构件模板，与普通的页面类似，但是提供一定的方法，可以被 pages 中的页面调用。

5）工具文件夹（utils）：主要用于存放全局使用的一些 JS 文件。公共用到的一些事件处理代码文件可以放到该文件夹下，作为工具用于全局调用。对于允许外部调用的方法，用 module. exports 进行声明后，才能在其他 JS 文件中引用。

6）逻辑文件（app. js）：微信小程序运行后首先执行的 JS 代码，在此页面中对微信小程序进行实例化。该文件是系统的方法处理文件，主要处理程序的生命周期的一些方法，例如，程序刚开始运行时的事件处理等。

7）公共设置文件（app. json）：微信小程序运行后首先配置的 JSON 文件。该文件是系统全局配置文件，包括微信小程序的所有页面路径、界面表现、网络超时时间、底部 Tab 等设置，具体页面的配置在页面的 JSON 文件中单独修改。文件中的 pages 字段用于描述当前小程序所有页面的路径（默认自动添加），只有在此处声明的页面才能被访问，第一行的页面作为首页被启动。

8）公共样式表（app. wxss）：是全局的界面美化代码。需要全局设置的样式可以在此文件中进行编写。

9）工具配置文件（project. config. json）：在开发工具上做的任何配置都会写入 project. config. json 文件，在导入项目时，会自动恢复对该项目的个性化配置。其中包括编辑器的颜色、代码上传时自动压缩等一系列选项。

2. 页面文件夹

在表 8-7 列出了 pages 文件夹下的实时数据页面（data）包含的目录内容。

表 8-7　data 文件夹内容

目　录	名　称	功　能	备　注
pages	页面文件夹	存放页面文件，包含多个子文件夹	名称不可更改
data	单个页面文件夹	页面文件夹，包含实际页面文件	
data.js	事件交互文件	用于微信小程序逻辑交互功能	
data.json	配置文件	用于修改导航栏显示样式等	文件不必更改
data.wxml	页面文件	用于构造前端界面组件内容	
data.wxss	页面美化文件	用于定义页面外观显示参数	文件不必更改

pages 文件夹下包含多个子文件夹，每个子文件夹对应一个页面，每个页面包含四个文件：. wxml 文件是页面文；. js 是事件交互文件，用于实现小程序逻辑交互等功能；. wxss 为页面美化文件，让页面显示得更加美观；. json 为配置文件，用于修改导航栏显示样式等。小程序的每个页面必须有 . wxml 和 . js 文件，其他两种类型的文件可以没有。

注意：文件名称必须与页面的文件夹名称相同，如 index 文件夹下，文件只能是 index. wxml、index. wxss、index. js 和 index. json。

8.6　远程更新终端程序

在实际的应用场景中，为适应需求变化或优化程序功能，有时需要对开发板的用户程序和 BIOS 程序进行升级。基于 WiFi 通信的远程更新功能可以较好地满足这种需求。

8.6.1　远程更新概述

远程更新是通过网络连接，将软件代码从服务器传输到客户端设备中，主要涉及以下几个方面的内容。

1）客户端和服务器通信。远程更新的第一步是建立客户端和服务器之间的通信。客户端通过网络连接到服务器，发送更新请求并接收服务器的响应。

2）验证完整性。在进行远程更新时，验证数据的完整性是非常重要的。客户端会验证从服务器上接收到的更新文件的完整性。

3）更新应用和重启。一旦客户端完成更新文件的接收和验证，它会将更新应用到软件或系统中。根据不同的更新类型，更新可能需要重启设备或重新启动相应的应用程序，以使更新生效。

远程更新功能的设计是一个复杂的工程，涉及程序开发、通信、编码等内容，读者只需要掌握本书提供的远程更新步骤，通过实验了解远程更新的基本过程，以便能在实际中应用即可。

8.6.2　远程更新实现过程

远程更新程序软件为“..\03-Software\CH08-WiFi-IoT\update-pc\updatePC.exe”，可以在服务器上运行，也可以通过内网穿透后在本地计算机上运行。

1）若使用内网穿透，需要启动两个 FRP 客户端，同时开启 32225 与 23335 两个端口，其中 23335 为远程更新固定端口号。

2）需要更新程序的一方，上电启动终端模板程序（即“..\03-Software\CH08-WiFi-IoT\User-WiFi”）。

3）打开“updatePC.exe”远程更新软件，界面如图 8-19 所示。根据本次更新需求选择 BIOS 更新或 User 更新。需要注意的是，在 BIOS 更新过程中，WiFi 终端中的 User 程序会被擦除，所以在 BIOS 更新完成后，需要进一步对 User 程序进行更新。

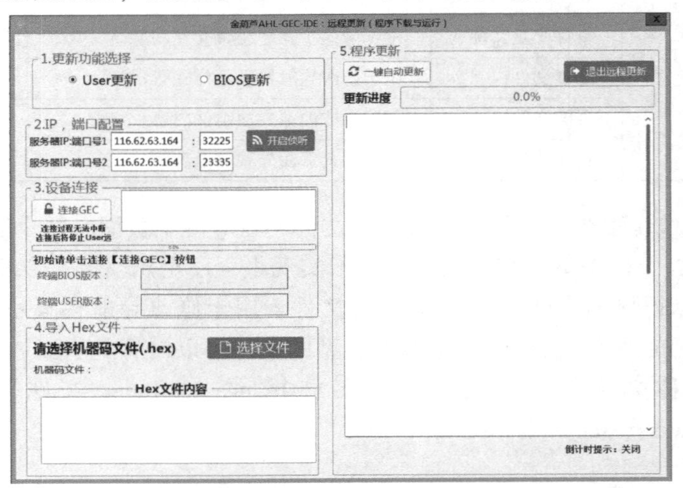

图 8-19　远程更新软件界面

4）输入服务器的 IP 地址，以及和设备进行通信的端口号。本书在文本框中输入的 IP 地址为 116.62.63.164，由上而下分别输入端口号 32225 与 23335。单击“开启侦听”按钮，等待获取 WiFi 终端的 MAC 地址，如图 8-20 所示。

5）成功获取到 WiFi 终端的 MAC 地址后，单击“连接 GEC”按钮，远程更新软件会与该 WiFi 终端建立连接。连接成功界面如图 8-21 所示。

6）单击“选择文件”按钮，导入需要更新的 BIOS 程序或 User 程序的 .hex 文件。单击“一键自动更新”按钮，远程更新软件将选定的 BIOS 程序或 User 程序更新至 WiFi 终端中，如图 8-22 所示。

7）等待数据检测，若出现数据丢失的情况，则会进行丢帧补发，直至程序全部更新完成。若进行 User 更新，则等待更新完成即可；若进行 BIOS 更新，等待 BIOS 更新完成后，继续执行第 6）步，导入 User 程序的 .hex 文件进行更新。更新成功后将进入 User 程序，如图 8-23 所示。

图 8-20　IP 地址及端口号配置界面

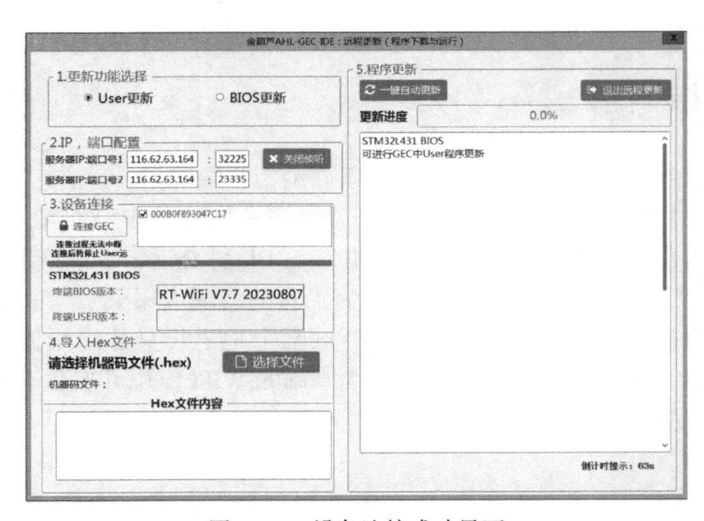

图 8-21　设备连接成功界面

图 8-22　导入 . hex 文件界面

图 8-23　User 程序更新成功界面

8.7　本章小结

本章从技术科学角度，把 WiFi 应用知识体系归纳为终端（UE）、信息邮局（MPO）、人机交互系统（HCI）三个有机组成部分。从应用开发者视角来看，MPO 抽象为固定 IP 地址与端口，从程序角度看就是云侦听程序，HCI 通过 MPO 与 UE 打交道。本章给出了以通用嵌入式计算机 GEC 为基础、以 RT-Thread 实时操作系统为工具的终端应用模板，并给出了云侦听程序模板、Web 程序及微信小程序模板，为“照葫芦画瓢”地进行具体应用提供共性技术，形成了以 GEC 为核心、以构件为支撑、以工程模板为基础的 WiFi 应用开发生态系统，为有效地降低 WiFi 应用开发的技术门槛提供了基础。

习题

1. 简述信息邮局（MPO）的含义与作用。
2. 简述 FRP 内网穿透的原理与作用。
3. 假设你所用的云服务器地址为 10.10.10.116，UE 服务端口号为 23331，HCI 服务端口号为 23332，请问需要修改哪些文件的哪些配置项，才能连通自己的云服务器。
4. 根据本章内容完成云侦听程序部署。
5. 练习一下远程更新功能。

第 9 章　初步理解 RT-Thread 的调度原理

俗话说，知其然还要知其所以然，即不仅要学会在 RTOS 下进行应用程序的开发，还要理解 RTOS 的工作原理。若能理解原理，对应用编程肯定有益处，但不能陷入原理的学习中，而忽视应用编程。本书目标定位在应用编程，所以在原理层面，则把目标确定为“知其然且了解其所以然”，原理服务于应用。本章高度概括 RT-Thread 的基本原理，为应用编程提供理论基础。

9.1　理解 RTOS 所需要的基础知识

RTOS 是直接与硬件打交道的系统软件，理解 RTOS 原理需要了解一些软/硬件基础知识，主要包括 ARM Cortex-M 内核中的主要寄存器、C 语言中的构造类型、编译相关问题、常用数据结构及汇编语言基础等。

9.1.1　CPU 内部寄存器及 ARM Cortex-M 中的主要寄存器

RTOS 在运行过程中需要对 CPU 的寄存器频繁进行操作。本书采用的是基于 ARM Cortex-M 系列内核的微控制器，了解其 CPU 内部主要寄存器的作用是理解 RTOS 的基本原理的前提条件。计算机所有指令运行均由 CPU 完成，CPU 内部寄存器负责信息暂存，其数量与处理能力直接影响 CPU 的性能。下面先从一般意义上阐述寄存器的基本分类，随后详细介绍 ARM Cortex-M4 微处理器的内部寄存器。

1. CPU 内部寄存器的基本分类

从共性知识角度及功能来看，CPU 内至少应该有数据缓冲类寄存器、栈指针类寄存器、程序指针类寄存器、程序运行状态类寄存器及其他功能寄存器。

（1）数据缓冲类寄存器

CPU 内数量最多的寄存器是具有数据缓冲用途的寄存器，名字用寄存器英文 Register 的首字母加数字组成，如 R0、R1、R2 等。对于不同的 CPU，其种类不同。

（2）栈指针类寄存器

在计算机编程中，有全局变量与局部变量的概念。从存储器角度看，对一个具有独立功能的完整程序来说，全局变量具有固定的地址，每次读写都是那个地址。而在一个子程序中开辟的局部变量则不同，用 RAM 中的哪个地址是不固定的，采用“后进先出”（Last In First Out, LIFO）原则使用一段 RAM 区域，这段 RAM 区域被称为栈区[㊀]。它有个栈底的地址，是一开始

㊀ 这里的栈，其英文单词为 Stack，在单片微型计算机中其基本含义是 RAM 中存放临时变量的一段区域。在现实生活中，Stack 的原意是指临时叠放货物的地方，但是叠放的方法是一个一个码起来的，最后放好的货物，必须先取下来，前面放的货物才能取出，否则无法取出。在计算机科学的数据结构学科中，栈是允许在同一端进行插入和删除操作的特殊线性表。允许进行插入和删除操作的一端称为栈顶（Top），另一端为栈底（Bottom）。栈底固定，而栈顶浮动。栈中元素的个数为零时称为空栈。插入一般称为进栈（PUSH），删除则称为出栈（POP）。栈也称为后进先出表。

就确定的，当有数据进栈或出栈时，地址会自动连续变动[⊖]，不然就放到同一个存储地址中了。CPU 中需要有个地方保存这个不断变化的地址，这就是栈指针（Stack Pointer，SP）寄存器。

（3）程序指针类寄存器

计算机的程序存储在存储器中，CPU 中有个寄存器指示将要执行的指令在存储器中的位置，这就是程序指针类寄存器。在许多 CPU 中，它的名字叫作程序计数寄存器（Program Counter，PC）。它负责告诉 CPU 将要执行的指令在存储器的什么地方。

（4）程序运行状态类寄存器

CPU 在计算过程中，会出现诸如进位、借位、结果为 0、溢出等情况，CPU 内需要有个地方把它们保存下来，以便下一条指令结合这些情况进行处理，这类寄存器就是程序运行状态类寄存器。不同 CPU 其名称不同，有的叫作标志寄存器，有的叫作程序状态字寄存器等，大同小异。在这类寄存器中，常用单个英文字母表示其含义，例如，N 表示有符号运算中结果为负（Negative）、Z 表示结果为零（Zero）、C 表示有进位（Carry）、V 表示溢出（Overflow）等。

（5）其他功能寄存器

不同 CPU 中，除了具有数据缓冲、栈指针、程序指针、程序运行状态类等寄存器之外，还有表示浮点数运算、中断屏蔽等的寄存器。

2. ARM Cortex-M 中的主要寄存器

ARM Cortex-M 处理器的寄存器主要有 R0～R15 及三个特殊功能寄存器，如图 9-1 所示。其中 R0～R12 为通用寄存器，R13 为堆栈指针（Stack Pointer，SP），R14 是连接寄存器，R15 为程序计数寄存器（Program Counter，PC）。特殊功能寄存器有预定义的功能，而且必须通过专用的指令来访问。

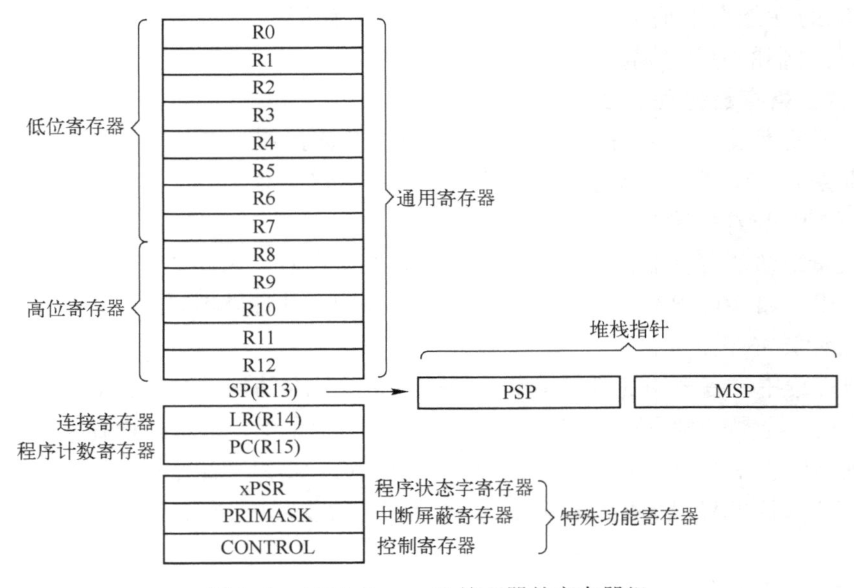

图 9-1　ARM Cortex-M 处理器的寄存器组

⊖ 地址变动方向是增还是减，取决于不同计算机系统。

（1）通用寄存器 R0~R12

R0~R12 是具有“通用功能”的 32 位通用寄存器，用于数据操作，复位后初始值为随机值。32 位的 Thumb2㊀指令可以访问所有通用寄存器，但绝大多数 16 位 Thumb 指令只能访问 R0~R7。因而 R0~R7 又被称为低位寄存器，所有指令都能访问它们；R8~R12 被称为高位寄存器，只有很少的 16 位 Thumb 指令能访问它们，32 位的指令则不受限制。

（2）堆栈指针寄存器 R13（SP）

R13 是堆栈指针寄存器（SP）。在 ARM Cortex-M 处理器中共有两个堆栈指针：主堆栈指针（MSP）和进程堆栈指针（PSP）。若用户用到其中一个，另一个必须用特殊指令（MRS、MSR 指令）来访问，因此任一时刻只能使用其中的一个。MSP 是复位后默认使用的堆栈指针，它可由操作系统内核、中断服务例程及所有需要特权访问的应用程序使用。PSP 用于常规的应用程序（不处于中断服务例程中时），该堆栈一般供用户的应用程序使用。需要注意的是，并不是每个应用工程都要用到这两个堆栈指针，简单的应用程序只用 MSP 就够了，并且 PUSH 指令和 POP 指令默认使用 MSP（有时 MSP 直接记为 SP）；在线程模式下一般需要使用 PSP，PSP 用于保存和恢复线程切换时候的上下文。另外，堆栈指针的最低两位永远是 0，即堆栈总是 4 字节对齐的。

（3）连接寄存器 R14（LR）

当调用一个子程序时，由 R14 存储返回地址。不像大多数其他处理器，ARM 为了减少访问内存的次数㊁，把返回地址直接放入 CPU 内部寄存器中，这样足以使很多只有一级子程序调用㊂的代码无须访问内存（堆栈空间），从而提高了子程序调用的效率。如果多于一级，则需要把前一级的 R14 值压到堆栈里；在其他情况下，可以将 R14 作为通用寄存器使用。

（4）程序计数寄存器 R15（PC）

R15 是程序计数器（Program Counter，PC），其内容为当前正在执行指令的地址。如果修改它的值，就能改变程序的执行流程（很多高级技巧隐藏其中）。在汇编代码中，也可以使用名字“PC”来访问它。因为 ARM Cortex-M 内部使用了指令流水线，读 PC 时返回的值是当前指令的地址+4。ARM Cortex-M 中的指令至少是半字对齐的，所以 **PC 的第 0 位总是 0。然而，**在使用一些跳转或读存储器指令更新 PC 时，必须保证新的 PC 值是奇数（即第 0 位为 1），以表明这是在 Thumb 状态下执行；倘若第 0 位为 0，则被视为企图转入 ARM 模式，ARM Cortex-M 将触发错误异常。**在理解 RTOS 运行流程时，关键点就是要理解 PC 的值是如何变化的，PC 的值的变化反映了程序的真实流程。**

（5）特殊功能寄存器

ARM Cortex-M 内核中有一组特殊功能寄存器，包括程序状态字寄存器（xPSR）、中断屏蔽寄存器（PRIMASK）和控制寄存器（CONTROL）。

1）程序状态字寄存器（xPSR）。程序状态字寄存器在内部分为以下几个子寄存器：APSR、IPSR、EPSR。用户可以使用 MRS 和 MSR 指令访问。三个子寄存器既可以单独访问，也可以两个或三个组合到一起访问。使用三合一方式访问时，把该寄存器称为 xPSR，见表 9-1。

㊀ Thumb 是 RAM 架构中的一种 16 位指令集，而 Thumb2 则是 16/32 位混合指令集。

㊁ 访问内存的操作往往要 3 个以上指令周期，带内存管理单元（Memory Management Unit，MMU）和 Cache 的操作周期就更加不确定了。

㊂ 实践表明，相当一部分子程序调用为一级子程序调用，这样做成效显著。

表 9-1　ARM Cortex-M 程序状态字寄存器（xPSR）

数据位	31	30	29	28	27~25	24	23~10	9	8~6	5	4	3	2	1	0
APSR	N	Z	C	V											
IPSR	0	0	0	0	000	0	0	0	000	中断号					
EPSR						T									
xPSR	N	Z	C	V		T				中断号					

应用程序状态寄存器（Application Program Status Register，APSR）：显示算术运算单元（ALU）状态位的一些信息。**负标志**（N）：若结果最高位为 1，相当于有符号运算中结果为负，则置 1，否则清 0。**零标志**（Z）：若结果为 0，则置 1，否则清 0。**进位标志**（C）：若有向最高位进位（减法为借位），则置 1，否则清 0。**溢出标志**（V）：若溢出，则置 1，否则清 0。**程序运行过程中这些位会根据运算结果而改变，在条件转移指令中也可被用到。**复位之后，这些位是随机的。

中断程序状态寄存器（Interrupt Program Status Register，IPSR）：该寄存器的 D31~D6 位为 0，D5~D0 位存放中断号（异常号）。每次中断完成之后，处理器会实时更新 IPSR 内的中断号字段，只能被 MRS 指令读写。在进程模式下，值为 0；在 Handler 模式[⊖]下，存放当前中断的中断号。复位之后，寄存器被自动清 0。复位中断号是一个暂时值，复位时是不可见的。

执行程序状态寄存器（Execution Program Status Register，EPSR）：T 标志位指示当前运行的是否是 Thumb 指令，该位是不能被软件读取的，运行复位向量对应的代码时置 1。如果该位为 0，会发生硬件异常，进入硬件中断服务例程。

2）中断屏蔽寄存器（PRIMASK）。中断屏蔽寄存器的 D31~D1 位保留，只有 D0 位（记为 PM）有意义。当该位被置位时，除不可屏蔽中断和硬件错误之外的所有中断都被屏蔽。使用特殊指令（如 MSR、MRS）可以访问该寄存器；还有一条称为改变处理器状态的特殊指令 CPS 也能访问它，只在实时线程中才会用到。对可屏蔽中断，有开、关总中断的汇编指令："CPSID　i" 将 D0 位置 1（关总中断）；"CPSIE　i" 将 D0 位清 0（开总中断）。其中，i 代表 IRQ 中断，IRQ 是非内核中断请求（Interrupt Request）的缩写。这两个指令，由于没有高级语言对应，一般用宏定义于编程之中。

3）控制寄存器（CONTROL）。内核中的控制寄存器的 D31~D2 位保留，D1、D0 位含义如下。

D1（SPSEL）为堆栈指针选择位。默认 SPSEL=0，使用主堆栈指针（MSP）为当前堆栈指针（复位后为默认值）；SPSEL=1，在线程模式下，使用进程堆栈指针（PSP）为当前堆栈指针。在特权、线程模式下，软件可以更新 SPSEL 位。在 Handler 模式下，写该位无效。复位后，控制寄存器清 0。可用 MRS 指令读该寄存器，用 MSR 指令写该寄存器。非特权访问无效。

D0（nPRIV）的含义是，如果权限扩展，在线程模式下定义执行特权：nPRIV= 0，线程模式下可以特权访问；nPRIV=1，在线程模式下无特权访问。在 Handler 模式下，总是特权访问。

⊖ 这里的 Handler 模式是指中断（异常）的模式。进程模式则指通常的程序执行过程，在一些操作系统下，也称线程模式。

9.1.2　C 语言概述

1978 年，美国电话电报公司（AT&T）贝尔实验室正式发表了 C 语言。由 B. W. Kernighan 和 D. M. Ritchit 合著的 *THE C PROGRAMMING LANGUAGE* 一书（被简称为《K&R》），也有人称之为 K&R 标准。但是，在《K&R》中并没有定义一个完整的标准 C 语言，后来由美国国家标准学会在此基础上制定了一个 C 语言标准，于 1983 年发表，通常称之为 ANSI C 或标准 C。

本节简要介绍 C 语言的基本知识，特别是和嵌入式系统编程密切相关的基本知识。未学过标准 C 语言的读者可以通过本节了解 C 语言，以后通过实例逐步积累相关编程知识。对 C 语言很熟悉的读者，可以跳过本节。

1. 基本数据类型

C 语言的数据类型有基本类型和构造类型两大类。**基本类型**见表 9-2。

表 9-2　C 语言的基本数据类型

数据类型		简明含义	位数	字节数	值　域
字符型	signed char	有符号字符型	8	1	-128～+127
	unsigned char	无符号字符型	8	1	0～255
整型	signed short	有符号短整型	16	2	-32768～+32767
	unsigned short	无符号短整型	16	2	0～65535
	signed int	有符号短整型	16	2	-32768～+32767
	unsigned int	无符号短整型	16	2	0～65535
	signed long	有符号长整型	32	4	-2147483648～+2147483647
	unsigned long	无符号长整型	32	4	0～4294967295
实型	float	浮点型	32	4	$\pm3.4\times(10^{-38}\sim10^{+38})$
	double	双精度型	64	8	$\pm1.7\times(10^{-308}\sim10^{+308})$

构造类型有数组、结构、联合、枚举、指针和空类型。结构和联合是基本数据类型的组合。枚举是一个被命名为整型常量的集合。空类型字节长度为 0，它主要有两个用途：一是明确地表示一个函数不返回任何值；二是产生一个同一类型指针（可根据需要动态地给其分配内存）。

嵌入式中还常用到 register 变量，下面对其进行简要说明。一般情况下，变量（包括全局变量、静态变量、局部变量）的值是存放在内存中的。CPU 访问变量要通过三总线（地址总线、数据总线、控制总线），如果有一些变量使用频繁，则为存取变量的值要花不少时间。为提高执行效率，C 语言允许使用关键字“register”声明，将局部变量的值放在 CPU 的寄存器中，需要用时直接从寄存器取出参与运算，不必再到内存中存取。关于 register 类型变量的使用需要注意：①只有局部变量和形式参数可以使用 register 变量，其他（如全局变量、静态变量）不能使用 register 类型变量；②一个计算机系统中的寄存器数目是有限的，不能定义任意多个寄存器变量。

2. 运算符

C 语言的运算符分为算术、逻辑、关系和位运算及一些特殊的操作符。表 9-3 列出了 C 语言常用运算符及使用方法举例。

表 9-3　C 语言常用运算符

<table>
<tr><th>运算类型</th><th>运算符</th><th>简明含义</th><th>举　　例</th></tr>
<tr><td rowspan="2">算术运算</td><td>+ − * /</td><td>加、减、乘、除</td><td>N=1，N=N+5 等同于 N+=5，N=6</td></tr>
<tr><td>%</td><td>取模运算</td><td>N=5，Y=N%3，Y=2</td></tr>
<tr><td rowspan="3">逻辑运算</td><td>||</td><td>逻辑或</td><td>A=TRUE，B=FALSE，C=A || B，C=TRUE</td></tr>
<tr><td>&&</td><td>逻辑与</td><td>A=TRUE，B=FALSE，C=A&&B，C=FALSE</td></tr>
<tr><td>!</td><td>逻辑非</td><td>A=TRUE，B=!A，B=FALSE</td></tr>
<tr><td rowspan="6">关系运算</td><td>></td><td>大于</td><td>A=1，B=2，C=A>B，C=FALSE</td></tr>
<tr><td><</td><td>小于</td><td>A=1，B=2，C=A<B，C=TRUE</td></tr>
<tr><td>>=</td><td>大于等于</td><td>A=2，B=2，C=A>=B，C=TRUE</td></tr>
<tr><td><=</td><td>小于等于</td><td>A=2，B=2，C=A<=B，C=TRUE</td></tr>
<tr><td>==</td><td>等于</td><td>A=1，B=2，C=(A==B)，C=FALSE</td></tr>
<tr><td>!=</td><td>不等于</td><td>A=1，B=2，C=(A!=B)，C=TRUE</td></tr>
<tr><td rowspan="6">位运算</td><td>~</td><td>按位取反</td><td>A=0b00001111，B=~A，B=0b11110000</td></tr>
<tr><td><<</td><td>左移</td><td>A=0b00001111，A<<2=0b00111100</td></tr>
<tr><td>>></td><td>右移</td><td>A=0b11110000，A>>2=0b00111100</td></tr>
<tr><td>&</td><td>按位与</td><td>A=0b1010，B=0b1000，A&B=0b1000</td></tr>
<tr><td>^</td><td>按位异或</td><td>A=0b1010，B=0b1000，A^B=0b0010</td></tr>
<tr><td>|</td><td>按位或</td><td>A=0b1010，B=0b1000，A | B=0b1010</td></tr>
<tr><td rowspan="2">增量和减量运算</td><td>++</td><td>增量运算符</td><td>A=3，A++，A=4</td></tr>
<tr><td>−−</td><td>减量运算符</td><td>A=3，A−−，A=2</td></tr>
<tr><td rowspan="10">复合赋值运算</td><td>+=</td><td>加法赋值</td><td>A=1，A+=2，A=3</td></tr>
<tr><td>−=</td><td>减法赋值</td><td>A=4，A−=4，A=0</td></tr>
<tr><td>>>=</td><td>右移位赋值</td><td>A=0b11110000，A>>=2，A=0b00111100</td></tr>
<tr><td><<=</td><td>左移赋值</td><td>A=0b00001111，A<<=2，A=0b00111100</td></tr>
<tr><td>*=</td><td>乘法赋值</td><td>A=2，A*=3，A=6</td></tr>
<tr><td>|=</td><td>按位或赋值</td><td>A=0b1010，A|=0b1000，A=0b1010</td></tr>
<tr><td>&=</td><td>按位与赋值</td><td>A=0b1010，A&=0b1000，A=0b1000</td></tr>
<tr><td>^=</td><td>按位异或赋值</td><td>A=0b1010，A^=0b1000，A=0b0010</td></tr>
<tr><td>%=</td><td>取模赋值</td><td>A=5，A%=2，A=1</td></tr>
<tr><td>/=</td><td>除法赋值</td><td>A=4，A/=2，A=2</td></tr>
<tr><td rowspan="2">指针和地址运算</td><td>*</td><td>取内容</td><td>A=*P</td></tr>
<tr><td>&</td><td>取地址</td><td>A=&P</td></tr>
<tr><td rowspan="5">输出格式转换</td><td>0x</td><td>无符号十六进制数</td><td>0xa=0d10</td></tr>
<tr><td>0o</td><td>无符号八进制数</td><td>0o10=0d8</td></tr>
<tr><td>0b</td><td>无符号二进制数</td><td>0b10=0d2</td></tr>
<tr><td>0d</td><td>带符号十进制数</td><td>0d10000001=−127</td></tr>
<tr><td>0u</td><td>无符号十进制数</td><td>0u10000001=129</td></tr>
</table>

3. 流程控制

在程序设计中，主要有三种基本控制结构：顺序结构、选择结构和循环结构。

（1）顺序结构

顺序结构就是从前向后依次执行语句。从整体上看，所有程序的基本结构都是顺序结构，中间的某个过程可以是选择结构或循环结构。

（2）选择结构

在大多数程序中都会包含选择结构。其作用是：根据所指定的条件是否满足，决定执行哪些语句。在 C 语言中，主要有 if 和 switch 两种选择结构。

1）if 结构。if 结构的一般形式如下：

```
    if (表达式) 语句项;
或
    if (表达式)
        语句项;
    else
        语句项;
```

如果表达式取值真（除 0 以外的任何值），则执行 if 后的语句项；否则，如果 else 存在的话，就执行 else 后的语句项。每次只会执行 if 或 else 中的某一个分支。语句项可以是单独的一条语句，也可以是多条语句组成的语句块（要用一对大括号“{}”括起来）。

if 语句可以嵌套，有多个 if 语句时 else 与最近的一个配对。对于多分支语句，可以使用 if…else if…else if…else…的多重判断结构，也可以使用下面的 switch 开关语句。

2）switch 结构。switch 是多分支选择语句，它根据某些整型和字符常量对一个表达式进行连续测试，当一常量值与其匹配时，它就执行与该变量有关的一个或多个语句。switch 结构的一般形式如下：

```
switch(表达式)
    {
        case 常数 1:
            语句项 1;
            break;
        case 常数 2:
            语句项 2;
            break;
            …
        default:
            语句项;
    }
```

根据 case 语句中所给出的常量值，按顺序对表达式的值进行测试，当常量与表达式的值相等时，就执行这个常量所在的 case 后的语句项，直到碰到 break 语句，或者 switch 的末尾为止。若没有一个常量与表达式的值相符，则执行 default 后的语句项。default 是可选的，如果它不存在，并且所有的常量与表达式的值都不相符，那就不做任何处理。

switch 语句与 if 语句的不同之处在于，switch 只能对等式进行测试，而 if 可以计算关系表达式或逻辑表达式。

break 语句在 switch 语句中是可选的，但是不用 break，则从当前满足条件的 case 语句开始连续执行后续指令，不判断后续 case 语句的条件，一直碰到 break 或 switch 的末尾为止。为了避免输出不应有的结果，在每一个 case 语句之后加一个 break 语句，使每一次执行之后均可跳出 switch 语句。

(3) 循环结构

C 语言中的循环结构常用的有 for 循环、while 循环与 do…while 循环。

1) for 循环。其一般格式如下：

```
for(初始化表达式;条件表达式;修正表达式)
  {循环体}
```

执行过程：先求解初始化表达式；再判断条件表达式，若为假（0），则结束循环，转到循环下面的语句，若为真（非 0），则执行“循环体”中的语句；然后，求解修正表达式；再转到判断条件表达式处，根据情况决定是否继续执行“循环体”。

2) while 循环。其一般格式如下：

```
while(条件表达式)
  {循环体}
```

当表达式的值为真（非 0）时执行循环体。其特点是先判断后执行。

3) do…while 循环。其一般格式如下：

```
do{
  循环体
}while(条件表达式);
```

其特点是先执行后判断。也就是说，当流程到达 do 时，立即执行循环体一次，然后才对条件表达式进行计算与判断。若条件表达式的值为真（非 0），则重复执行一次循环体。

(4) break 和 continue 语句在循环中的应用

在循环中常要使用 break 语句和 continue 语句，这两个语句都会改变循环的执行情况。break 语句用于从循环体中强行跳出循环，终止整个循环的执行；continue 语句使其后语句不再被执行，进行新的一次循环（可以理解为返回循环开始处执行）。

4. 函数

所谓函数，即子程序，也就是“语句的集合”，就是说把经常使用的语句群定义成函数，供其他程序调用。函数的编写与使用要遵循软件工程的基本规范。

使用函数要注意：函数定义时要同时声明其类型；调用函数前要先声明该函数；传给函数的参数值的类型要与函数定义的一致；接收函数返回值的变量的类型也要与函数类型一致。

函数的返回为“return 表达式;”

return 语句用来立即结束函数，并返回一确定值给调用程序。如果函数的类型和 return 语句中表达式的值的类型不一致，则以函数类型为准。对数值型数据，可以自动进行类型转换。也就是说，函数类型决定返回值的类型。

5. 数组

在 C 语言中，数组是构造类型数据，是由基本类型数据按照一定的规则组成的。构造类型还包括结构体类型、共用体类型。数组是有序数据的集合，数组中的每一个元素都属于同一个数据类型。用一个统一的数组名和下标唯一地确定数组中的元素。

(1) 一维数组的定义和引用

定义方式如下：

```
类型说明符数组名[常量表达式];
```

其中，数组名的命名规则和变量相同。定义数组的时候，需要指定数组中元素的个数，即常量表达式需要明确设定，不可以包含变量。例如：

```
int a[10];      //定义了一个整型数组，数组名为 a，有 10 个元素，a[0]至 a[9]
```

数组必须先定义然后才能使用。而且只能通过下标一个一个地访问，形如“数组名[下标]”。

（2）二维数组的定义和引用

定义方式如下：

```
类型说明符数组名[常量表达式][常量表达式]
```

例如：

```
float  a[3][4];      //定义 3 行 4 列的数组 a，a[0][0]至 a[2][3]
```

其实，二维数组可以看成两个一维数组。可以把 a 看作是一个一维数组，它有 3 个元素，即 a[0]，a[1]，a[2]，而每个元素又是一个包含 4 个元素的一维数组。二维数组的表示形式为“数组名[下标][下标]”。

（3）字符数组

用于存放字符数据（char 类型）的数组是字符数组。字符数组中的一个元素存放一个字符。例如：

```
char c[5];
c[0] = 't';c[1] = 'a'; c[2] = 'b'; c[3] = 'l'; c[4] = 'e';
//字符数组 c[5]中存放的就是字符串“table”
```

在 C 语言中，字符串是作为字符数组来处理的。但是，在实际应用中，关于字符串的实际长度，C 语言规定了一个“字符串结束标志”，即字符'\0'（实际值为 0x00）作为标志。也就是说，如果有一个字符串，前面 n-1 个字符都不是空字符（即'\0'），而第 n 个字符是'\0'，则此字符的有效字符为 n-1 个。

（4）动态数组

动态数组是相对于静态数组而言的。静态数组的长度是预先定义好的，在整个程序中，一旦给定大小后就无法改变。而动态数组则不然，它可以随程序需要而重新指定大小。动态数组的内存空间是从堆（Heap）上分配（即动态分配）的，是通过执行代码为其分配存储空间的。当程序执行到这些语句时，才为其分配。程序员自己负责释放内存。

在 C 语言中，可以通过 malloc、calloc 函数进行内存空间的动态分配，从而实现数组的动态化，以满足实际需求。

（5）用数组模拟指针的效果

其实，数组名就是一个地址，是一个指向这个数组元素集合的首地址。可以通过数组加位置的方式进行数组元素的引用。例如：

```
inta[5];      //定义了一个整型数组，数组名为 a，有 5 个元素，a[0]至 a[4]
```

访问数组 a 的第 3 个元素的方式有：a[2]和 *（a+2），关键是数组名称本身就可以当作地址看待。

6. 指针

指针是 C 语言中广泛使用的一种数据类型，运用指针是 C 语言主要的风格之一。在嵌入式编程中，指针尤为重要。利用指针变量可以表示各种数据结构，可以很方便地使用**数组和字**

符串，并能像汇编语言一样处理内存地址，从而编出精练而高效的程序。但是使用指针时要特别细心，计算得当，避免指向不适当的区域。

指针是一种特殊的数据类型，在其他语言中一般没有。**指针是指向变量的地址，实质上，指针就是存储单元的地址**。根据所指的变量类型不同，可以分为整型指针（int *）、浮点型指针（float *）、字符型指针（char *）、结构指针（struct *）和联合指针（union *）。

（1）指针变量的定义

指针的一般形式如下：

```
类型说明符 * 变量名;
```

其中，* 表示这是一个指针变量，变量名即为定义的指针变量名，类型说明符表示本指针变量所指向的变量的数据类型。例如：

```
int *p1;   //表示 p1 是指向整型数的指针变量, p1 的值是整型变量的地址
```

（2）指针变量的赋值

指针变量同普通变量一样，使用之前不仅要进行声明，而且必须赋予具体的值。未经赋值的指针变量不能使用，否则将造成系统混乱，甚至死机。指针变量的赋值只能赋予地址。例如：

```
int a;              //a 为整型数据变量
int *p1;            //声明 p1 是整型指针变量
p1 =&a;             //将 a 的地址作为 p1 的初值
```

（3）指针的运算

1）**取地址运算符（&）**。取地址运算符（&）是单目运算符，其结合性为自右至左，其功能是取变量的地址。

2）**取内容运算符（*）**。取内容运算符（*）是单目运算符，其结合性为自右至左，用来表示指针变量所指的变量。在 * 运算符之后跟的变量必须是指针变量。例如：

```
int a,b;            //a, b 为整型数据变量
int *p1;            //声明 p1 是整型指针变量
p1 =&a;             //将 a 的地址作为 p1 的初值
a=80;
b= *p1;             //运行结果为 b=80, 即 a 的值
```

注意：取内容运算符“*”和指针变量声明中的“*”虽然符号相同，但含义不同。在指针变量声明中，“*”是类型说明符，表示其后的变量是指针类型。而表达式中出现的“*”则是一个运算符，用以表示指针变量所指的变量。

3）**指针的加/减算术运算**。对于指向数组的指针变量，可以加/减一个整数 *n*（由于指针变量实质是地址，给地址加/减一个非整数就错了）。设 pa 是指向数组 a 的指针变量，则 pa+n、pa-n、pa++、++pa、pa--、--pa 运算都是合法的。指针变量加/减一个整数 *n* 的意义是把指针指向的当前位置（指向某数组元素）向前或向后移动 *n* 个位置。

注意：数组指针变量前/后移动一个位置和地址加/减 1 在概念上是不同的。因为数组可以有不同的类型，各种类型的数组元素所占的字节长度是不同的。如指针变量加 1，即向后移动 1 个位置，表示指针变量指向下一个数据元素的首地址，而不是在原地址基础上加 1。例如：

```
int a[5], *pa;      //声明 a 为整型数组, pa 为整型指针变量
pa=a;               //pa 指向数组 a, 即指向 a[0]
pa=pa+2;            //pa 指向 a[2], 即 pa 的值为 &pa[2]
```

注意：指针变量的加/减运算只能对数组指针变量进行，对指向其他类型变量的指针变量做加/减运算是毫无意义的。

（4）void * 指针类型

顾名思义，void * 为“无类型指针”，即用来定义指针变量，不指定它是指向哪种类型的数据，但可以把它强制转化成任何类型的指针。

众所周知，如果指针 p1 和 p2 的类型相同，那么可以直接在 p1 和 p2 间互相赋值；如果 p1 和 p2 指向不同的数据类型，则必须使用强制类型转换运算符把赋值运算符右边的指针类型转换为左边指针的类型。例如：

```
float *p1;          //声明 p1 为浮点型指针变量
int *p2;            //声明 p2 为整型指针变量
p1 = (float *)p2; //强制转换整型指针变量 p2 为浮点型指针值给 p1 赋值
```

而 void * 则不同，任何类型的指针都可以直接赋值给它，无须进行强制类型转换。例如：

```
void *p1;           //声明 p1 为无类型指针变量
int *p2;            //声明 p2 为整型指针变量
p1 = p2;            //用整型指针变量 p2 的值给 p1 直接赋值
```

但这并不意味着，“void *”也可以无须强制类型转换地赋给其他类型的指针，也就是说 p2=p1 这条语句编译时会出错，而必须将 p1 强制类型转换成“int *”类型。因为“无类型”可以包容“有类型”，而“有类型”则不能包容“无类型”。

7. 构造类型

C 语言提供了许多种基本的数据类型（如 int、float、double、char 等）供用户使用，但是由于程序需要处理的问题往往比较复杂，而且呈多样化，已有的数据类型显然不能满足使用要求。因此，C 语言允许用户根据需要自己声明一些类型，用户可以自己声明的类型有结构体类型（structure）、共用体类型（union）、枚举类型（enumeration）、类类型（class）等，这些类型将不同类型的数据组合成一个有机的整体，这些数据之间在整体内是相互联系的，这些类型称为构造类型。本书涉及的构造类型主要为结构体类型和枚举类型两种，下面对这两种类型进行介绍。

（1）结构体类型

1）结构体的基本概念。**C 语言允许用户将一些不同类型（当然也可以相同）的元素组合在一起定义成一个新的类型，这种新类型就是结构体。其中的元素称为结构体的成员或者域，**且这些成员可以为不同的类型。成员一般用名字访问。结构体可以被声明为变量、指针或数组等，用以实现较复杂的数据结构。

声明一个结构体类型的一般形式如下：

```
struct 结构体类型名{成员表列};
```

例如，可以通过下面的声明来建立结构体类型。

```
//声明一个结构体类型 Date
struct Date
{
    int year;           //年
    int month;          //月
    int day;            //日
};
```

结构体类型名用作结构体类型的标志。在上面的声明中，Date 就是结构体类型名，大括号内是该结构体中的全部成员，由它们组成一个特定的结构体。例如，上例中的 year、month、day 都是结构体中的成员。结构体类型大小是其成员大小之和。在声明一个结构体类型时必须对各成员都进行类型声明。**结构体的成员类型可以是另一个结构体类型，也就是说可以嵌套定义。**例如：

```
//声明一个结构体类型 Student
struct Student
{
    int num;                    //包括一个整型变量 num
    char name[20];              //包括一个字符数组 name，可以容纳 21 个字符
    char sex;                   //包括一个字符变量 sex
    int age;                    //包括一个整型变量 age
    float score;                //包括一个单精度型变量
     struct Date birthday;      //包括一个 Date 结构体类型变量 birthday
    char addr[30];              //包括一个字符数组 addr，可以容纳 31 个字符
};
```

这样就声明了一个新的结构体类型 Student，它向编译系统声明：这是一种结构体类型，包括 num、name、sex、age、score、birthday 和 addr 等不同类型的数据项。应当说明，Student 是一个类型名，它和系统提供的标准类型（如 int、char、float、double）一样，都可以用来定义变量，只不过结构体类型需要事先由用户自己声明而已。实际使用中，根据需要还可以通过 typedef 关键字将已定义的结构体类型命名为其他各种别名。

2）结构体变量的引用。结构体变量成员的引用格式：

```
结构体变量名.成员名;
```

例如：

```
struct Student stu1;        //定义一个 Student 类型的结构体变量 stu1
stu1.num=10001;             //给 stu1 的成员 num 赋值 10001
stu1.age=20;                //给 stu1 的成员 age 赋值 20
```

“.”是成员运算符，它在所有运算符中优先级最高，因此可以把 stu1.num 和 stu1.age 当作一个整体来看待，相当于一个变量。如果成员本身又属于一个结构体类型，则要用若干个“.”运算符，一级一级找到最低一级的成员，只能对最低级的成员进行赋值或存取及运算，例如：

```
struct Student   stu1;
stu1.birthday. year  =2000;
stu1.birthday.month  =12;
stu1.birthday.day  =30;
```

结构体变量成员和结构体变量本身都具有地址，且都可以被引用。例如：

```
struct Student   stu1;        //定义一个 Student 类型的结构体变量 stu1
scanf("%d", &stu1.num); //输入 stu1.num 的值
printf("%o",&stu1);           //输出结构体变量 stu1 的首地址
```

注意：结构变量的地址主要用作函数参数，传递结构体变量的地址。

3）结构体指针。结构体指针是指存储一个结构体变量起始地址的指针变量。一旦一个结构体指针变量指向了某个结构体变量，那么就可以通过结构体指针对该结构体变量进行操作。如上例中结构体变量 stu1，也可以通过指针变量来进行操作。

```
struct Student   stu1;              //定义结构体变量 stu1
struct Student   *p;                //定义结构体指针变量 p
p=&stu1;                            //将 stu1 的起始地址赋给 p
p->num=10001;
(*p).age=20;
```

在上述代码中定义了一个 Student 类型的指针变量 p，并将变量 stu1 的首地址赋值给指针变量 p，然后通过指针操作符“->”引用其成员进行赋值。(*p) 表示 p 指向的结构体变量，因此，(*p).age 也就等价于 stu1.age。在本书中，可以看到结构体指针是构建链式存储结构的基础。

（2）枚举类型

枚举类型是 C 语言中另一种构造数据类型。它用于声明一组命名的常数。当一个变量有几种可能的取值时，可以将它定义为枚举类型。所谓“枚举”，是指将变量的可能值一一列举出来，这些值也称为“枚举元素”或“枚举常量”。变量的值只限于列举出来的值的范围，有效地防止用户提供无效值。该变量可使代码更加清晰，因为它可以描述特定的值。

枚举的声明基本格式如下：

```
enum 枚举类型名{枚举值表};
```

例如：

```
enum color{red,green,blue,yellow,white};        //定义枚举类型 color
enum color select;                              //定义枚举类型变量 select
```

在 C 编译系统中，枚举元素是作为常量来处理的，它们不是变量，因此不能对它们直接赋值，但可以通过强制类型转换来赋值。枚举元素的值按定义的顺序从 0 开始，如 red 为 0、green 为 1、blue 为 2、yellow 为 3、white 为 4。枚举元素可以用作判断比较，比较规则是按其在定义时的顺序号进行比较。

8. 编译预处理

C 语言提供编译预处理的功能，“编译预处理”是 C 编译系统的一个重要组成部分。C 语言允许在程序中使用几种特殊的命令（它们不是一般的 C 语句）。在 C 编译系统对程序进行编译（包括语法分析、代码生成、优化等）之前，先对程序中的这些特殊的命令进行“预处理”，然后将预处理的结果和源程序一起再进行常规的编译处理，以得到目标代码。C 语言提供的预处理功能主要有宏定义、条件编译和文件包含。

（1）宏定义

```
#define 宏名表达式
```

其中，表达式可以是数字、字符，也可以是若干条语句。在编译时，所有引用该宏的地方，都将自动被替换成宏所代表的表达式。例如：

```
#define   PI   3.1415926       //以后程序中用到数字 3.1415926 就写为 PI
#define   S(r)   PI*r*r        //以后程序中用到 PI*r*r 就写为 S(r)
```

（2）撤销宏定义

```
#undef 宏名
```

（3）条件编译

```
#if 表达式
```

```
#else 表达式
#endif
```

如果表达式成立，则编译#if 下的程序，否则编译#else 下的程序。#endif 为条件编译的结束标志。

```
#ifdef 宏名            //如果宏名称被定义过，则编译以下程序
#ifndef 宏名           //如果宏名称未被定义过，则编译以下程序
```

条件编译通常用来调试、保留程序（但不编译），或者在需要对两种状况做不同处理时使用。

(4)“文件包含”处理

所谓“文件包含”，是指一个源文件将另一个源文件的全部内容包含进来。其一般形式如下：

```
#include  "文件名"
```

9. 用 typedef 定义类型

除了可以直接使用 C 语言提供的标准类型名（如 int、char、float、double、long 等）和自己定义的结构体、指针、枚举等类型外，还可以用 typedef 定义新的类型名来代替已有的类型名。例如：

```
typedef unsigned char uint_8;
```

指定用 uint_8 代表 unsigned char 类型。这样，下面的两个语句是等价的。

```
unsigned char n1;
```

等价于

```
uint_8 n1;
```

用法说明：

1）用 typedef 可以定义各种类型名，但不能用来定义变量。

2）用 typedef 只是对已经存在的类型增加一个类型别名，而没有创造新的类型。

3）typedef 与#define 有相似之处，例如：

```
typedef   unsigned int uint_16;
#define uint_16   unsigned int;
```

这两句的作用都是用 uint_16 代表 unsigned int（注意顺序）。但事实上它们二者不同，#define 是在预编译时处理，它只能做简单的字符串替代，而 typedef 是在编译时处理。

4）当不同源文件中用到各种类型数据（尤其是像数组、指针、结构体、共用体等较复杂数据类型）时，常用 typedef 定义一些数据类型，并把它们单独存放在一个文件中，然后在需要用到它们时，用#include 命令把该文件包含进来。

5）使用 typedef 有利于程序的通用与移植。特别是用 typedef 定义结构体类型，在嵌入式程序中常用到。例如：

```
typedef struct student
{
    char name[8];
    char class[10];
    int age;
}STU;
```

上述代码声明了新类型名 STU，代表一个结构体类型。可以用该新的类型名来定义结构体变量。例如：

```
STU    student1;        //定义 STU 类型的结构体变量 student1
STU    *S1;             //定义 STU 类型的结构体指针变量 *S1
```

9.1.3　RTOS 内核的常用数据结构

RTOS 内核代码中使用了栈、堆、队列、链表等数据结构，本节简要介绍这些知识的基本概念。

1. 栈与堆

在数据结构中，栈（Stack）是一种操作受限的线性表，只允许在表的一端进行插入和删除操作。允许插入和删除操作的一端被称为栈顶（Top），不允许插入和删除的另一端称为栈底（Bottom）。向一个栈插入新元素又称作进栈、入栈或压栈，它是把新元素放到栈顶元素的上面，使之成为新的栈顶元素；从一个栈删除元素又称作出栈或退栈，它是把栈顶元素删除，使其相邻的元素成为新的栈顶元素。栈操作时按后进先出（Last In First Out，LIFO）的原则进行。如图 9-2 所示，栈中按 $a_1, a_2, \cdots, a_n$ 的顺序入栈，最后加入栈中的 a_n 元素为栈顶，而出栈的顺序反过来，先 a_n 出栈，然后 a_{n-1} 才能出栈，最后 a_1 出栈。

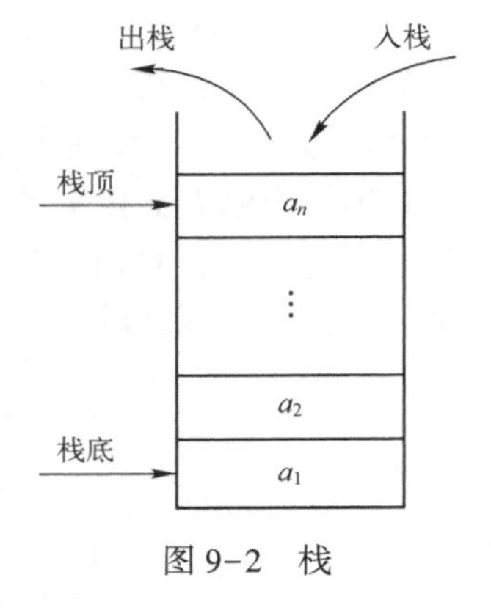

图 9-2　栈

在操作系统中，栈是 RAM 中的存储单元，常用于保存和恢复中断现场，也用于保存一个函数调用所需要的被称为栈帧（Stack Frame）的维护信息。栈帧一般包括：函数的返回值和参数、临时变量（包括函数的非静态局部变量，以及编译器自动生成的其他临时变量）、保存的上下文（包括函数调用前后需要保持不变的寄存器）。在 ARM Cortex-M 中，栈地址是向下（低地址）扩展的，是一块连续的内存区域，因此栈指针初始值一般为 RAM 的上边界，进栈地址减小，出栈地址增加，栈的操作按 LIFO 原则进行。栈空间资源由编译器自动分配和释放，存取速度比堆快，其操作方式类似于数据结构中的栈。

在数据结构中，堆（Heap）是一个特殊的完全二叉树，有最小堆和最大堆之分。常用堆来实现排序。在操作系统中，堆是内存中的存储单元，堆空间分配方式类似于链表，堆地址是向上（高地址）扩展的，是不连续的内存区域。在 C 语言中，堆存储空间是由 new 运算符或 malloc 函数动态分配的内存区域，一般速度比较慢，而且容易产生内存碎片。但是堆的空间较大，使用起来灵活方便。堆一般由用户分配与释放，若用户不释放，程序结束时可能由操作系统回收（操作系统内核需要有这种处理功能）。

2. 队列

和栈相反，队列（Queue）是一种先进先出（First In First Out，FIFO）的线性表，它只允许在表的一端插入，在另一端删除。允许插入的一端称为队尾（Rear），允许删除的一端称为队头（Front），如图 9-3 所示。队列中没有元素时，称为空队列。队列的数据元素又称为队列元素，在队列中插入一个队列元素称为入队，从队列中删除一个队列元素称为出队，只有最早进入队列的元素才能最先出队。

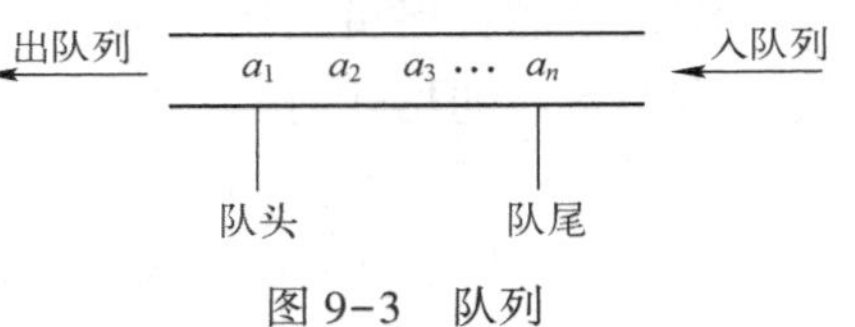

图 9-3　队列

队列按照存储空间的分配不同可以分为顺序队列与链队列两种。在操作系统中经常使用队列来进行对象的管理和调度。

3. 链表

链表是一种物理存储单元上非连续、非顺序的存储结构，数据元素的逻辑顺序是通过链表中的指针链接次序实现的。链表由一系列结点组成，结点可以在运行时动态生成。每个结点包括两个部分：一个是存储数据元素的数据域，一个是存储后继结点（也可以存储前驱结点）地址的指针域。在程序实现时，必须有包含指针的变量来存放相邻结点的地址信息。通过前面的学习知道，可以使用结构体变量来定义结点，结点之间通过结点的指针域串联成一个链表。由于链表具有不必按顺序存储、可以动态生成结点并为其分配存储单元、对结点进行插入和删除操作时不需移动结点只需修改结点的指针域等优点，因此，在 RTOS 的很多场合都采用链表作为管理媒介。

按照结点是否包含前驱指针，链表可分为单向链表（Singly Linked List）和双向链表（Doubly Linked List）两种，如图 9-4 所示。一个链表通常都有一个头指针（head）来指向链表的第一个结点，其他结点的地址则在前驱结点的指针域中，最后一个结点没有后继，该结点的指针域为 NULL（在图中用符号^表示）。因此，对链表中任一结点的访问必须首先根据头指针找到第一个结点，再按有关结点的指针域中存放的指针顺序往下找，直到找到所需结点。链表的操作包括链表的判空与遍历、结点的插入与删除，以及取结点元素等。链表在初始化时，将第一个结点的地址赋给链表的头指针，头指针是操作链表的基础。

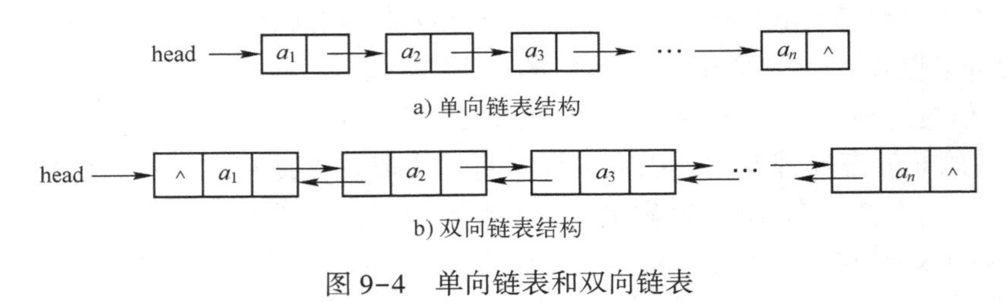

图 9-4　单向链表和双向链表

9.1.4　汇编语言概述

能够在 MCU 内直接执行的指令序列是机器语言，用助记符号来表示机器指令以便于记忆，这就形成了汇编语言。因此，用汇编语言写成的程序不能直接放入 MCU 的程序存储器中去执行，必须先将其转为机器语言。把用汇编语言写成的源程序“翻译”成机器语言的工具叫作汇编程序或汇编器（Assembler）（以下统一称作汇编器）。

汇编编程时推荐使用 GNU v4.9.3 汇编器，汇编语言格式满足 GNU 汇编语法，下面简称 ARM-GNU 汇编。为了有助于理解有关汇编指令，下面介绍一些汇编语法的基本知识。

1. 汇编语言格式

汇编语言源程序可以用通用的文本编辑软件编辑，以 ASCII 码形式存盘。具体的编译器对汇编语言源程序的格式有一定的要求，同时，编译器除了识别 MCU 的指令系统外，为了能够正确地产生目标代码及方便汇编语言的编写，还提供了一些在汇编时使用的命令、操作符号，在编写汇编程序时，也必须正确使用它们。由于编译器提供的指令仅是为了更好地做好“翻译”工作，并不产生具体的机器指令，因此这些指令被称为伪指令（Pseudo Instruction）。伪指令告诉编译器从哪里开始编译、到何处结束、汇编后的程序如何放置等相关信息。当然，这些相关信息必须包含在汇编源程序中，否则编译器就难以编译好源程序，难以生成正确的目标代码。

汇编语言源程序以行为单位进行设计，每一行最多可以包含以下四个部分：

```
标号:   操作码 操作数 注释
```

（1）标号（Label）

对于标号，有下列要求及说明。

1）如果一个语句有标号，则标号必须书写在汇编语句的开头部分。

2）可以组成标号的字符有：字母 A~Z、字母 a~z、数字 0~9、下划线“_”、美元符号“$”。但开头的第一个符号不能为数字和$。

3）编译器对标号中字母的大小写敏感，但指令不区分大小写。

4）标号长度基本上不受限制，但实际使用时通常不要超过 20 个字符。若希望更多的编译器能够识别，建议标号（或变量名）的长度小于 8 个字符。

5）标号后必须带冒号“:”。

6）一个标号在一个文件（程序）中只能定义一次，否则重复定义，不能通过编译。

7）一行语句只能有一个标号，编译器将把当前程序计数器的值赋给该标号。

（2）操作码（Operation Code）

操作码包括指令码和伪指令。其中，伪指令是指开发环境 ARM Cortex-M4F 汇编编译器可以识别的伪指令。对于有标号的行，必须用至少一个空格或制表符（TAB）将标号与操作码隔开。对于没有标号的行，不能从第一列开始写指令码，应以空格或制表符（TAB）开头。编译器不区分操作码中字母的大小写。

（3）操作数（Operand）

操作数可以是地址、标号或指令码定义的常数，也可以是由伪运算符构成的表达式。若一条指令或伪指令有操作数，则操作数与操作码之间必须用空格隔开。有多个操作数的，操作数之间用逗号“,”分隔。操作数也可以是 ARM Cortex-M4F 内部寄存器，或者另一条指令的特定参数。操作数中一般都有一个存放结果的寄存器，这个寄存器在操作数的最前面。

1）常数标识。编译器识别的常数有十进制（默认不需要前缀标识）、十六进制（用 0x 前缀标识）、二进制（用 0b 前缀标识）。

2）“#”表示立即数。一个常数前添加“#”表示一个立即数；不加“#”时，表示一个地址。特别说明：初学时常常会将立即数前的“#”遗漏，如果该操作数只能是立即数时，编译器会提示错误。例如：

```
mov     r3, 1     //给寄存器 r3 赋值 1 (这个语句不对)
```

编译时会提示“immediate expression requires a # prefix -- 'mov r3,1'”。应该改为

```
mov     r3,#1     //给寄存器 r3 赋值 1 (这个语句对)
```

3）圆点“.”。若圆点“.”单独出现在语句的操作码之后的操作数位置上，则代表当前程序计数器的值被放置在圆点的位置。例如，b. 指令代表转向本身，相当于永久循环。在调试时若希望程序停留在某个地方可以添加这种语句，调试之后应删除。

4）伪运算符。表 9-4 列出了 GNU 汇编器识别的伪运算符。

表 9-4 GNU 汇编器识别的伪运算符

运算符	功能	类型	实　例	
+	加法	二元	mov r3,#30+40	等价于 mov r3,#70
-	减法	二元	mov r3,#40-30	等价于 mov r3,#10
*	乘法	二元	mov r3,#5 * 4	等价于 mov r3,#20
/	除法	二元	mov r3,#20/4	等价于 mov r3,#5
%	取模	二元	mov r3,#20%7	等价于 mov r3,#6
||	逻辑或	二元	mov r3,#1||0	等价于 mov r3,#1
&&	逻辑与	二元	mov 3,#1&&0	等价于 mov r3,#0
<<	左移	二元	mov r3,#4<<2	等价于 mov r3,#16
>>	右移	二元	mov r3,#4>>2	等价于 mov r3,#1
^	按位异或	二元	mov r3,#4^6	等价于 mov r3,#2
&	按位与	二元	mov r3,#4^2	等价于 mov r3,#0
|	按位或	二元	mov r3,#4|2	等价于 mov r3,#6
==	等于	二元	mov r3,#1==0	等价于 mov r3,#0
!=	不等于	二元	mov r3,#1! =0	等价于 mov r3,#1
<=	小于等于	二元	mov r3,#1<=0	等价于 mov r3,#0
>=	大于等于	二元	mov r3,#1>=0	等价于 mov r3,#1
+	正号	一元	mov r3,#+1	等价于 mov r3,#1
-	负号	一元	ldr r3,=-325	等价于 ldr r3,=0xfffffebb
~	取反运算	一元	ldr r3,=~325	等价于 ldr r3,= 0xfffffeba
>	大于	二元	mov r3,#1>0	
<	小于	二元	mov r3,#1<=0	

（4）注释（Comment）

注释即说明文字，类似于 C 语言。多行注释以“/ *”开始，以“* /”结束。这种注释可以包含多行，也可以独占一行。在 ARM Cortex-M 处理器汇编语言中，单行注释用“#”引导或者用“//”引导。用“#”引导，“#”必须为单行的第一个字符。

2. 常用伪指令

不同集成开发环境下的伪指令稍有不同，伪指令书写格式与所使用的开发环境有关，参照具体的工程样例，可以“照葫芦画瓢”。

伪指令主要有用于常量及宏的定义、条件判断、文件包含等。在本书所用的 GNU 编译器环境中，所有的汇编命令都是以“.”开头。

（1）系统预定义的段

C 语言程序在经过 GCC 编译器最终生成 . elf 格式的可执行文件。. elf 可执行程序是以段为单位来组织文件的。通常划分为如下几个段：. text、. data 和 . bss。其中，. text 是只读的代码区，. data 是可读可写的数据区，而 . bss 则是可读可写且没有初始化的数据区。. text 段开始地址为 0x0，接着分别是 . data 段和 . bss 段。

```
.text       //表明以下代码在 .text 段
.data       //表明以下代码在 .data 段
.bss        //表明以下代码在 .bss 段
```

（2）常量的定义

汇编代码常用的功能之一为常量的定义。使用常量定义，能够提高程序代码的可读性，并且使代码的维护更加简单。常量的定义可以使用 .equ 汇编指令。下面是 GNU 汇编器的一个常量定义的例子。

```
.equ     _NVIC_ICER,   0xE000E180
...
LDR      R0,=_NVIC_ICER    //将 0xE000E180 放到 R0 中
```

常量的定义还可以使用 .set 汇编指令，其语法结构与 .equ 相同。

```
.set ROM_size, 128 * 1024                    //ROM 大小为 131072 字节（128 KB）
.set   start_ROM, 0xE0000000
.set   end_ROM, start_ROM + ROMsize          //ROM 结束地址为 0xE0020000
```

（3）程序中插入常量

对于大多数汇编工具来说，一个典型特性为可以在程序中插入数据。GNU 汇编器语法可以写作：

```
  LDR R3,=NUMNER                 //得到 NUMNER 的存储地址
  LDR R4,[R3]                    //将 0x123456789 读到 R4
...
  LDR R0,=HELLO_TEXT             //得到 HELLO_TEXT 的起始地址
  BL printf                      //调用 printf 函数显示字符串
  ...
  ALIGN4
NUMNER:
    .word 0x123456789
HELLO_TEXT:
    .asciz "hello\n"             //以'\0'结束的字符
```

为了在程序中插入不同类型的常量，GNU 汇编器中包含许多不同的伪指令，表 9-5 列出了常用的例子。

表 9-5　用于程序中插入不同类型常量的常用伪指令

插入数据的类型	GNU 汇编器
字	.word（例如 .word 0x12345678）
半字	.hword（例如 .word 0x1234）
字节	.byte（例如 .byte 0x12）
字符串	.ascii/.asciz（如 .ascii "hello\n"，.asciz 与 .ascii 只是生成的字符串以'\0'结尾）

（4）条件伪指令

.if 条件伪指令后面紧跟着一个恒定的表达式（即该表达式的值为真），并且最后要以 .endif 结尾。中间如果有其他条件，可以用 .else 填写汇编语句。

.ifdef 标号表示如果标号被定义，则执行下面的代码。

（5）文件包含伪指令

```
.include   "filename"
```

.include 是一个附加文件的链接指示命令，利用它可以把另一个源文件插入当前的源文件一起汇编，成为一个完整的源程序。filename 是一个文件名，可以包含文件的绝对路径或相对

路径，但建议一个工程的相关文件放到同一个文件夹中，所以更多的时候使用相对路径。

（6）其他常用伪指令

除了上述伪指令外，GNU 汇编器还有其他常用伪指令。

1）. section 伪指令。用户可以通过 . section 伪指令来自定义一个段。例如：

```
.section    .isr_vector,    "a"    //定义一个 .isr_vector 段, "a" 表示允许段
```

2）. global 伪指令。. global 伪指令可以用来定义一个全局符号。例如：

```
.global    symbol        //定义一个全局符号 symbol
```

3）. extern 伪指令。. extern 伪指令的语法结构为 “. extern   symbol”，用于声明 symbol 为外部函数，调用的时候可以遍访所有文件找到该函数并且使用它。例如：

```
.extern    main            //声明 main 为外部函数
BL main                    //进入 main 函数
```

4）. align 伪指令。. align 伪指令可以通过添加填充字节使当前位置满足一定的对齐方式。语法结构为 “. align [exp[, fill]]”。其中，exp 为 0~16 之间的数字，表示下一条指令对齐至 2^{exp} 位置，若未指定，则将当前位置对齐到下一个字的位置；fill 给出为对齐而填充的字节值，可省略，默认为 0x00。例如：

```
.align    3        //把当前位置计数器的值增加到 2^3 的倍数，若已是 2^3 的倍数，不做改变
```

5）. end 伪指令。. end 伪指令用于声明汇编文件的结束。

还有有限循环伪指令、宏定义和宏调用伪指令等，可参考 GNU 汇编语法文档。

9.2 RT-Thread 的启动流程分析

RT-Thread 的启动过程分为芯片上电启动到 main 函数之前的运行过程和 RTOS 的启动过程两大部分。这些内容涉及面广、知识点多，且触及硬件底层编程，在学习过程中必须有足够的耐心。为了更好地理解这个过程，样例程序的部分源码已经添加了注释，可通过该样例充分理解 RT-Thread 的启动过程。

9.2.1 预备知识

不论是否有 RTOS，芯片的启动过程是一致的，均是要从复位向量处取得上电复位后要执行的第一个语句开始，接下来进行系统时钟初始化等工作，随后跳转到 main 函数处。

寻找第一条被执行指令存放在哪里，是理解芯片启动的重要一环。要能在源程序中找到第一条被执行指令的存放处，需要了解源程序生成机器码的基本过程及链接文件的作用。

1. C 语言源程序生成机器码的基本过程

要将 C 语言源程序变成可以下载到 MCU 中运行的机器码，需要经过预编译、编译、汇编、链接等基本过程，这一切都是通过开发环境自动完成的，如图 9-5 所示。

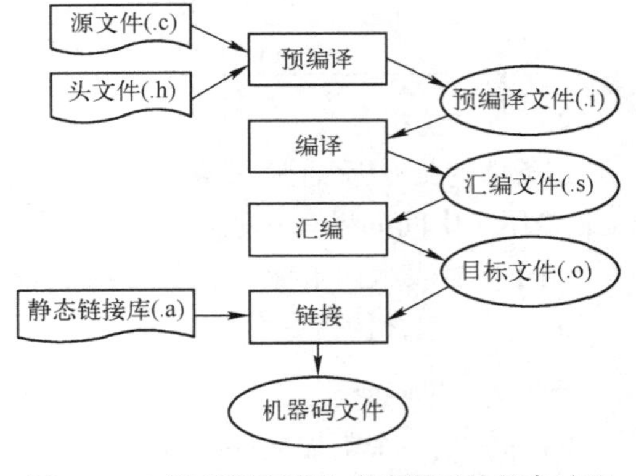

图 9-5　C 语言源程序生成机器码的基本过程

1）**预编译**是对源文件和头文件进行预处理。预处理过程中主要处理那些源代码文件中以“#”开始的预编译指令，比如将所有的宏定义（#define）展开；处理所有条件预编译指令（如#if、#ifdef、#elif、#else 等）；处理所有包含指令（即#include 指令，将被包含的文件插入该语句的位置，该过程是递归执行的，因为一个文件可能又包含其他文件。）等。预编译生成 .i 文件。

2）**编译**是将高级语言（此处为 C 语言）翻译成汇编语言的过程。编译生成汇编文件（.s 扩展名）。

3）**汇编**是将汇编代码转为机器可以直接执行的机器码。每条汇编指令基本都对应一条或多条机器指令，根据汇编指令和机器指令的对照表翻译完成。汇编生成目标文件（.o 扩展名）。但它们中的有关存储器的地址是相对的，绝对地址没有确定，需要参考链接文件（.ld）才能将各个 .o 文件“链接”在一起。

4）**链接**是将生成的目标文件（.o）和静态链接库（.a）等，在链接文件（.ld）的指引下，生成机器码文件（.hex 及 .elf 等）。

2. 链接文件（.ld）的作用

脚本是指表演戏剧、拍摄电影等所依据的底本又或者书稿的底本，也可以说是故事的发展大纲，是用来确定故事到底是在什么地点、什么时间、有哪些角色、角色的对白、动作和情绪的变化等。而在计算机中，脚本（Script）是一种批处理文件的延伸，是一种纯文本保存的程序，是确定的一系列控制计算机进行运算操作动作的组合，在其中可以实现一定的逻辑分支等。链接脚本文件，简称链接文件，用于控制链接的过程，规定了如何把输入的中间文件中的 section 映射到最终目标文件内，并控制目标文件内各部分的地址分配。它为链接器提供链接脚本，是以 .ld 或 .lds 为扩展名的文件。实际上，集成开发环境均使用一个名为 makefile 的文本文件进行自动编译，其中会用到链接文件，通过它完成整个编译链接过程，但在集成开发环境中一般只以“编译”菜单指示。

9.2.2　芯片启动到 main 函数之前的运行过程

启动分析使用样例工程“..\03-Software\CH09-RT-Analysis\StartAnalysis_A”。

1. 从链接文件 STM32L431RCTX_FLASH.ld 中得到的信息

链接文件 STM32L431RCTX_FLASH.ld 在样例工程的“..\03_MCU\Linker_file”文件夹中。

（1）在链接文件中找到中断向量表存放在 Flash 模块中的起始地址

中断向量表是一个连续的存储区域，它按照中断向量号从小到大的顺序填写中断服务例程（ISR）的首地址。中断向量表一般存放在 Flash 模块中，需要在链接文件中定义出一块区域用来存放。该文件中的 MEMORY 命令段如下：

```
/*(2)【固定】MEMORY 段定义*/
MEMORY
{
    /*中断向量表*/
    INTVEC(rx) : ORIGIN =MCU_FLASH_ADDR_START +
                          MCU_SECTORSIZE * GEC_USER_SECTOR_START ,
                 LENGTH = MCU_SECTORSIZE
...
```

其中，有个“**INTVEC(rx):**”语句，确定了一个名为 INTVEC 的存储区域，(rx)表示该区域存放可读取的代码。其中，r 代表 readable；x 代表 executable。根据段前面的符号值

MCU_FLASH_ADDR_START = 0x8000000,

MCU_SECTORSIZE =2048,

GEC_USER_SECTOR_START =26,

可计算出中断向量表（INTVEC）的起始地址为 0x0800D000，长度为 2048 字节。建议读者使用 AHL-GEC-IDE 打开这个 RT 源码工程，自己根据符号值计算一遍。由编译链接生成的机器码文件 .hex 的第 1 行、第 2 行首部，在了解 .hex 结构[㊀]的前提下，也可以得出 0x0800d000 是中断向量表的起始地址。

(2) 在链接文件中确定“.isr_vector”标号值

接下来的 SECTIONS 命令定义标号“.isr_vector”处于 INTVEC 段中，且 8 字节对齐，表示中断向量表放在 .isr_vector 段中。

```
.isr_vector :
  {
    . = ALIGN(8);
    KEEP( *(.isr_vector))          /* 启动代码 */
    . = ALIGN(8);
  } >INTVEC
```

至此，.isr_vector 就代表了 0x0800d000，后续就可以使用 .isr_vector 这个标号。

2. 从芯片启动文件 startup_stm32l431rctx.s 得到的信息

(1) 在芯片启动文件使用链接文件确定的中断向量表首地址

在芯片启动文件“..\03_MCU\startup\startup_stm32l431rctx.s”中，找到标号“.isr_vector”，由此地址开始放入中断向量表。

```
.section.isr_vector,"a",%progbits          /* 定义中断向量表的数据段 */
```

编译后，可在“..\Debug”文件夹下的 .map 文件中找到 .isr_vector，就是 0x0800d000。这就是中断向量表的起始地址。

```
.isr_vector      0x0800d000          0x18c ./obj/startup_stm32l431rctx.o
```

(2) 从启动文件 startup_stm32l431rctx.s 理解芯片启动过程

在启动文件“..\03_MCU\startup\startup_stm32l431rctx.s”中，包含了中断向量表及启动代码。中断向量表按照中断向量号的顺序存放中断服务例程入口地址，每个中断服务例程入口地址占用 4 字节地址单元，本书采用的 MCU 在存储区 0x0800_d000~0x0800_d800 地址范围存放中断向量表，每 4 字节存放一个中断服务例程的入口地址。中断服务例程的入口地址又称为中断向量或中断向量指针，它指向中断服务例程在存储器中的位置。例如，中断向量表中第 1 个表项标识“_estack”，硬件上确定其为初始 SP 值；第 2 个表项，硬件上确定其功能为存放复位后执行代码的地址，所以俗称“复位向量”。**这里为“Reset_Handler:”，也就是第一条被执行指令的存放处。复位后，程序就从此开始执行了。**

㊀ 可参见王宜怀等编写的《嵌入式技术基础与实践（第 6 版）》的第 72~74 页。限于本书定位，这里不详细解释 .hex 文件的格式。

```
Reset_Handler:
    ldr    sp, =_estack            /*设置堆栈指针 */
```

可以看到，第一条可执行指令就是一个汇编语句，这里面出现的“=”表明这是一条伪指令，表示将_estack 的“绝对地址”读取到 SP 寄存器，这个“绝对地址”就是在 STM32L431RCTX_FLASH.ld 文件中确定的_estack 的初值（0x2000ffff），即栈顶地址（芯片 RAM 的最高地址，这个芯片是进栈后地址递减，芯片设计时确定的）。

（3）启动文件 startup_stm32l431rctx.s 剖析

下面对 startup_stm32l431rctx.s 文件部分内容进行剖析，见表 9-6。

表 9-6　启动文件 startup_stm32l431rctx.s 剖析

内　容	剖　析
/* Reset_Handler 入口 */ .section　.text.Reset_Handler .weak　Reset_Handler .type　Reset_Handler, %function Reset_Handler: 　ldr　sp, =_estack 　… 　　/*把数据从 ROM 复制到 RAM 中*/ 　　/*给未初始化的变量赋初值“0”*/ 　… 　bl　SystemInit 　bl　Vectors_Init 　bl __libc_init_array	1）复位处理程序 Reset_Handler 的实现。内容包括：把数据从 Flash 复制到 RAM 中（因为 RAM 的数据段中所定义变量的初值在芯片上电时是存在 Flash 中的，故需要将它复制到 RAM 中）、给未初始化的 bss 段变量赋初值 0、调用 SystemInit 函数初始化系统时钟、调用 Vectors_Init 继承 BIOS 中断向量表、调用静态构造函数__libc_init_array 初始化标准库函数
blmain	2）调用 main 函数（即转到..\main.c 函数处运行，由它完成操作系统的启动）
.section　.text.Default_Handler,"ax",%progbits Default_Handler: Infinite_Loop: 　b　Infinite_Loop 　.size　Default_Handler, .-Default_Handler	3）实现一个默认处理函数 DefaultISR。一些芯片厂商给出的样例其内容为一个永久循环。实际应用程序可以修改这个内容，以便进行特殊处理（如改为直接返回更为合适，因为误中断直接返回原处更好）
.section　.isr_vector,"a",%progbits .type　g_pfnVectors, %object .size　g_pfnVectors, .-g_pfnVectors	4）定义中断向量表全局数组名.isr_vector，与链接文件 STM32L431RCTX_FLASH.ld 中指定区域.isr_vector 关联。这里标号“.isr_vector:”就是 STM32L431RCTX_FLASH.ld 中“.isr_vector”[①]，即地址 0x0800_d000
.word　_estack　/* Top of Stack */ .word**Reset_Handler**　/* Reset Handler */ .word　NMI_Handler　/* NMI Handler*/ … … .word UART2_IRQHandler　/* UART2 */ … … .long PORTD_IRQHandler/* PORTD Pin */ .size __isr_vector, . - __isr_vector	5）为中断向量表的所有表项填入默认值，即以中断向量所对应外设的英文名作为中断服务例程的函数名。 0x0800_d000～0x0800_d003 地址填写的__StackTop（栈顶）[②]，0x0800_d004～0x0800_d007 地址填写的 Reset_Handler（复位处理程序函数名）。这两个区域属于特殊用途。随后各区域填写对应的默认中断处理函数的函数名。例如，在串口 2 模块的中断向量表项里填入 UART2_IRQHandler[③]

（续）

内　容	剖　析
. weak　NMI_Handler . thumb_set NMI_Handler, Default_Handler . weak　HardFault_Handler . thumb_set HardFault_Handler, Default_Handler … . weak　USART2_IRQHandler . thumb_set USART2_IRQHandler, Default_Handler …	6）以弱符号④的方式，将默认中断处理函数的函数名指向默认处理函数 DefaultISR。实际使用时，只需在中断服务例程文件 isr. c 再定义一个与所需中断处理函数的函数名同名的函数即可。例如，“UART2_IRQHandler{}；”其中函数名 UART2_IRQHandler 与此处相同，此时编译器默认将其识别为强符号，在编译时会覆盖掉这里的以弱符号定义的默认值。到此，中断向量表得以实现

① 可以在 . map 文件找到 . isr_vector，它指向 0x0800_d000 地址；在 . lst 文件找到 . isr_vector，它也指向 0x0800_d000 地址。

② 是堆栈栈顶，是芯片内 RAM 最大地址+1＝0x2000FFFF+1＝0x20010000。该芯片栈是从大地址向小地址方向使用的，进栈时 SP 先减 1。因此，栈顶设在 RAM 最大地址+1。堆空间是临时变量的空间，从小地址向大地址顺序使用，这样两头向中间使用，符合使用规则。

③ 这里把 Handler 翻译成“处理程序”，有的文献翻译成“句柄”，就是中断服务例程的入口地址，也就是中断服务例程的函数名。

④ 弱符号可被同名强符号覆盖。在 C 语言中，编译器默认函数和初始化了的全局变量为强符号。

这里对弱符号进行一些说明，例如下面的语句：

```
. weak      USART2_IRQHandler
```

使用弱定义“. weak”定义了 handler_name，当用户重写了 handler_name 对应的中断服务例程，将会覆盖这里给出的对应默认中断服务例程。若不使用弱定义 . weak 重写对应中断服务例程，编译器会认为是重复定义，将会报错。灵活使用弱定义 . weak，能减轻不少烦琐的工作。

接下来是一系列宏定义，例如下列语句：

```
. thumb_set     USART2_IRQHandler, Default_Handler
…
```

这一系列中断服务例程名被宏定义为 Default_Handler，大大缩减了代码量，当用户在 isr. c 文件中重新实现后，会覆盖相应的中断服务例程，提高了程序的健壮性和可复用性。

经过初始化工作跳到 main 函数后，若不需要启动操作系统，就在 main 中编程，若启动操作系统就调用 OS_start(app_init)，启动 RTOS 并执行主线程，由主线程 app_init 初始化外设模块、初始化全局变量、使能中断模块、创建并启动其他用户线程等。

3. 芯片启动流程总结

下面就以 STM32L431 芯片为例，简要总结一下芯片的启动流程。

1）从链接文件 STM32L431RCTX_FLASH. ld 中知道堆栈指针 SP 的初值“_estack = 0x2000ffff”和中断向量表的起始地址“0x0800d000”。

2）在芯片启动文件 startup_stm32l431rctx. s 中依据 MCU 的 Flash 起始地址放入中断向量表。再由硬件保证将中断向量表第一项“_estack”载入 SP 寄存器，将第二项复位函数“Reset_Handler”的地址载入 PC 寄存器。从而跳转到第一条被执行指令“Reset_Handler：ldr　sp，=_estack”，对堆栈指针 SP 进行设置。

3）在复位（中断）服务例程序 Reset_Handler 中，对变量和系统进行初始化。随后调用 main 函数，即跳转到 07_AppPrg 文件夹下 main. c 文件中的 main 函数运行，由它完成后续的实时操作系统的启动。

9.2.3　RT-Thread 启动流程解析

RT-Thread 启动流程解析仍使用样例工程“..\03-Software\CH09-RT-Analysis\StartAnalysis_A”。

1. RT-Thread 启动的总体流程

（1）启动 RT-Thread 的总入口

芯片上电后开始启动，执行到“07_AppPrg\main.c”的 main()函数后，接着从 main()函数调用 OS_start()函数开始 RT-Thread 的启动。

```
//主函数，一般情况下可以认为程序从此开始运行(实际上有启动过程)
int main(void)
{
    printf("main 开始：启动实时操作系统...\r\n\r\n");
    OS_start(app_init);
} //main 函数(结尾)
```

（2）以实参 app_init 执行 OS_start()函数

OS_start()函数位于“..\05_UserBoard\RT-Thread_Src\OsFunc.c”文件中。OsFunc.c 是为了收拢启动相关函数而自定义的一个文件。为了方便用户自主决定主线程函数的名称，在该文件中定义了 OS_start 函数。线程 app_init 是为创建其他线程而准备的，是用户要完成的第一个线程，也称为自启动线程。首先设法使之被调度运行。

```
//==========================================================
//函数名称:OS_start
//功能概要:启动 RTOS 并执行主线程 app_init
//参数说明:
//函数返回:无
//==========================================================
void OS_start(void (*func)(void))
{
    rtthread_startup((void *)func);   //启动 RTOS 并执行主线程 app_init
}
```

（3）实际总启动函数

在 OS_start 函数中调用了实际的总启动函数 rtthread_startup()，它也在 OsFunc.c 文件中。

```
//==========================================================
//函数名称: rtthread_startup
//功能概要: 设置堆栈区，初始化 SysTick、延时阻塞列表、调度器，创建主线程、
//参数说明: 入口为指向函数的指针，这里指向用户函数 app_init()
//函数返回: 无
//          空闲线程，启动调度器
//==========================================================
int rtthread_startup(void (*func)(void))
{
    rt_hw_interrupt_disable();    //关中断
    //(1)板级硬件初始化
    rt_hw_board_init();
    //(2)延时阻塞列表初始化
```

```
    rt_system_timer_init();
    //(3)调度器初始化
    rt_system_scheduler_init();
    //(4)创建初始线程(主线程)
    rt_application_init((void *)func);
    //(5)创建空闲线程
    rt_thread_idle_init();
    //(6)启动调度器
    rt_system_scheduler_start();
    return 0;
}
```

由 rtthread_startup()完成系统的启动。需要特别注意的是，在实际调用中，rtthread_startup()的实际参数为指向 app_init 的指针，这个指针将在后续调用中逐级传递，在 rt_thread_create()创建线程时创建该函数的 TCB（Thread Control Block），由操作系统根据 TCB 进行调度，从而完成主线程的运行。启动过程的主要工作有：初始化相关资源，创建主线程及空闲线程，启动调度器。当调度器启动后，主线程会首先被调度运行，即运行用户自定义的主线程 app_init。主线程 app_init 初始化外设、初始化全局变量、使能中断、创建并启动其他用户线程。app_init 运行完成后，系统会调用函数 rt_thread_exit()关闭主线程[㊀]，之后的线程运行和切换都由调度器完成。

(4) RT-Thread 启动流程图

RT-Thread 启动流程图如图 9-6 所示。

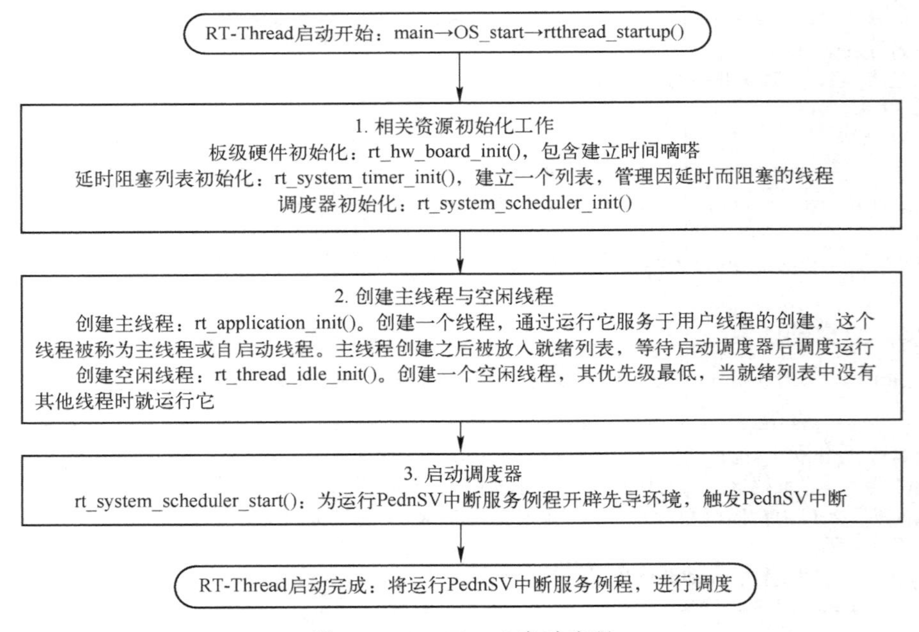

图 9-6　RT-Thread 启动流程

㊀ 由于 app_init 内部没有永久循环，是一次性线程，RT-Thread 中，线程退出时会执行 rt_thread_exit()函数关闭该线程。一般线程内部含有永久性循环，与 NOS 下 main()函数一样，不会退出，就不会运行 rt_thread_exit()函数。

2. 相关资源初始化工作

（1）板级硬件初始化

board. c 文件中的函数 rt_hw_board_init( )用来进行板级相关的硬件初始化，具体包括系统时钟 SysTick 初始化及堆空间初始化等。板级初始化过程中调用堆空间初始化函数 rt_system_heap_init 来初始化操作系统使用的堆。

1）SysTick 初始化。SysTick 是 RT-Thread 整个系统的时钟基准，系统通过每次时间“嘀嗒”进入中断服务例程对任务状态进行管理。程序启动时会调用函数_SysTick_Config( )来初始化 SysTick。SystemCoreClock 为系统时钟频率，为 48 MHz，RT_TICK_PER_SECOND 为 rtconfig. h 设置的嘀嗒频率，默认为 1000 Hz，因此系统 SysTick 调度的频率被设置为 1 ms 一次。

2）堆空间初始化。堆是操作系统中一种常用的数据结构，通常用于存放临时变量，由程序员动态分配和释放。它一般采用链表的方式来管理变量。堆在内存中一般位于 bss 区和栈之间，从 RAM 的低地址向高地址方向使用。但在 RT-Thread 中，系统使用的堆空间是自定义的一个静态数组 rt_heap，在内存中属于 bss 区。

3）rt_hw_board_init( )源码剖析。

```
void rt_hw_board_init( )
{
    //(1)更新系统时钟
    SystemCoreClockUpdate( );
    //(2)SysTick 初始化，RT_TICK_PER_SECOND 为 rtconfig. h 设置的嘀嗒频率
    _SysTick_Config(SystemCoreClock/RT_TICK_PER_SECOND);
#ifdef RT_USING_COMPONENTS_INIT
    //(3)调用组件初始化函数，实际未用到（可以在用户的 app_init 中进行板级硬件初始化）
    rt_components_board_init( );
#endif
    //如果同时定义了 RT_USING_USER_MAIN 和 RT_USING_HEAP 这两个宏
    //表示 RT-Thread 里面创建内核对象时使用动态内存分配方案
#if defined(RT_USING_USER_MAIN) && defined(RT_USING_HEAP)
    //(4)堆空间初始化
    rt_system_heap_init(rt_heap_begin_get( ), rt_heap_end_get( ));
#endif
}
```

（2）延时阻塞列表初始化

一般情况下，RTOS 会设置一个列表来管理因调用延时函数而阻塞的线程。在 RT-Thread 中，这个列表名称为 rt_timer_list，可称为延时阻塞列表。它是一个双向链表，链表中每个结点代表正在延时的线程，结点按照延时时间大小升序排列。每次 SysTick 中断，会查看该列表的第一个线程的延时时间是否结束，若已结束，则将该线程从延时阻塞列表中取出加入就绪列表中，若延时时间未结束，则退出。由于列表中是按照延时时间升序排列的，所以只要看第一个表项即可。这种方法有效地缩短了寻找延时结束线程的时间。延时阻塞列表初始化代码如下。

```
//==============================================================
//函数名称：rt_system_timer_init
//功能概要：初始化延时阻塞列表
//参数说明：无
//函数返回：无
```

```
//=====================================================================
void rt_system_timer_init( void)
{
    int i;
    //延时阻塞列表是一个双向链表
    for (i = 0; i < sizeof( rt_timer_list)/sizeof( rt_timer_list[0]); i++)
    {
        rt_list_init( rt_timer_list + i);
    }
}
```

由于延时阻塞列表只有一个，所以通过链表初始化函数 rt_list_init( )将该结点指向自身，形成一个只有根结点的双链表。

```
//=====================================================================
//函数名称: rt_list_init
//功能概要: 初始化一条双向链表
//参数说明: l, 要初始化的列表
//函数返回: 无
//=====================================================================
rt_inline void rt_list_init( rt_list_t  *l)
{
    //初始化结点，即初始化结点的 next 和 prev 这两个指针指向结点本身
    l->next = l->prev = l;
}
```

(3) 调度器初始化

完成延时阻塞列表初始化后，接着对调度器进行初始化，即对相关变量进行赋值。调度器是操作系统的核心，负责实现对线程的调度运行。调度器初始化是由函数 rt_system_scheduler_init( )实现的，主要是对线程的就绪列表、当前线程优先级、当前线程控制块指针、线程就绪优先级组等进行初始化。

1) 线程就绪列表初始化。线程就绪列表 rt_thread_priority_table 是一个 rt_list_t 类型的数组，大小由 rtconfig. h 文件中定义的宏 RT_TIMER_SKIP_LIST_LEVEL 决定，默认值为 32。在该数组中，每个数组索引号对应线程的一种优先级，每个索引下维护着一条双向链表，当线程就绪时，就会根据其优先级将其插入对应索引的链表中，同一个优先级的线程都会被插入同一条链表。初始时，没有任何就绪线程，因此将该就绪列表初始化为空，每个索引初始化成对应优先级的双向链表根结点。

2) 当前线程优先级初始化。当前线程优先级 rt_current_priority 是在 scheduler. c 文件中定义的全局变量。初始化时，将其设为最低的优先级（即被赋值为 31）。

3) 当前线程控制块指针初始化。当前线程控制块指针 rt_current_thread 是在 scheduler. c 文件中定义的全局指针，指向当前正在运行的线程控制块。初始时，尚未有线程运行，因此将当前线程控制块指针初始化为空。

4) 线程就绪优先级组初始化。线程就绪优先级组 rt_thread_ready_priority_group 是在 scheduler. c 文件中定义的一个 32 位整型数，每一位对应一个优先级，其作用是为了更快地找到线程在就绪列表中的插入和移除的位置。比如，当优先级为 10 的线程已经准备好，那么就将线程就绪优先级组的第 10 位置 1，表示线程已经就绪，然后根据 10 这个索引值，在线程就绪列表 rt_thread_priority_table[10]的位置插入该线程。初始时，并没有任何线程就绪，因此将线程

就绪优先级组 rt_thread_ready_priority_group 的值设为 0。

5）调度器初始化函数剖析。调度器初始化函数 rt_system_scheduler_init( ) 的源码可在 scheduler.c 文件中查看。

```
//==========================================================
//函数名称：rt_system_scheduler_init
//功能概要：初始化系统调度器
//参数说明：无
//函数返回：无
//==========================================================
void rt_system_scheduler_init(void)
{
    register rt_base_t offset;
    rt_scheduler_lock_nest = 0;
    RT_DEBUG_LOG(RT_DEBUG_SCHEDULER, ("start scheduler: max priority 0x%02x\n",
            RT_THREAD_PRIORITY_MAX));
    //(1)线程就绪列表(线程优先级表)初始化，整个就绪列表为空
    for (offset = 0; offset < RT_THREAD_PRIORITY_MAX; offset ++)
    {
        rt_list_init(&rt_thread_priority_table[offset]);
    }
    //(2)初始化当前线程优先级为空闲线程的优先级(最大优先数，即 31)
    rt_current_priority = RT_THREAD_PRIORITY_MAX - 1;
    //(3)初始化当前线程控制块指针，当前线程控制块指针为空
     rt_current_thread = RT_NULL;
    //(4)初始化线程就绪优先级组为 0
    rt_thread_ready_priority_group = 0;
    //(5)初始化失效线程列表
    rt_list_init(&rt_thread_defunct);
}
```

3. 创建主线程与空闲线程

（1）创建主线程

从用户的角度来看，主线程扮演了用户程序“入口”的角色。入口函数为 app_init( )，就是通过该函数来创建用户线程，这个函数由用户自行编写。下面介绍如何把 app_init( ) 这个函数变成线程，即创建主线程。这项工作由函数 rt_application_init( ) 完成，整个过程由两部分组成：首先调用线程创建函数 rt_thread_create( ) 创建并初始化主线程（app_init），然后调用线程启动函数 rt_thread_startup( ) 启动主线程（app_init）。事实上，主线程启动后，并没有立刻运行，而是被挂载到 RT-Thread 中的线程就绪列表上，直到调度器启动后才会进行第一次线程切换，执行主线程（app_init）。

创建主线程函数 rt_application_init( ) 源码可在 OsFunc.c 中查看。

```
//==========================================================
//函数名称：rt_application_init
//功能概要：创建主线程，并将其加入线程就绪列表，等待调度器启动后调度主线程运行
//参数说明：入口为指向函数的指针，这里指向用户函数 app_init()
//函数返回：无
//==========================================================
void rt_application_init(void (*func)(void))
{
    rt_thread_t tid;              //线程索引变量
```

```
    //(1)创建主线程，并为其分配运行所需资源，这里是将函数 app_init()创建为线程
    //tid 为函数 app_init()的 TCB
    //RT_MAIN_THREAD_STACK_SIZE 为线程堆栈大小，2048 B
    //RT_MAIN_THREAD_PRIORITY 为主线程优先级，10
    //20 为主线程的时间片
    tid = rt_thread_create("main", (void *)func, RT_NULL,RT_MAIN_THREAD_STACK_SIZE, RT_
                          MAIN_THREAD_PRIORITY, 20);
    //RT_ASSERT 为保留函数，内容为空
    RT_ASSERT(tid != RT_NULL);
    //(2)将主线程加入线程就绪列表,等待调度器启动后运行
    rt_thread_startup(tid);
}
```

（2）创建空闲线程

RT-Thread 启动时会调用 rt_thread_idle_init()创建一个空闲线程。空闲线程优先级默认是最低的 31，即排在就绪列表的最后面，其职责就是在内核无用户线程可执行的时候被内核执行，使 CPU 保持运行状态，同时可以对终止的无效线程进行资源回收。

rt_thread_idle_init()函数的源代码可在“..\05_UserBoard\RT-Thread_Src\src\idle.c”文件中查看。

```
//==============================================================
//函数名称：rt_thread_idle_init
//功能概要：创建空闲线程，并将其加入线程就绪列表，等待调度器启动后调度
//参数说明：无
//函数返回：无
//==============================================================
void rt_thread_idle_init(void)
{
    //(1)初始化空闲线程
    //      idle 是静态全局 TCB 结构体，用于空闲线程
    //      rt_thread_stack 是静态全局数组，大小为 256 B，作为空闲线程的线程堆栈来使用
    //      优先级为 RT_THREAD_PRIORITY_MAX - 1，即为最低的 31
     rt_thread_init(&idle, "tidle", rt_thread_idle_entry, RT_NULL,&rt_thread_stack[0],
    sizeof(rt_thread_stack), RT_THREAD_PRIORITY_MAX - 1, 32);
    //(2)将空闲线程加入线程就绪列表，等待调度器启动后运行
    rt_thread_startup(&idle);
}
```

在创建主线程中使用了 rt_thread_create()函数对主线程进行了创建，在创建闲线程中使用 rt_thread_init()函数对空闲线程进行了创建。两者不同的地方在于：rt_thread_create()会创建 TCB 和线程的堆栈，同时将 TCB 中的 SP 指向堆栈；rt_thread_init()不会动态申请 TCB 和线程堆栈，而是直接初始化已经分配好的 TCB 和线程堆栈，空闲线程的 TCB 和线程堆栈 rt_thread_stack，是在 idle.c 文件中已经定义好的静态变量。

4. 线程启动函数 rt_thread_startup()

线程创建好后，调用线程启动函数 rt_thread_startup()启动该线程。注意：这里“启动”两字的含义并不是真正的启动运行线程，而是为了调度器进行调度所做的相关初始化工作。线程启动函数 rt_thread_startup()源码可在 thread.c 文件中查看。

```
//==============================================================
//函数名称：rt_thread_startup
//功能概要：启动线程，为了调度器调度运行进行相应的初始化设置
```

```
//参数说明：thread，线程控制块
//函数返回：错误码
//==================================================================
rt_err_t rt_thread_startup(rt_thread_t thread)
{
    RT_ASSERT(thread != RT_NULL);
    RT_ASSERT((thread->stat & RT_THREAD_STAT_MASK) == RT_THREAD_INIT);
    RT_ASSERT(rt_object_get_type((rt_object_t)thread) == RT_Object_Class_Thread);
    //(1)设置当前优先级为初始优先级
    thread->current_priority = thread->init_priority;
    //(2)根据优先级计算线程就绪优先级组的掩码值，调度器可以通过该属性快速查找
    //      就绪列表中优先级最高的线程
    thread->number_mask = 1L << thread->current_priority;
            RT_DEBUG_LOG(RT_DEBUG_THREAD, ("startup a thread:%s with priority:%d\n",
            thread->name, thread->init_priority));
    //(3)将线程插入就绪列表
    //(3.1)先设置线程的状态为挂起态，等下会恢复
    thread->stat = RT_THREAD_SUSPEND;
    //(3.2)恢复线程，即将线程插入就绪列表
    rt_thread_resume(thread);
    //(4)若是首次启动，此时调度器未启动，当前线程 rt_thread_self()为 NULL，不进行调度
    if (rt_thread_self() != RT_NULL)
    {
            //做一次系统调度
            rt_schedule();
    }
    return RT_EOK;
}
```

5. 启动调度器

（1） 调度器启动函数 rt_system_scheduler_start()

在延时阻塞列表、调度器初始化后，创建了主线程与空闲线程，但此时 RT-Thread 还未真正开始运行，**需要启动调度器来主动进行第一次线程切换，实现 RT-Thread 的启动与运转。** 启动调度器是由调度器启动函数 rt_system_scheduler_start()来实现的。

```
//==================================================================
//函数名称：rt_system_scheduler_start
//功能概要：启动调度器，实现第一次线程切换
//参数说明：无
//函数返回：无
//==================================================================
void rt_system_scheduler_start(void)
{
    register    struct rt_thread    *to_thread;
    register    rt_ubase_t highest_ready_priority;

    //(1)寻找就绪列表中最高优先级的线程
    //(1.1)在就绪列表寻找最高优先级(32 位的整型数，每一位对应一个优先级)
    highest_ready_priority = __rt_ffs(rt_thread_ready_priority_group) - 1;
    //(1.2)从就绪列表中找出 highest_ready_priority 对应的线程控制块(主线程)①
    to_thread = rt_list_entry(rt_thread_priority_table[highest_ready_priority].next, struct rt_thread,tlist);
    //(2)主动指定第一个运行的线程，即优先级最高的主线程
```

```
        rt_current_thread = to_thread;
        //(3)为切换到主线程运行做准备工作，通过 rt_hw_context_switch_to 函数实现②
        rt_hw_context_switch_to((rt_uint32_t)&to_thread->sp);
}
/*
①  rt_list_entry()是一个根据已知结构体里面的成员地址来反推出该结构体的首地址的宏，由于线程通
    过 tlist 结点接入就绪列表，故通过该函数可以找到该线程控制块的首地址
②  接下来关键问题是理解如何切换到主线程运行，这样启动过程就清晰了
*/
```

（2）上下文切换函数 rt_hw_context_switch_to

调度器启动过程中，会从线程就绪列表中找到优先级最高的线程（此时，线程就绪列表中有主线程和空闲线程，因此优先级最高的就绪线程即为主线程），然后通过函数 rt_hw_context_switch_to 为实现第一次线程切换做准备，设置并触发 PendSV 中断，在 PendSV 中断服务例程中调度主线程开始运行。

线程切换准备函数 rt_hw_context_switch_to 是一段汇编代码，位于 context_gcc.s 文件中。调用时给该函数传入主线程（app_init）的栈指针 SP[⊖]。其主要功能是为触发 PendSV 中断进行第一次线程切换做准备工作，如设置 SP 指针、中断标志位、配置 PendSV 优先级和状态位、恢复主堆栈指针 MSP 并使能总中断等。

1）rt_hw_context_switch_to 函数的执行流程。rt_hw_context_switch_to 函数的执行流程如图 9-7 所示。该函数执行结束后，PendSV 中断立刻被触发，执行 PendSV 中断服务例程 PendSV_Handler 进行线程的真正切换。

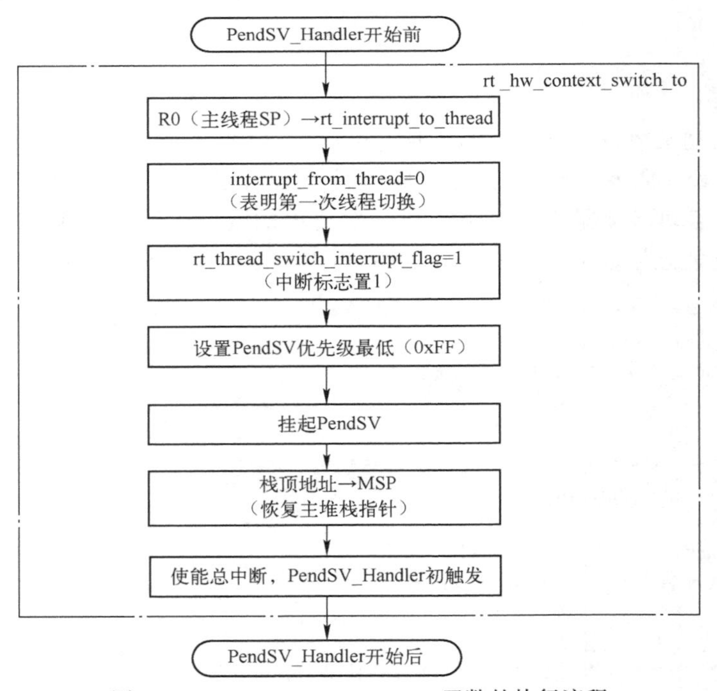

图 9-7　rt_hw_context_switch_to 函数的执行流程

⊖ 当一个汇编函数在 C 文件中调用时，如果有一个形参，则执行的时候会将这个形参传到 CPU 寄存器 R0，如果有两个形参，第二个则传到 CPU 寄存器 R1。

2）rt_hw_context_switch_to 源码。线程切换准备函数 rt_hw_context_switch_to 的源码可在 context_gcc. s 文件中查看。

```
rt_hw_context_switch_to:
    //(1)将下一个将要运行的线程的栈指针存放到 rt_interrupt_to_thread
    LDR r1, =rt_interrupt_to_thread
    STR r0, [r1]
#if defined (__VFP_FP__) && !defined(__SOFTFP__) ①
    MRS  r2, CONTROL              //读
    BIC  r2, #0x04                //改
    MSR  CONTROL, r2              //写回
#endif
    //(2)设置 rt_interrupt_from_thread 的值为 0, 表示启动第一次线程切换
    LDR r1, =rt_interrupt_from_thread
    MOV r0, #0x0
    STR r0, [r1]
    //(3)设置中断标志位 rt_thread_switch_interrupt_flag 的值为 1
    LDR r1, =rt_thread_switch_interrupt_flag
    MOV r0, #1
    STR r0, [r1]
    //(4)设置 PendSV 异常的优先级
    LDR r0, =NVIC_SYSPRI2
    LDR r1, =NVIC_PENDSV_PRI
    LDR. W r2, [r0,#0x00]         //读,(LDR. W 为 32 位指令)
    ORR r1,r1,r2                  //改, 将 r1 与 r2 进行"或"运算并返回到 r1
    STR r1, [r0]                  //写, 将 r1 值存储到系统优先级寄存器 2
    //(5)配置 PendSV 中断②
    LDR r0, =NVIC_INT_CTRL
    LDR r1, =NVIC_PENDSVSET       //更新设置 PendSV 优先级值为最低
    STR r1, [r0]                  //更新中断控制状态寄存器
    //(6)恢复主堆栈指针 MSP
    LDR r0, =SCB_VTOR             //将中断向量表偏移寄存器地址加载到 r0
    LDR r0, [r0]                  //将中断向量表地址加载到 r0
    LDR r0, [r0]                  //将中断向量表第一项内容（栈顶）加载到 r0
    NOP
    MSR msp, r0                   //将栈顶放入 MSP 中
    //(7)开放中断, PendSV 中断服务例程将开始执行, 在那里将会完成首个线程切换
    CPSIE   F                     //开放 F 标志中断
    CPSIE   I                     //开放 I 标志中断
/*
① Cortex-M4F 中除了以上 D1、D0 位外, 还定义了 D2 位, D2 (FPCA) 为浮点上下文活跃位。FPCA 会
   在执行浮点指令时自动置位, 当 FPCA=1 且发生了异常时, 处理器的异常处理机制就认为当前上下
   文使用了浮点指令, 这时就需要保存浮点寄存器。浮点寄存器的保存方式分多种, 这里不做详细叙
   述, 详细内容请参考《CM3/4 权威指南》《ARMv7-M 参考手册》。处理器硬件会在异常入口处清除
   FPCA 位
② 这里配置后, 本程序最后开放总中断后就会立即运行 PendSV 中断服务例程
*/
```

9.2.4　PendSV 中断服务例程

线程切换准备函数 rt_hw_context_switch_to 运行后，已经触发并开放了 PendSV 中断，将运行 PendSV 中断服务例程。

1. PendSV 中断概述

PendSV 是具有延时执行的中断，由软件直接触发。在 RT-Thread 中，PendSV 中断服务例程 PendSV_Handler 的主要功能是：判断是否是第一次切换，若是第一次，直接把下一个将要运行线程（rt_interrupt_to_thread）的上下文（PSR、PC、LR、R12、R3～R0 等寄存器）加载到 CPU 寄存器中，否则的话先将上一个线程（rt_interrupt_from_thread）的上下文入堆栈区保存。

2. 主线程创建后的线程栈帧空间内容

使用 rt_thread_create( ) 函数创建主线程后，将主线程的基本参数，如线程使用 CPU 时的 PSR、入口函数、线程退出函数、R0～R12 共 64 字节存入该线程 TCB 的栈帧空间。栈帧用于保存异常、中断、线程切换时的上下文数据。

运行工程“..\03-Software\CH09-RT-Analysis\StartAnalysis_B”，可显示出主线程的 TCB 所在 RAM 中的地址和内容，如图 9-8 所示。

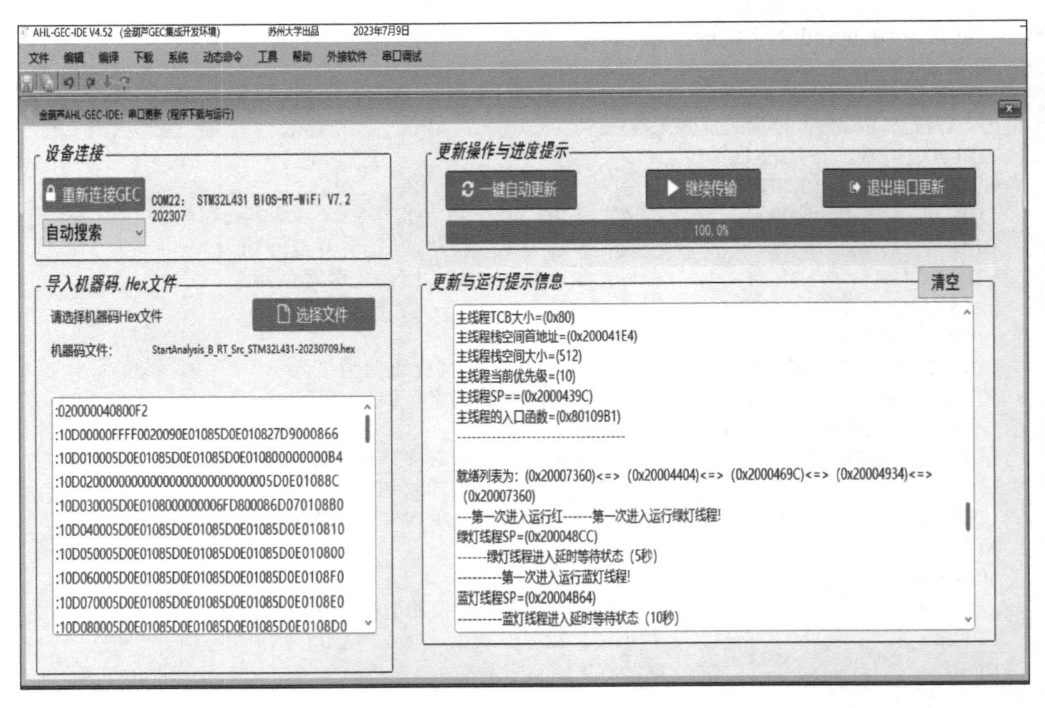

图 9-8　主线程的 TCB 信息

由图 9-8 可以看到，主线程栈空间首地址为 0x200041E4；主线程 SP 表示主线程 TCB 中 **SP 指向**内存地址 0x2000439C，从这个地址开始，依次存放主线程运行的场景、R4～R11、R0（线程入口参数）、R1～R3、R12、LR(R14)、PC(R15)、PSR。其内容如图 9-9 所示。图中每个格子代表一个字，即 4 个字节，与 R4～R11、R1～R3、R12 寄存器对应的位置初始化为 0，与 LR（R14）对应的位置为 rt_thread_exit 函数指针，与 PC（R15）寄存器对应的位置为线程函数指针 func（即 app_init），可在 .lst 文件中查到，PSR 的内容为 0x01000000。

在主线程函数 app_init( ) 中分别建立了红灯线程 thd_redlight、蓝灯线程 thd_bluelight 和绿灯线程 thd_greenlight 三个用户线程。当这三个用户线程启动后，主线程进入终止状态。

	RAM中的内容	内存地址	对应的寄存器
	0x00	0x200041E4（主线程栈空间首地址）	
	…	…	
TCB中的SP指向	0xdeadbeef（随意默认值）	0x2000439C~0x200043B8	R4~R11
	parameter=NULL(0)	0x200043BC	R0
	0x00	0x200043C0~0x200043C8	R1~R3
	0x00	0x200043CC	R12
	rt_thread_exit =0x0800F05C①	0x200043D0	LR (R14)
	app_init=0x08010991	0x200043D4	PC (R15)
	0x01000000	0x200043D8	PSR

图 9-9　主线程栈空间初始化后的状态

① 在 .hex 文件中寻找，该函数的第一条机器指令存储在 0x0800F05C，这是因为在 ARM 的 M 系列处理器中，加载到 PC 中的地址的第 0 位必须为 1，表示执行的是 Thumb 指令，否则会发生异常。

RT-Thread 启动后，空闲线程、红灯线程、蓝灯线程和绿灯线程这四个线程之间的指向关系如图 9-10 所示。在 RT-Thread 中，就绪列表的每个优先级对应一条双向链表，即第 31 优先级的空闲线程处于一个链表，第 10 优先级的红灯线程、绿灯线程和蓝灯线程处于一个链表。以第 10 优先级对应的链表为例，**可在最先启动的红灯线程中输出就绪列表中第 10 优先级的链表状况，**输出结果为

```
就绪列表为:(20007360)<=>(20004404)<=>(2000469C)<=>(20004934)<=>(20007360)
```

其中，0x2000_7360 地址为就绪列表中第 10 优先级对应的双链表的根结点，即 0x2000_4404、0x2000_469C、0x2000_4934 分别对应着红灯线程、绿灯线程和蓝灯线程。由于线程是通过自身控制块的 tlist 结点成员接入就绪列表中的，故与 TCB 地址有着 0x14 的偏移。以红灯线程为例，即 0x2000_4404 = 0x2000_43F0 + 0x14。运行样例工程“..\03-Software\CH09-RT-Analysis\StartAnalysis_B”可以在显示区看到，0x2000_43F0 正是红灯线程的 TCB 首地址。

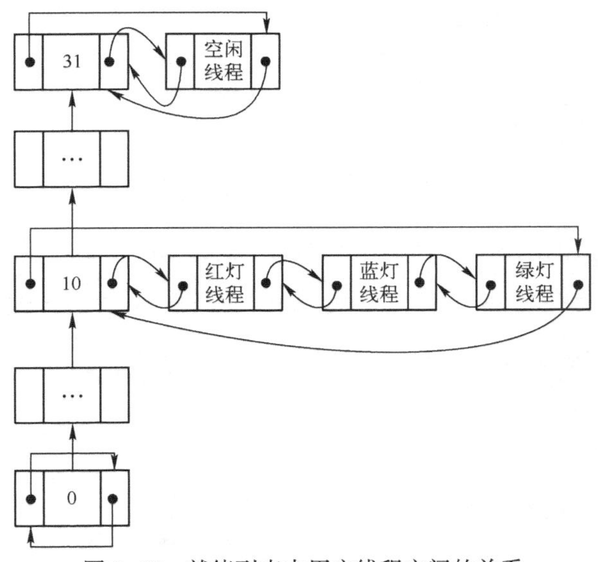

图 9-10　就绪列表中用户线程之间的关系

3. PendSV_Handler 源码剖析

芯片硬件系统在进入 PendSV_Handler 之前自动保存了上文的 PSR、PC、LR、R12、R3~R0 寄存器在线程的栈空间中。在第一次要切换到运行主线程 app_init( ) 函数时，没有上文，不需要保存上文。**在 PendSV_Handler 中，把下文的有关信息布局好，退出 PendSV_Handler 后，硬件自动将堆栈空间的信息载入 R0~R3、R12、LR、PC、PSR 寄存器中，由于 PC 中的值为下文线程的入口函数首址，因此，程序切换到下文运行，实现了主线程切换，这就是调度的真正操作。**

PendSV_Handler 的执行流程如图 9-11 所示。

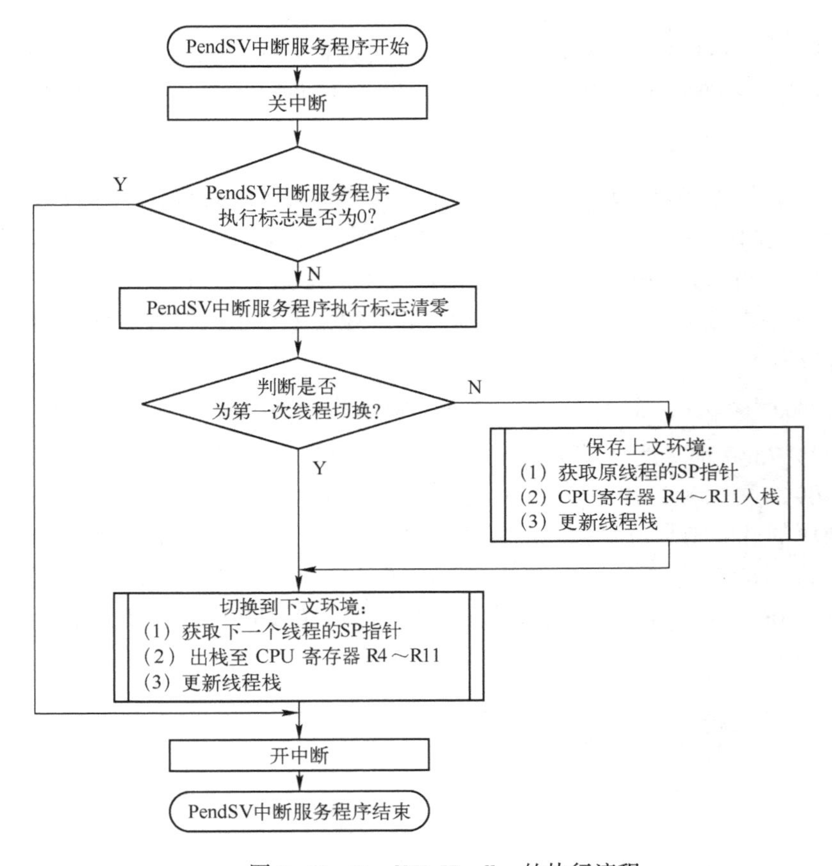

图 9-11　PendSV_Handler 的执行流程

PendSV_Handler 函数的源码可在“..\05_UserBoard\context_gcc.s”文件中查看。

```
//======================================================================
//函数名称：PendSV_Handler
//参数说明：r0，(被切换的)原线程栈的指针
//          r1，(要切换到的)下一个线程栈的指针
//功能概要：上下文切换
//======================================================================
PendSV_Handler:
    //(1)关中断，保护上下文切换过程不被打断
    MRS①r2，PRIMASK                      //将中断屏蔽寄存器（PRIMASK）的值加载到 r2
    CPSIDI                               //禁止总中断
```

```
    //(2)获取 PendSV 中断服务例程执行标志，判断是否为 0，若为 0 则退出
    LDR r0, =rt_thread_switch_interrupt_flag         //加载 rt_thread_switch_interrupt_flag 地址到 r0
    LDR r1, [r0]                                     //加载 rt_thread_switch_interrupt_flag 的值到 r1
    CBZ r1, pendsv_exit                              //判断 r1 是否为 0，为 0 转到 pendsv_exit
    MOV r1, #0x00                                    //r1 不为 0，则将其值赋为 0
    STR r1, [r0]                                     //置 rt_thread_switch_interrupt_flag 的值为 0
    //(3)判断 rt_interrupt_from_thread 的值是否为 0
    LDR r0, =rt_interrupt_from_thread                //加载 rt_interrupt_from_thread 的地址到 r0
    LDR r1, [r0]                                     //加载 rt_interrupt_from_thread 的值到 r1
    CBZ   r1, switch_to_thread                       //为 0②，则跳过步骤(4)，转到步骤(5)切换

    //(4)上文保存③
    //(4.1)获取线程栈指针到 r1
    MRS   r1, psp
    //(4.2)CPU 寄存器 r4~r11 的值入线程栈保护
    STMFD   r1!, {r4 - r11}                          //将 CPU 寄存器 r4~r11 的值存储到 r1 指向的地址
                                                     //每操作一次地址将减一次
    //(4.3)更新线程栈 psp
    LDR r0, [r0]                                     //r0=rt_interrupt_from_thread
    STR r1, [r0]                                     //将 r1 的值存储到 r0，即更新线程栈
    //(5)切换到下文
switch_to_thread:
    //(5.1)r1 指向 rt_interrupt_to_thread 的 sp
    LDR r1, =rt_interrupt_to_thread                  //加载 rt_interrupt_to_thread 的地址到 r1
    LDR r1, [r1]                                     //加载 rt_interrupt_to_thread 的值到 r1
                                                     //即线程栈指针 SP 的指针加载到 r1
    LDR r1, [r1]                                     //加载 SP 到 r1
    //(5.2)把要切换到的线程的环境加载到 CPU 寄存器中
    LDMFD   r1!, {r4 - r11}                          //将线程栈指针 r1 指向的内容加载到 CPU 寄
                                                     //存器 r4~r11
    //(5.3)线程栈指针更新到 PSP
    MSR psp, r1
    //(6)开中断
pendsv_exit:
    MSR PRIMASK, r2                                  //恢复中断
    ORR lr, lr, #0x04                                //LR 寄存器的第 2 位要为 1，即确保异常返回使
                                                     //用的栈指针是 PSP
    //(7)中断返回
    BX      lr
    //PendSV_Handler 结束========================================
                                                     //随后栈中的剩下内容将会
                                                     //自动加载到 CPU 寄存器：xPSR、PC（线程入口
                                                     //地址）R14、R12、R3、R2、R1、R0（线程的形
                                                     //参），同时 PSP 的值也将更新，指向线程栈栈顶
/*
① MRS 指令：加载特殊功能寄存器的值到通用寄存器
② 第一次线程切换时 rt_interrupt_from_thread 的值肯定为 0。第一次线程切换直接跳转到步骤(5)，因
   为没有上文环境需要保存
③ 当进入 PendSV_Handler 时，上一个线程运行的上下文（即寄存器）：xPSR、PC（线程入口地址）、
   r14、r12、r3、r2、r1、r0（线程的形参），这些寄存器的值会自动保存到线程的栈中，剩下的 r4~r11
   需要程序指令保存
*/
```

4. PendSV_Handler 结束后切换线程运行的缘由

在本章第一节我们介绍过中断寄存器 LR（连接寄存器）。当调用一个子程序时由 lr 存储返回地址；而在进入中断程序中，按照 ARM 处理器机制，lr 将自动保存被称为 EXC_RETURN 的特征值，其含义见表 9-7。PendSV_Handler 中的“ORR lr,lr,#0x04”语句确保了 lr 寄存器第 2 位为 1（返回后使用 PSP），“BX　lr”语句根据 lr 的值返回。

表 9-7　EXC_RETURN 各字段的含义

位　段	含　义
[31:4]	EXC_RETURN 的标识，必须全为 1
3	0 表示返回后进入 Handler 模式，1 表示返回后进入线程模式
2	0 表示返回后使用 MSP，1 表示返回后使用 SPS
1	保留，必须为 0
0	0 表示返回 ARM 状态，1 表示返回 Thumb 状态

RT-Thread 的调度在 PendSV_Handler 中进行准备。在进入 PendSV_Handler 之前，已经进行了线程切换的基本工作。进入 PendSV_Handler 后，判断是否是第一次切换，若是第一次，直接根据全局变量 rt_interrupt_to_thread（将要运行线程的栈指针），在 PendSV_Handler 运行之后，硬件系统会自动把 RAM 内保存的将要运行线程上下文（PSR，PC，LR，R12，R3~R0 等寄存器）加载到 CPU 寄存器中，由 PC 的值决定运行哪里的程序，CPU 内其他寄存器的值决定了运行场景，这样就实现了新线程获得 CPU 的使用权，获得运行。若不是第一次线程切换，则将根据全局变量 rt_interrupt_from_thread（上一个线程的栈指针），把正在运行线程的上下文保存到 RAM 中线程堆栈区，然后再根据全局变量 rt_interrupt_to_thread，把保存在线程栈中线程上下文加载到 CPU 寄存器中，实现线程切换。

9.2.5　RT-Thread 启动过程小结

RT-Thread 的启动过程实际分为两个阶段。第一个阶段是芯片启动到 main 函数之前。芯片复位开始执行的第一个指令在“..\startup\startup_stm32l431rctx.s”文件中的 Reset_Handler 标号处，程序开始运行，完成 MSP 堆栈指针初始化、系统时钟初始化等工作，转向 main 函数，开始了 RT-Thread 的启动工作。第二个阶段，在 main 函数中，RT-Thread 开始启动，主要过程有：完成时间嘀嗒、堆空间、延时阻塞列表的初始化工作；完成线程就绪列表、当前线程优先级、当前线程控制块指针、线程就绪优先级组等的初始化工作；创建主线程与空闲线程，设置主线程优先级为 10、堆栈大小为 512 字节，对应的主线程函数是 app_init()；创建空闲线程，优先级为 31（最低），职责是无其他线程需要运行时就运行它，使 CPU 保持运行状态，同时对无效线程进行资源回收工作；在创建完主线程和空闲线程后，启动调度器，即从就绪列表中找到主线程控制块，设置并触发 PendSV 中断，在 PendSV 中断服务例程中完成调度主线程的准备工作（主要是将 SP 指向主线程的堆栈区），退出 PendSV 中断服务例程时，硬件自动堆栈区的内容出栈到 CPU 内部寄存器，这样 PC 中的内容变成了主线程函数（app_init）的首地址，即主线程被调度运行。

9.3 RT-Thread 中的时钟嘀嗒

时钟嘀嗒是实时操作系统内核的重要组成部分，没有时钟嘀嗒调度将难以进行。在 RT-Thread 启动过程中，对板级硬件初始化时首先完成了时钟滴答的初始化。理解时钟嘀嗒是理解实时操作系统下线程被调度运行的重要一环。本节主要介绍时钟嘀嗒的建立与使用，并对实时操作系统下的延时函数的调度机制进行简明剖析。

9.3.1 时钟嘀嗒的建立与使用

ARM Cortex-M 内核中包含了一个简单的定时器 SysTick，又称为“嘀嗒”定时器。该内核的 MCU 均含有 SysTick，因此使用这个定时器的程序方便在 MCU 间移植。在使用实时操作系统时，一般可用该定时器作为操作系统的时钟嘀嗒，可简化实时操作系统在以 ARM Cortex-M 为内核的 MCU 间移植工作。

RT-Thread 使用 SysTick 定时器作为整个系统的时钟基准，在 SysTick 中断服务例程 SysTick_Handler 中对线程状态进行管理。本小节重点分析 SysTick 中断服务例程，通过中断服务例程的实际处理程序（SysTick_Handler），阐明 SysTick 运行功能与时间片轮转（Round Robin，RR）调度机制。

1. SysTick 定时器的寄存器

SysTick 定时器是一个 24 位倒计时计数器，它以系统内核时钟作为基准，在一个时钟周期中进行一个递减操作。初值通过编程设定，采用减 1 计数的方式工作，当减 1 计数到 0 时，产生 SysTick 中断。

（1） SysTick 定时器的寄存器地址

SysTick 定时器中有 4 个 32 位寄存器，基地址为 0xE000_E010，其偏移地址及简明功能见表 9-8。

表 9-8　SysTick 定时器的寄存器偏移地址及简明功能

偏移地址	寄存器名	简　称	简 明 功 能
0x0	控制及状态寄存器	CTRL	配置功能及状态标志
0x4	重载寄存器	LOAD	低 24 位有效，计数器到 0，用该寄存器的值重载
0x8	计数器	VAL	低 24 位有效，计数器的当前值，减 1 计数
0xC	校准寄存器	CALIB	针对不同 MCU，校准恒定中断频率

（2） 控制及状态寄存器

控制及状态寄存器的 31～17 位、15～3 位为保留位，只有 4 位有实际含义，见表 9-9。这 4 位分别是溢出标志位、时钟源选择位、中断使能控制位和 SysTick 使能位。复位时，若未设置参考时钟，则为 0x0000_0004，即其第 2 位为 1，默认使用内核时钟。

表 9-9　控制及状态寄存器

位	英文含义	中文含义	R/W	功能说明
16	COUNTFLAG	溢出标志位	R	计数器减 1 计数到 0，则该位为 1，读取该位清 0
2	CLKSOURCE	时钟源选择位	R/W	0，外部时钟；1，内核时钟（默认）

（续）

位	英文含义	中文含义	R/W	功能说明
1	TICKINT	中断使能控制位	R/W	0，禁止中断；1，允许中断
0	ENABLE	SysTick 使能位	R/W	0，关闭；1，使能

（3）重载寄存器及计数器

SysTick 定时器的重载寄存器的低 24 位（D23～D0）有效，其值是计数器的初值及重载值。

SysTick 定时器的计数器用于保存当前计数值。这个寄存器是由芯片硬件自行维护的，用户无须干预，系统可通过读取该寄存器的值得到更精细的时间表示。

（4）ARM Cortex-M 内核优先级设置寄存器

Systick 定时器的初始化程序时，还需用到 ARM Cortex-M 内核的系统处理程序优先级寄存器（System Handler Priority Register，SHPR），用于设定 SysTick 定时器中断的优先级。SHPR 位于系统控制块（System Control Block，SCB）中。在 ARM Cortex-M 中，只有 SysTick、SVC（系统服务调用）和 PendSV（可挂起系统调用）等内部异常可以设置其中断优先级，其他内核异常的优先级是固定的。编程时，使用 SCB->SHP[n]进行书写，SVC 的优先级在 SHP[7]寄存器中设置，PendSV 的优先级在 SHP[10]寄存器中设置，SysTick 的优先级在 SHP[11]寄存器中设置，具体位置见表 9-10。对于 STM32L431 芯片，SHP[n]寄存器的有效位数是高 4 位，优先级可以设置为 0～15 级，一般设置 SysTick 的优先级为 15，SVC 及 PendSV 主要用于实时操作系统中。

表 9-10　优先级设置寄存器

地　址	名　称	类　型	复位值	描　　述
0xE000_ED23	SHP[11]	R/W	0（8 位）	SysTick 的优先级
0xE000_ED22	SHP[10]	R/W	0（8 位）	PendSV 的优先级
0xE000_ED1F	SHP[7]	R/W	0（8 位）	SVC 的优先级

下面以 SHP[11]的设置为例进行说明。首先查找地址，可在“.../02_CPU/core_cm4.h”文件中找到 SCB 的基地址为 0xE000_ED00，SHP[12]的偏移量为 0x018，由此可计算出 SHP[11]、SHP[10]、SHP[7]的地址分别为 0xE000_ED23、0xE000_ED22、0xE000_ED1F。然后，设置优先级，可以在 systick.c 中调用函数 NVIC_SetPriority()来调整优先级，方法为 NVIC_SetPriority（SysTick_IRQn，(1UL << __NVIC_PRIO_BITS) - 1UL)。通过查中断向量表得到函数中第 1 参数为 0xFFFF_FFFF（补码表示，真值为-1），计算可得到第 2 参数为 0xF（即优先级为 15)，并在 core_cm4.h 中找到其对应的函数，通过 if 语句计算出 SHP[n]中的 n 为 11，SHP[11]=0XF0，其中__NVIC_PRIO_BITS 已被宏定义为 4。

2. SysTick 定时器的初始化

RT-Thread 在板级硬件初始化函数 rt_hw_init()中调用 SysTick 配置函数_SysTick_Config()完成 SysTick 的初始化。具体实现代码在 board.c 文件的 SysTick 配置函数_SysTick_Config()中。

SysTick 定时器初始化的步骤如下：

1）判断重载寄存器的值是否合法。

2）根据 RT-Thread 的时钟嘀嗒（1 ms），设置重载寄存器的值，即 SysTick 中断周期。

3）设置 SysTick 中断优先级。

4）加载 SysTick 计数值。

5）使能 SysTick 定时器中断。

（1）SysTick 定时器初始化功能概要

SysTick_Config 函数主要功能：配置定时器中断；根据 RT-Thread 的时钟嘀嗒（1 ms），设置重载寄存器的值，即 SysTick 中断周期；设置 SysTick 中断优先级；使能中断。SysTick 配置函数_SysTick_Config( )的源码可在 board. c 文件中查看。

```
//======================================================================
//函数名称：_SysTick_Config(SysTick 配置)
//功能概要：根据 RT-Thread 时钟嘀嗒，设置重载寄存器的值，设置 SysTick 中断优先级，
//参数说明：ticks：时钟嘀嗒
//函数返回：0：成功；1：失败
//          使能中断
//======================================================================
```

（2）SysTick 定时器初始化功能分析

RT-Thread 在板级硬件初始化函数 rt_hw_board_init( ) 中调用 SysTick 配置函数_SysTick_Config( )完成 SysTick 的初始化（也就是时钟嘀嗒的初始化）。

```
//(2)SysTick 初始化，RT_TICK_PER_SECOND 为 rtconfig. h 设置的嘀嗒频率
_SysTick_Config(SystemCoreClock/RT_TICK_PER_SECOND);
```

_SysTick_Config( ) 函数的参数为时钟嘀嗒的周期，是由系统时钟除以内核嘀嗒定时器频率得到的（SystemCoreClock/RT_TICK_PER_SECOND）。系统时钟为 48 MHz，即 48000000 Hz，宏常数 RT_TICK_PER_SECOND 的实际值是 1000，表示内核嘀嗒定时器频率为 1000 Hz，对应重载寄存器（LOAD）的值 = 48000000/1000 - 1 = 47999，当这个值减至 0 时，时间刚好为 1 ms。故也可以说，在 RT-Thread 中的 1 个时钟嘀嗒为 1 ms。RT_TICK_PER_SECOND 的定义可在 rtconfig. h 文件中查看。

```
#define RT_TICK_PER_SECOND   1000
```

需要注意的是，RT_TICK_PER_SECOND 的值越大，时钟嘀嗒的周期越短；反之，RT_TICK_PER_SECOND 的值越小，时钟嘀嗒的周期越长。如果设置 2 ms 的时钟嘀嗒周期，则 RT_TICK_PER_SECOND = 500。实际时钟嘀嗒大小的设置需要考虑实时性与 CPU 运行效率之间的平衡。

3. SysTick 中断服务例程剖析

每一个嘀嗒中断，执行一次中断服务例程 SysTick_Handler。该例程的主要功能是：系统计时；从延时阻塞列表移出到期线程，加入就绪列表中并进行调度；对优先级相同的线程进行轮询调度，令时间片到的线程让出处理器。

SysTick_Handler 的源码在 board. c 文件中，它通过调用 rt_tick_increase( ) 函数完成对线程的处理。

```
//======================================================================
//函数名称：SysTick_Handler
//功能概要：时钟嘀嗒中断服务例程
//函数参数：无
//函数返回：无
//======================================================================
void SysTick_Handler(void)
```

```
{
    //(1)进入 SysTick 中断，中断计数器 rt_interrupt_nest 加 1
    //(irq.c 文件中定义的一个全局变量，主要用于记录中断的嵌套次数)
    rt_interrupt_enter();
    //(2)运行嘀嗒计数器加 1 函数
    rt_tick_increase();
    //(3)离开 SysTick 中断，中断计数器 rt_interrupt_nest 减 1
    rt_interrupt_leave();
}
```

下面分析与调度相关的函数 rt_tick_increase()。该函数的执行过程是：首先内核嘀嗒计数器加 1；接着对同一优先级线程进行轮询调度，检查当前运行线程的剩余时间片是否耗尽，若耗尽则重置时间片使对应线程让出 CPU，切换到其他线程；然后扫描系统定时器列表，查询定时器的延时是否到期，如果到期则让对应的线程移出延时阻塞列表并加入就绪列表。其执行流程如图 9-12 所示。

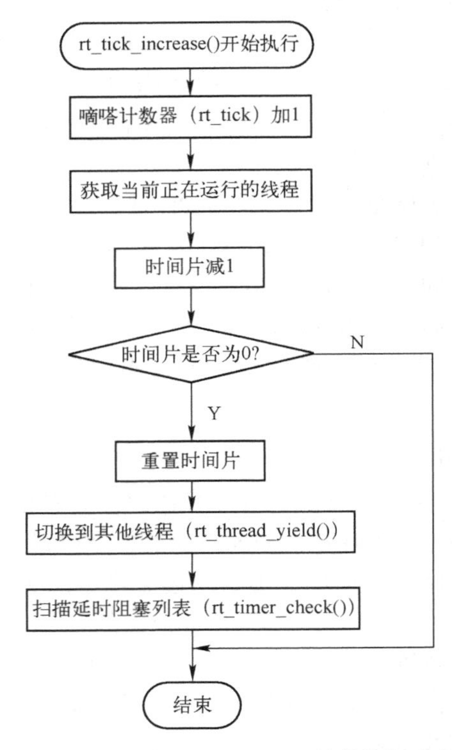

图 9-12　rt_tick_increase()函数的执行流程

嘀嗒计数器加 1 函数 rt_tick_increase()函数的源码可在 clock.c 文件中查看。

```
//======================================================================
//函数名称：rt_tick_increase
//功能概要：全局嘀嗒变量+1；扫描就绪列表中所有线程的时间片，进行系统调度
//参数说明：无
//函数返回：无
//======================================================================
void rt_tick_increase(void)
{
```

```
    struct rt_thread * thread;
    //(1)系统嘀嗒计数器加 1, rt_tick 是一个全局计数变量
    ++ rt_tick;
    //(2)获取当前正在运行的线程
    thread = rt_thread_self();
    //(3)时间片递减
    -- thread->remaining_tick;
    //(4)如果时间片用完,则重置时间片,然后让出处理器
    if (thread->remaining_tick == 0)
    {
        //(4.1)重置时间片
        thread->remaining_tick = thread->init_tick;
        //(4.2)切换到其他线程
        rt_thread_yield();
    }
    //(5)扫描延时阻塞列表,若有到期的线程则将其取出,插入就绪列表并发起调度
    rt_timer_check();
}
```

延时阻塞列表检查函数 rt_timer_check()用于延时阻塞列表的检查，检查是否有延时到期的线程，若有，则取出放入就绪列表。该函数源码可在 timer.c 文件中查看。

切换到其他线程的函数 rt_thread_yield()中含有执行调度函数 rt_schedule()。该函数的功能是将当前运行时间片耗尽的线程让出处理器，并对相同优先级的线程进行轮询调度。该函数的源码可在 thread.c 文件中查看。

```
//=====================================================================
//函数名称:rt_thread_yield
//功能概要:让当前线程让出处理器,调度器选择最高优先级的线程运行
//参数说明:无
//函数返回:RT_EOK:线程正确码
//=====================================================================
rt_err_t rt_thread_yield(void)
{
    register rt_base_t level;
    struct rt_thread * thread;
    //(1)关中断
    level = rt_hw_interrupt_disable();
    //(2)获取当前线程
    thread = rt_current_thread;
    //(3)如果线程在就绪态,且同一优先级下不止一个线程,则执行以下操作
    if ((thread->stat & RT_THREAD_STAT_MASK) == RT_THREAD_READY &&
                                    thread->tlist.next != thread->tlist.prev)
    {
        //(3.1)将时间片耗完的线程从就绪列表移除
        rt_list_remove(&(thread->tlist));
        //(3.2)将线程插入该优先级下的链表的尾部
        rt_list_insert_before(&(rt_thread_priority_table[thread->current_priority]),&(thread->tlist));
        //(3.3)开中断
        rt_hw_interrupt_enable(level);
        //(3.4)执行调度
        rt_schedule();
        return RT_EOK;
```

```
    }
    //(4)开中断
    rt_hw_interrupt_enable(level);
    return RT_EOK;
}
```

9.3.2 延时函数的调度机制分析

线程延时函数 rt_thread_sleep( )供用户线程使用。该延时函数与利用机器指令空跑延时不同，当用户线程调用该函数后，在该函数内部将根据传入的延时嘀嗒数，将该用户线程按照延时时间插入延时阻塞队列，让出 CPU 的使用权。每次 SysTick 中断，SysTick 中断服务例程就会查看延时阻塞队列是否有延时时间到期的线程，有就取出放入就绪列表进行调度运行。

1. 延时函数的执行流程

rt_thread_sleep( ) 函数的源码在“..\RT-Thread\src\thread.c”文件中，执行流程如图 9-13 所示。基本过程为：关中断→获取当前正在运行的线程→阻塞当前线程→计算当前线程的延时时间→将当前线程加入线程延时阻塞列表→开中断→执行系统调度。

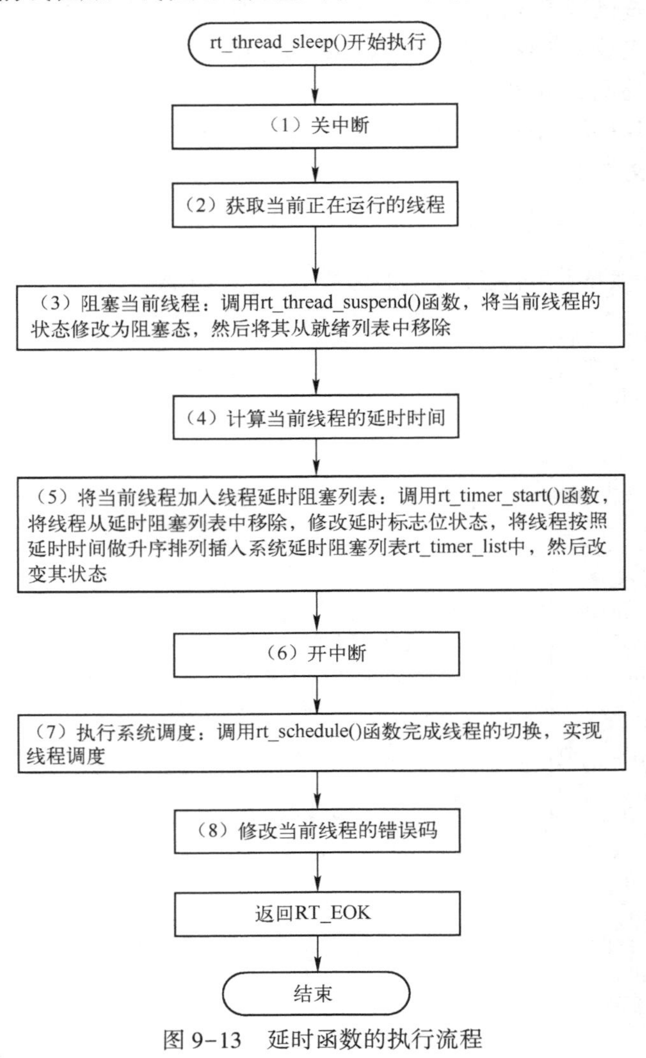

图 9-13 延时函数的执行流程

延时函数 rt_thread_sleep( ) 的源码在“08_RT-Thread\src\thread.c”中可查看。

```
//=====================================================================
//函数名：rt_thread_sleep
//功能概要：调用函数 rt_thread_suspend( ),进入线程等待状态
//参数说明：tick，延时时钟嘀嗒数
//函数返回：RT_EOK，线程正确码
//=====================================================================
rt_err_t rt_thread_sleep(rt_tick_t tick)
{
    register rt_base_t temp;
    struct rt_thread * thread;
    //(1)关中断
    temp = rt_hw_interrupt_disable( );
    //(2)获取当前正在运行的线程
    thread = rt_current_thread;
    RT_ASSERT(thread != RT_NULL);
    RT_ASSERT(rt_object_get_type((rt_object_t)thread) == RT_Object_Class_Thread);
    //(3)阻塞当前线程
    rt_thread_suspend(thread);
    //(4)重置当前线程的延时时间
    rt_timer_control(&(thread->thread_timer), RT_TIMER_CTRL_SET_TIME, &tick);
    //(5)将当前线程加入线程延时阻塞列表
    rt_timer_start(&(thread->thread_timer));
    //(6)开中断
    rt_hw_interrupt_enable(temp);
    //(7)执行系统调度
    rt_schedule( );
    //(8)修改当前线程的错误码
    if (thread->error == -RT_ETIMEOUT)   thread->error = RT_EOK;
    return RT_EOK;
}
```

2. 延时函数内调用的主要函数分析

延时函数的源码分析仍然使用“..\03-Software\CH09-RT-Analysis\StartAnalysis_B”工程中的 timer.c 文件，在工程的“..\05_UserBoard\RT-Thread_Src\src”文件夹中。

在 RT-Thread 中，定义了一个全局的延时阻塞列表，当线程需要延时的时候，就先把线程阻塞，然后将线程插入这个延时阻塞列表中，系统定时器列表维护着一条双向链表，其结点按照定时器的延时时间的大小做升序排列。延时函数内调用的 rt_timer_start( ) 函数就是将当前线程加入线程延时阻塞列表。而与之功能相反的是 rt_timer_stop( ) 函数，它是从延时阻塞列表移除线程，这个函数由 rt_thread_suspend( ) 调用。

1） rt_timer_start( ) 函数。rt_timer_start( ) 函数的功能是将当前需要延时的线程按照延时时间升序排列插入延时阻塞列表中，并开始计时。其具体实现过程是：首先整理延时阻塞列表，为插入新节点做准备，修改延时标志位状态，将线程按照延时时间做升序排列插入系统延时阻塞列表 rt_timer_list 中，然后改变其状态。

2） rt_timer_stop( ) 函数。该函数的功能与 rt_timer_start( ) 函数相反。该函数在线程阻塞函数 rt_thread_suspend( ) 函数中被调用。其主要功能是将当前线程延时阻塞列表删除，然后改变延时状态标志位。

9.4 RT-Thread 中的事件与消息队列的触发过程分析

RTOS 中的通信是指线程之间或者线程与中断服务例程之间的信息交互，其作用是实现同步与数据传输。同步是协调不同程序单元的执行顺序。数据传输是在不同程序单元之间进行数据的传递。通信的主要方式有事件、消息队列、信号量、互斥量等。本节对事件与消息队列的触发过程进行分析，9.5 节对信号量与互斥量的触发过程进行分析。事件触发过程分析就是试图阐述一处发送事件位，等待事件位的地方为什么会运行。消息队列触发过程分析就是试图阐述一处发送消息进入消息队列，等待消息的地方为什么会运行。

9.4.1 事件的触发过程

事件具有触发调度功能，下面对事件调度机制进行分析。

1. 事件相关函数功能及执行流程

（1）事件发送函数 rt_event_send()

事件发送函数 rt_event_send()的主要功能：①判断事件状态及参数是否正确；②设置事件字的对应事件位；③在事件阻塞列表中查找线程等待事件位与设置的事件位相同的线程，找到后从事件阻塞列表中移出，并加入就绪列表中；④取就绪列表中最高优先级（优先级最高的）线程进行调度。

在“..\05_UserBoard\RT-Thread_Src\src\ipc.c”文件中可以查看 rt_event_send()函数的源代码。rt_event_send()函数的执行流程如图 9-14 所示。

（2）事件接收函数 rt_event_recv()

事件接收函数 rt_event_recv 的主要功能：①判断线程和事件状态及参数是否正确；②初始化状态并重置线程错误码；③检查线程所等待的事件位是否发生，当线程所等待的事件位未发生，将线程放入阻塞列表中，并激活线程计时器；④更改线程的状态，然后从就绪列表中取出线程准备运行；⑤返回当前线程的状态。

在“..\05_UserBoard\RT-Thread_Src\src\ipc.c”文件中可以查看 rt_event_recv()函数的源码。rt_event_recv()函数的执行流程如图 9-15 所示。

2. 线程之间的事件调度机制实例分析

线程之间的事件调度机制实例分析使用“..\03-Software\CH09-RT-Analysis\Event”工程，它实现了线程间的同步。为了只针对事件进行剖析，故在程序中不采用延时函数而采用空循环来实现延时，可以通过串口（波特率设置为 115200）输出运行结果。其调度流程时序如图 9-16 所示。

图 9-16 中，纵向线表示线程、中断或列表的有效运行时间；横向线表示基本过程。

下面对线程调度过程进行分段剖析，并给出各段的运行结果。

（1）线程启动

第（1）~（3）步，芯片上电启动再转到主线程函数 app_init()执行，在该函数中创建并先后启动了绿灯、蓝灯和红灯三个线程，然后终止该函数的运行，由 RT-Thread 开始进行线程调度。

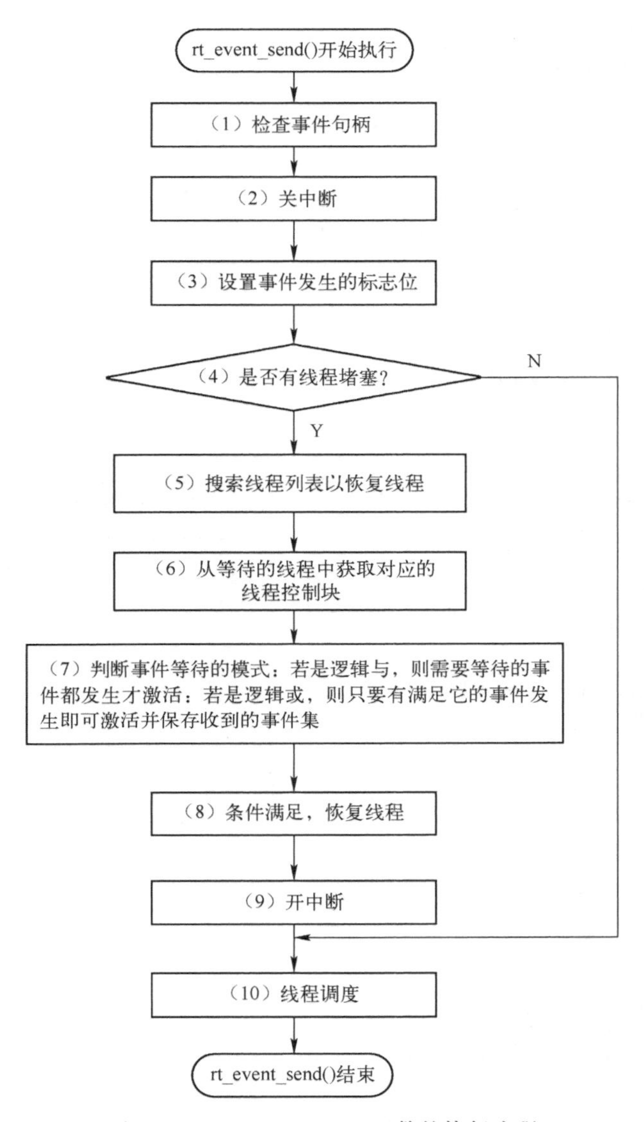

图 9-14　rt_event_send( ) 函数的执行流程

(2) 绿灯线程等待事件字第 2 位

第（4）步，绿灯线程等待事件字第 2 位。

第（5）步，绿灯线程触发 PendSV 中断。

第（6）步，绿灯线程被放入阻塞列表。

第（7）步，将高优先级的蓝灯线程激活运行。

(3) 蓝灯线程等待事件字第 2 位

第（8）步，蓝灯线程设置事件字第 2 位。

第（9）步，从阻塞列表中取出绿灯线程。

第（10）步，绿灯线程被放入就绪列表，由于线程优先级相同，绿灯线程不会抢占当前运行的蓝灯线程，而是会通过 SysTick 中断服务例程轮询调度。

第（11）步，事件字第 2 位置位后，绿灯反转。

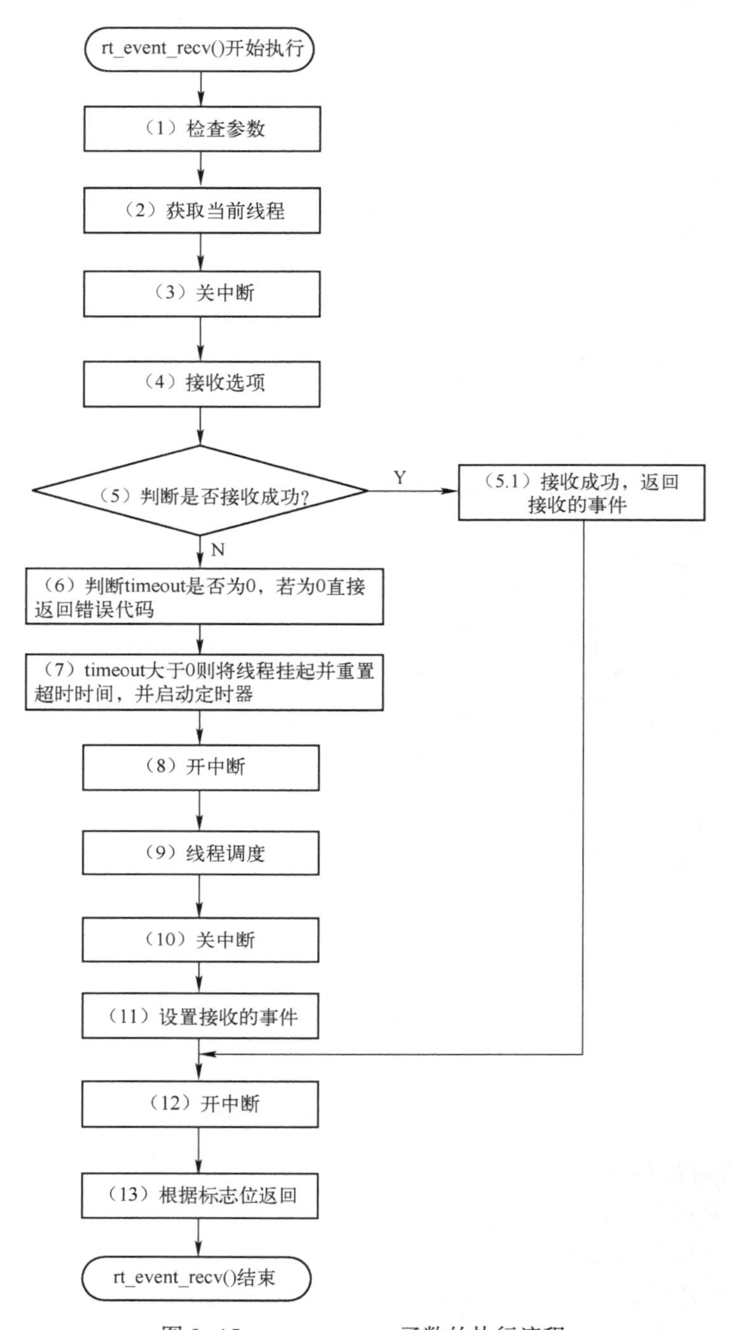

图 9-15　rt_event_recv 函数的执行流程

（4）红灯线程等待事件字第 3 位

第（12）步，红灯线程等待事件字第 3 位。

第（13）步，红灯线程触发 PendSV 中断。

第（14）步，红灯线程被放入阻塞列表。

第（15）步，从就绪列表中取出蓝灯线程。

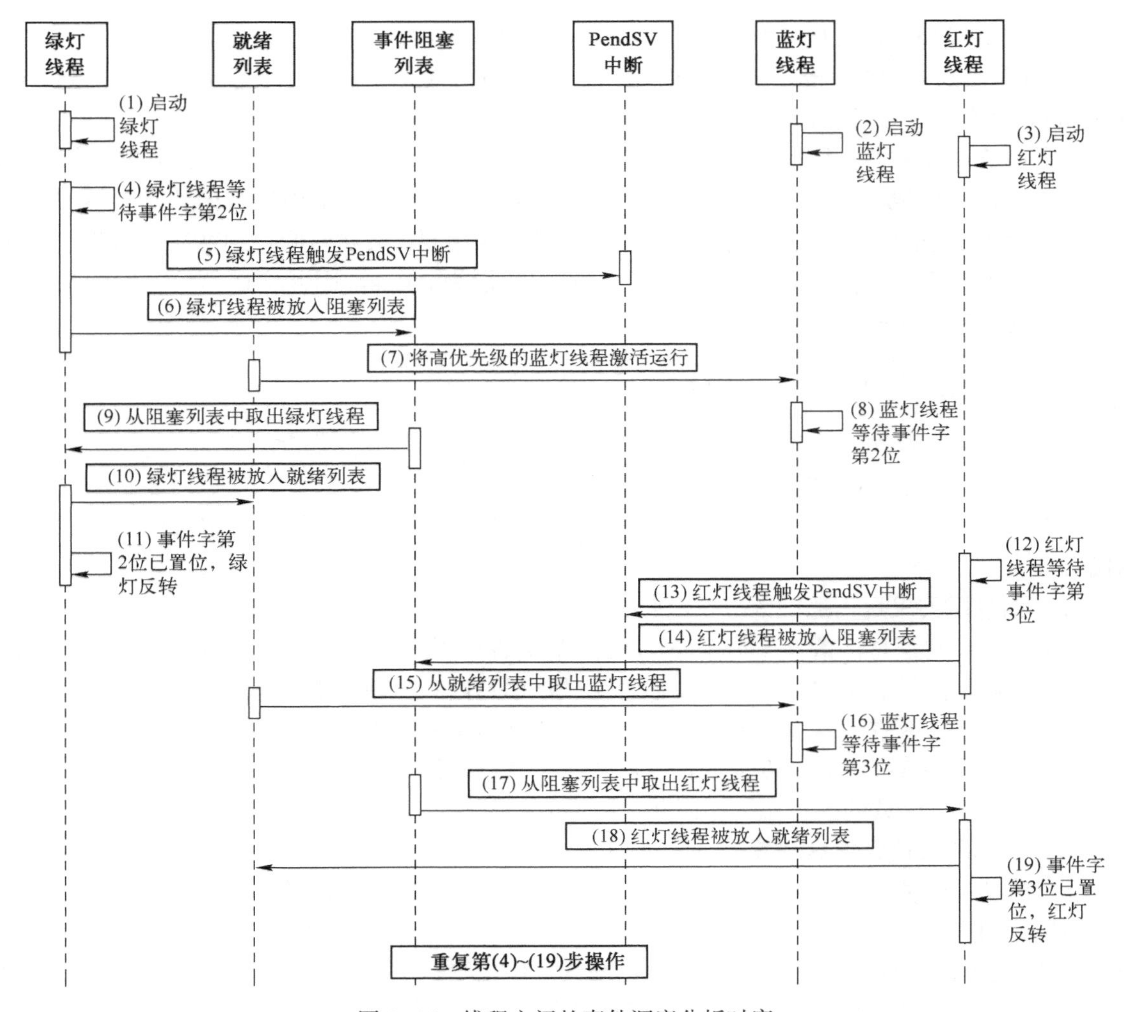

图 9-16　线程之间的事件调度分析时序

此处需要注意的是，蓝灯线程处于就绪列表中的第一个，而调用的是红灯线程。这是由于在例程中，在蓝灯设置事件字的第 2 位后，会让蓝灯线程运行一个 3 s 的空循环，以便后续设置事件字的第 3 位，此时并不会将蓝灯线程放入阻塞列表中，当线程的时间片用完之后，会通过 SysTick 中断服务例程轮询调度红灯线程运行。

（5）绿灯线程等到事件字的第 2 位

重复第（4）~（7）步，绿灯线程等到事件字的第 2 位，进行绿灯亮暗切换（执行 rt_event_recv 后续语句）。接着又开始新一轮的事件位等待，激活蓝灯线程运行。

（6）蓝灯线程设置事件字的第 3 位

第（16）步，蓝灯线程等待事件字第 3 位。

第（17）步，从阻塞列表中取出红灯线程。

第（18）步，红灯线程被放入就绪列表，由于线程优先级相同，红灯线程不会抢占当前运行的蓝灯线程，而是会通过 SysTick 中断中轮询调度，激活红灯线程运行。

第（19）步，置位完成，红灯反转。

（7）红灯线程等待事件字的第 3 位

重复第（12）~（15）步，红灯线程等到事件字的第 3 位，进行红灯亮暗切换（执行 rt_event_recv 后续语句）。接着又开始新一轮的事件位等待，激活蓝灯线程运行。

说明：演示程序主要是通过在相关的代码处插入 printf( ) 函数的方式，输出相关的信息，执行 printf( ) 函数需要占用一些时间。本例中采用空循环语句而不采用延时函数进行延时，主要是为了简化线程的调度过程。同时，由于线程优先级相同，每次时间片到就会对线程进行轮询调度。为了方便演示，减少输出错位现象，时间片设为 35 ms。因此，在串口实际输出执行结果时，会出现有些输出错位现象。

9.4.2 消息队列的触发过程

消息进队列具有触发调度功能。下面对消息队列调度机制进行分析。

1. 消息队列主要函数的剖析

在本章任意工程的“..\05_UserBoard\RT-Thread_Src\src\ipc.c”文件中可以查看函数的源代码。

（1）消息队列发送消息函数 rt_mq_send( )

消息队列发送消息函数 rt_mq_send( ) 的主要功能：①判断消息队列的状态和参数的合法性；②从空闲消息链表上取下一个空闲消息块，把消息内容复制到消息块上；③将新增的消息块放入消息队列中，并设置新的队列尾部链表；④从阻塞列表中移除等待接收消息的线程，将其放入就绪列表中准备运行；⑤返回消息队列各类状态码值。

rt_mq_send( ) 函数的执行流程如图 9-17 所示。

（2）消息队列接收消息函数 rt_mq_recv( )

消息队列接收消息函数 rt_mq_recv( ) 的主要功能：①检查消息队列状态和参数的合法性；②从消息队列中取出一个消息；③对获取到的消息进行处理，若无消息，则改变当前线程状态，将其移入阻塞列表并开启计时器，从就绪列表取出线程准备运行；④若有消息，获取消息列表的头指针，将消息数减 1；⑤返回消息队列各类状态码值。

rt_mq_recv( ) 函数的执行流程如图 9-18 所示。

2. 消息队列调度机制实例分析

下面分析线程间通过消息队列进行通信的样例，讲解通过串口（波特率设置为 115200 bit/s）输出运行消息存放和获取的流程。消息队列使用方法时序如图 9-19 所示，程序工程见“..\03-Software\CH09-RT-Analysis\MessageQueue”文件夹。**注意：本工程的 RT 源码 ipc.c 文件中有加入 printf 语句输出过程信息，仅供原理分析使用。**

下面将对消息队列中消息的放入和获取过程进行分段剖析，并给出各段的运行结果。

（1）消息发送线程第 1、2 次存放消息

第（1）步，消息发送线程申请存放两次消息到消息队列。

第（2）步，给消息控制块分配空间，并放入消息队列中。

第（3）~（4）步，存放消息成功，绿灯切换亮暗。

（2）消息接收线程第 1 次获取消息

第（5）步，消息接收线程申请获取消息。

第（6）步，消息队列释放消息控制块，消息个数减 1。

第（7）~（8）步，返回收到的消息，蓝灯切换亮暗。

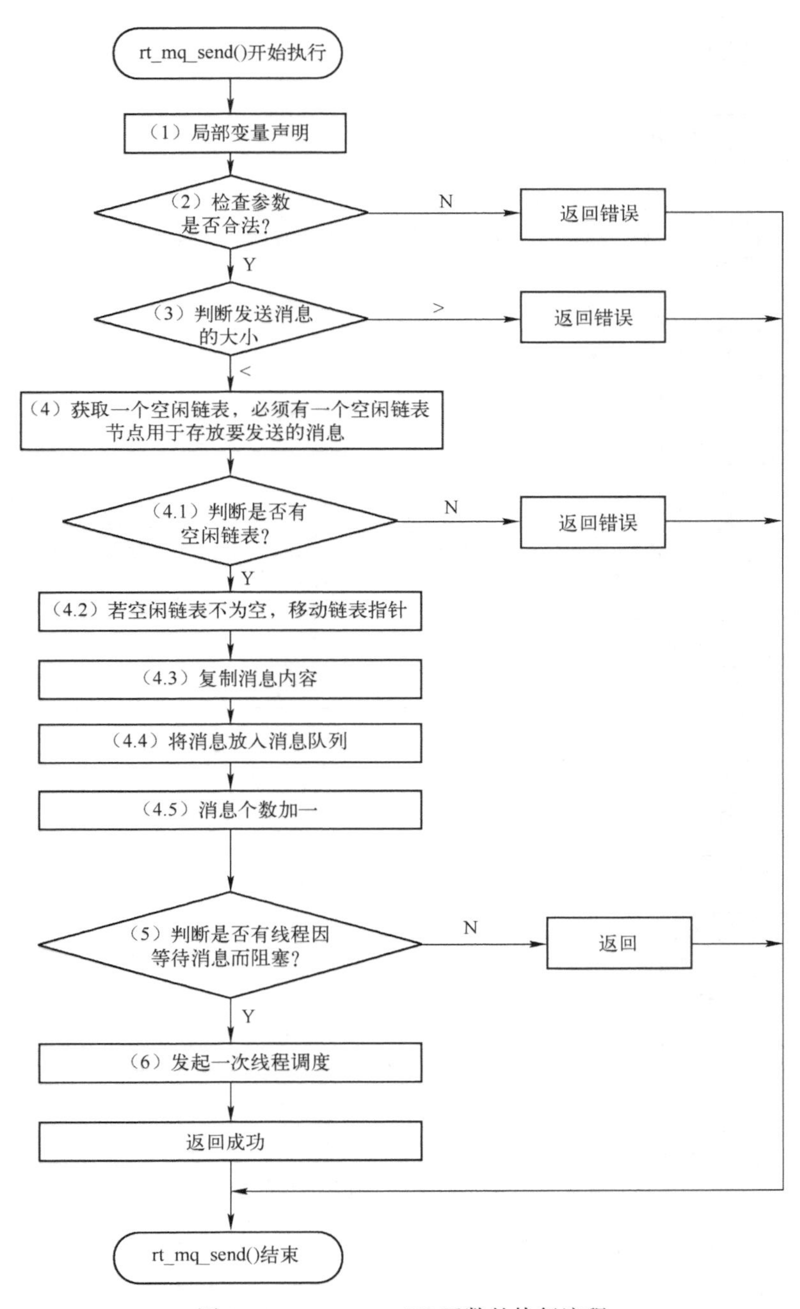

图 9-17　rt_mq_send( ) 函数的执行流程

(3) 消息发送线程第 3、4 次存放消息

重复 (1)~(4) 步，消息发送线程继续存放两次消息，消息队列中消息个数为 3。

(4) 消息接收线程第 2 次获取消息

重复 (5)~(8) 步，消息接收线程开始从消息队列获取首个消息控制块地址 (2000514C)，同时释放消息控制块 (2000514C)，且消息个数为 2。

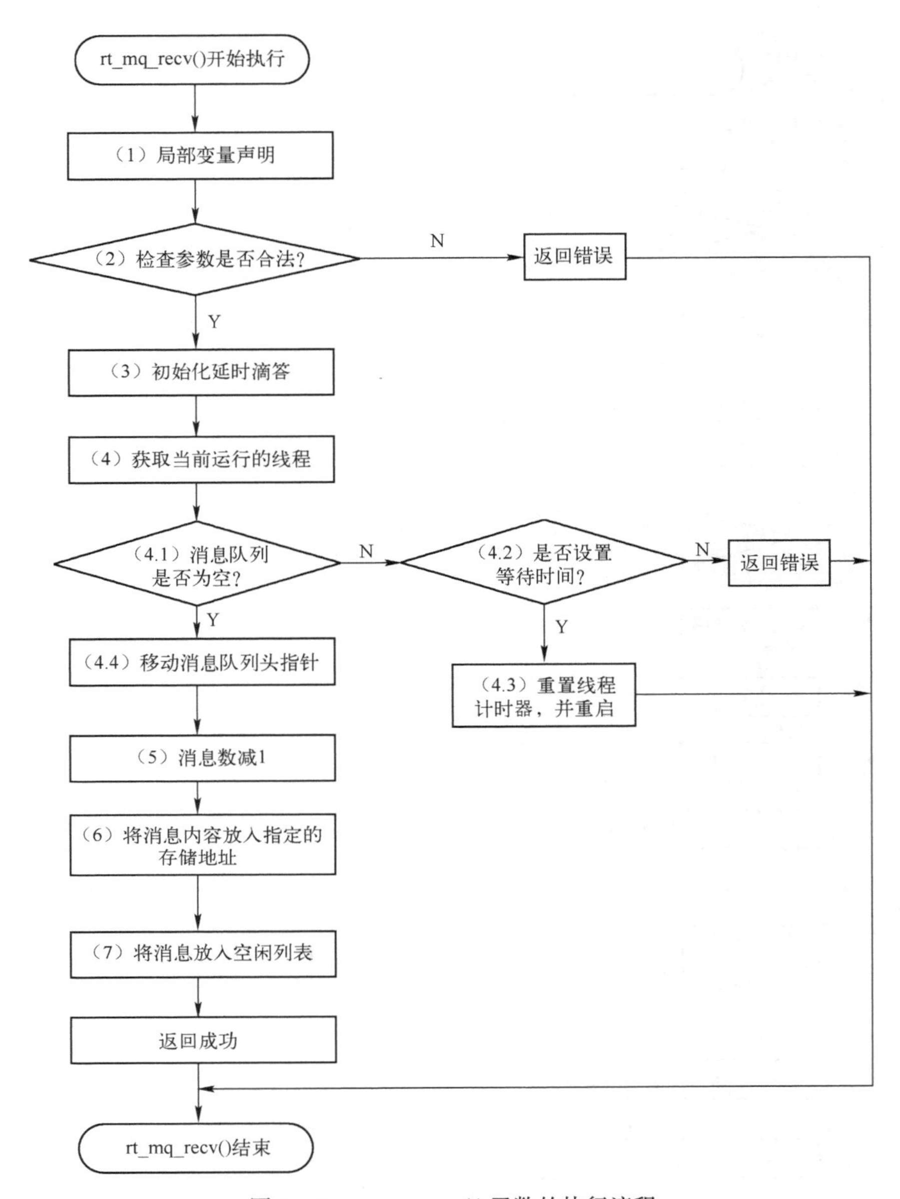

图 9-18　rt_mq_recv( ) 函数的执行流程

（5）消息发送线程第 5、6 次存放消息

重复（1）~（4）步，消息发送线程继续存放两次消息，消息队列中消息个数为 4。

（6）消息接收线程第 3 次获取消息

重复（5）~（8）步，消息接收线程开始从消息队列获取首个消息控制块地址（20005158），同时释放消息控制块（20005158），且消息个数为 3。

（7）消息发送线程第 7、8 次存放消息

重复（1）~（4）步，消息发送线程继续存放两次消息，消息队列中消息个数为 5。

（8）消息接收线程第 4 次获取消息

重复（5）~（8）步，消息接收线程开始从消息队列获取首个消息控制块地址（20005144），同时释放消息控制块（20005144），且消息个数为 5。

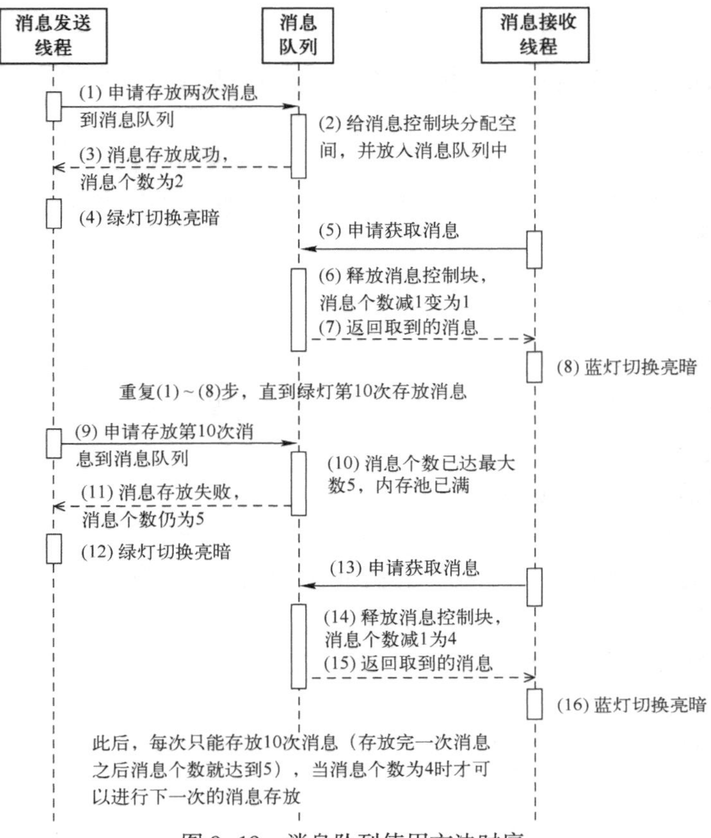

图 9-19　消息队列使用方法时序

（9）消息发送线程第 9 次存放消息

重复（1）~（4）步，消息发送线程继续第 9 次存放消息，消息队列中消息个数为 5。

（10）消息发送线程第 10 次存放消息

第（9）步，发送线程申请存放第 10 次消息到消息队列。

第（10）、（11）步，消息队列满，存放消息失败，因为此时消息队列中消息个数为 5 已达到最大消息数，内存池已满，无空间可分配，故本次存放的消息未被存入消息队列中，产生了消息溢出现象。

第（12）步，绿灯切换亮暗。

（11）消息接收线程第 5 次获取消息

第（13）步，接收线程申请消息。

第（14）步，消息队列释放消息控制块，消息个数减 1。

第（15）、（16）步，接收成功，蓝灯切换亮暗。

消息接收线程开始从消息队列获取首个消息控制块地址（2000514C），且消息个数为 4。此后，每次只能存放一次消息（存放完一次消息之后消息个数就达到 5），当消息个数为 4 时才可以进行下一次的消息存放。

说明：演示程序主要是为了说明消息的存放和获取过程，因此，在程序设计上存放消息的时间（1s）比获取消息的时间（2s）短，故产生了消息堆积和消息溢出的现象。但在实际的应用场景中，应该是存放消息的平均时间比获取消息的平均时间长，这样就不会产生消息溢出现象（可以允许偶尔有消息堆积）。

9.5 RT-Thread 中的信号量与互斥量的触发过程分析

信号量与互斥量主要解决共享资源的使用问题。前面第 4.4、4.5 节介绍了信号量与互斥量的使用方法，本节主要对 RT-Thread 中的信号量与互斥量的触发过程进行分析，达到了解信号量与互斥量工作原理的目的。

9.5.1 信号量

信号量的含义及应用场合、信号量操作函数，以及信号量的编程举例已在第 4.4 节介绍过了，本节主要剖析信号量等待函数和信号量释放函数的流程。

1. 信号量主要函数剖析

（1）等待获取信号量函数 rt_sem_take( )

rt_sem_take( ) 函数的主要功能：①判断是否有可用信号量，若有，信号量的值减 1 并返回获取信号量成功；②否则判断等待时间，若等待时间等于 0，返回超时错误，否则阻塞当前运行线程，并插入信号量阻塞列表中，若等待时间大于 0，则需要设置线程等待时间并启动定时器将当前线程放入延时列表，并从就绪列表中取出优先级最高的线程准备运行。

在“..\05_UserBoard\RT-Thread_Src\src\ipc.c”文件中可查看 rt_sem_take( ) 的源代码。rt_sem_take( ) 函数的执行流程如图 9-20 所示。

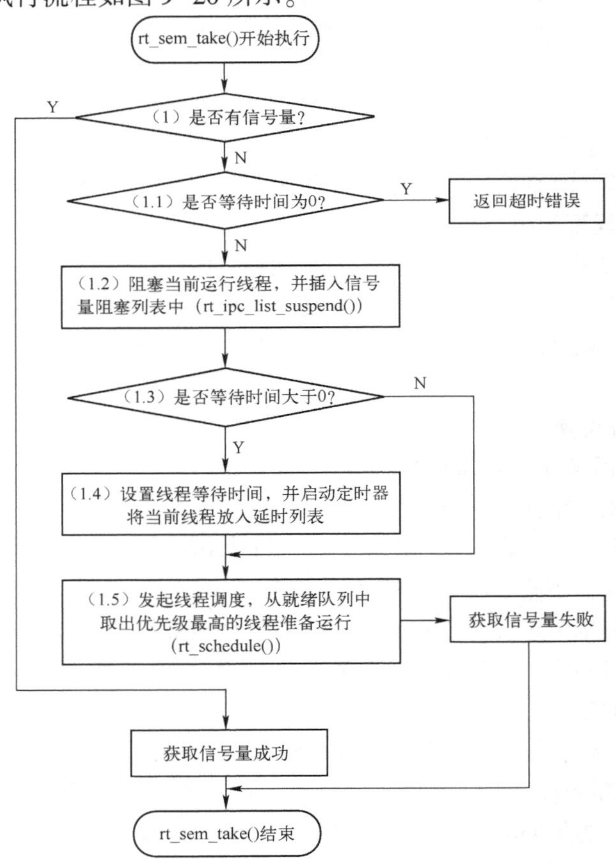

图 9-20　rt_sem_take( ) 函数的执行流程

（2）释放信号量函数 rt_sem_release( )

rt_sem_release( )函数的主要功能：①检查信号量阻塞列表中是否有等待信号量的线程。若有，则从信号量阻塞列表中唤醒第一个线程，并将此线程从延时列表中取出；若无，则释放信号量；②检查是否需要线程调度。

在“..\05_UserBoard\RT-Thread_Src\src\ipc.c”文件中可查看 rt_sem_release( )的源代码。rt_sem_release( )函数的执行流程如图 9-21 所示。

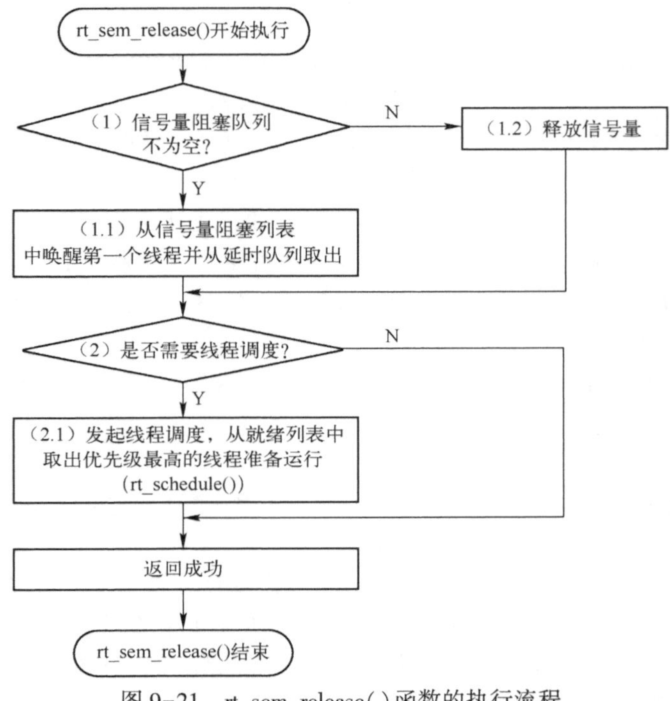

图 9-21　rt_sem_release( )函数的执行流程

2. 信号量调度实例分析

在第 4.4 节中已经分析了信号量调度的程序执行流程，为了让读者更加明白信号量的使用方法，以及线程是如何对资源进行独占访问的，这里对 4.4 节样例程序进行运行过程分析，通过串口（波特率设置为 115200 bit/s）输出运行结果，如图 9-22 所示。样例工程在“..\03-Software\CH09-RT-Analysis\Semaphore”文件夹。**注意：本工程的 RT 源码 thread.c 文件中有加入 printf 语句输出过程信息，仅供原理分析使用。**

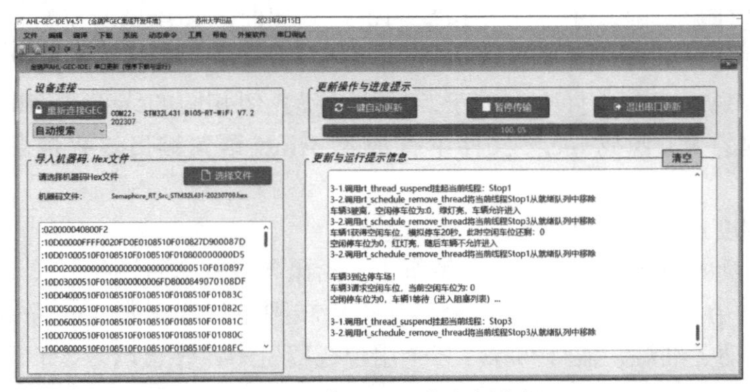

图 9-22　信号量调度实例分析

运行实例，观察 thread. c 源码中加入了哪些语句，体会运行过程。运行过程中可以单击运行显示界面的“暂停传输”按钮，拖动显示信息栏右边的滚动条显示全面信息，这样可以更加简明地理解运行过程。

9.5.2 互斥量

1. 互斥量主要函数剖析

（1）获取互斥量函数 rt_mutex_take()

rt_mutex_take()函数的主要功能：判断当前获取互斥量的线程与持有互斥量的线程是否是同一线程，若是，则该互斥量的持有值加 1 而线程不会被挂起；若不是，检查互斥量是否上锁。若未上锁，则当前线程成功获取互斥量，并设置持有互斥量的原始优先级和持有次数同时上锁；若互斥量已上锁，检查是否等待。若等待时间等于 0，返回超时错误，否则将当前运行线程插入互斥量阻塞列表中，若当前获取互斥量线程的优先级大于持有互斥量线程的优先级，则提升持有互斥量线程的优先级与当前获取互斥量线程的优先级相同；若等待时间大于 0，同时需要设置线程等待时间并启动定时器将当前线程放入延时列表，然后从就绪列表中取出优先级最高的线程准备运行。

在“..\05_UserBoard\RT-Thread_Src\src\ipc. c”文件中可查看 rt_mutex_take()的源代码。rt_mutex_take()函数的执行流程如图 9-23 所示。

（2）互斥量释放函数 rt_mutex_release()

rt_mutex_release()函数的主要功能：①检查当前线程与互斥量持有线程是否是同一线程，只有互斥量持有线程才能释放互斥量。若是同一线程，则持有互斥量的线程的持有次数减 1。②若持有互斥量的线程的持有次数等于 0，检查是否需要恢复线程的初始优先级，并检查互斥量阻塞列表中是否有等待当前互斥量的线程。若有，则从互斥量阻塞列表中唤醒第一个线程，并从延时列表中取出，同时设置新的持有者线程、优先级和持有者数；若无，则互斥量开锁，并清除互斥量所有者信息，恢复默认优先级。③检查是否需要线程调度。

在“..\05_UserBoard\RT-Thread_Src\src\ipc. c”文件中可查看 rt_mutex_release()的源代码。rt_mutex_release()函数的执行流程如图 9-24 所示。

2. 基于互斥量的优先级相同线程程序执行流程分析

（1）互斥量调度时序分析

在第 4.5 节中已经分析了互斥量调度的程序执行流程，为了让读者更加明白互斥量的使用方法，以及线程是如何对资源进行独占访问的，这里给 4.5 节样例程序配套了一个演示程序，去掉了串口互斥量，只考虑一个互斥量的情况，同时不采用延时函数而采用空循环来实现延时，通过串口（波特率设置为 115200）输出运行结果。程序工程见“..\03-Software\CH09-RT-Analysis\Mutex”文件夹。基于互斥量的优先级相同的线程调度时序如图 9-25 所示。**注意：本工程的 RT 源码 ipc. c 文件中有加入 printf 语句输出过程信息，仅供原理分析使用。**

（2）互斥量调度过程分段解析

下面将对互斥量的使用过程进行分段解析，并给出各段的运行结果。

1）**线程启动**。在本样例中，芯片上电启动然后转到主线程函数 app_init()执行，在该函数中创建并先后启动了红灯、蓝灯和绿灯三个用户线程，然后终止该函数的运行。

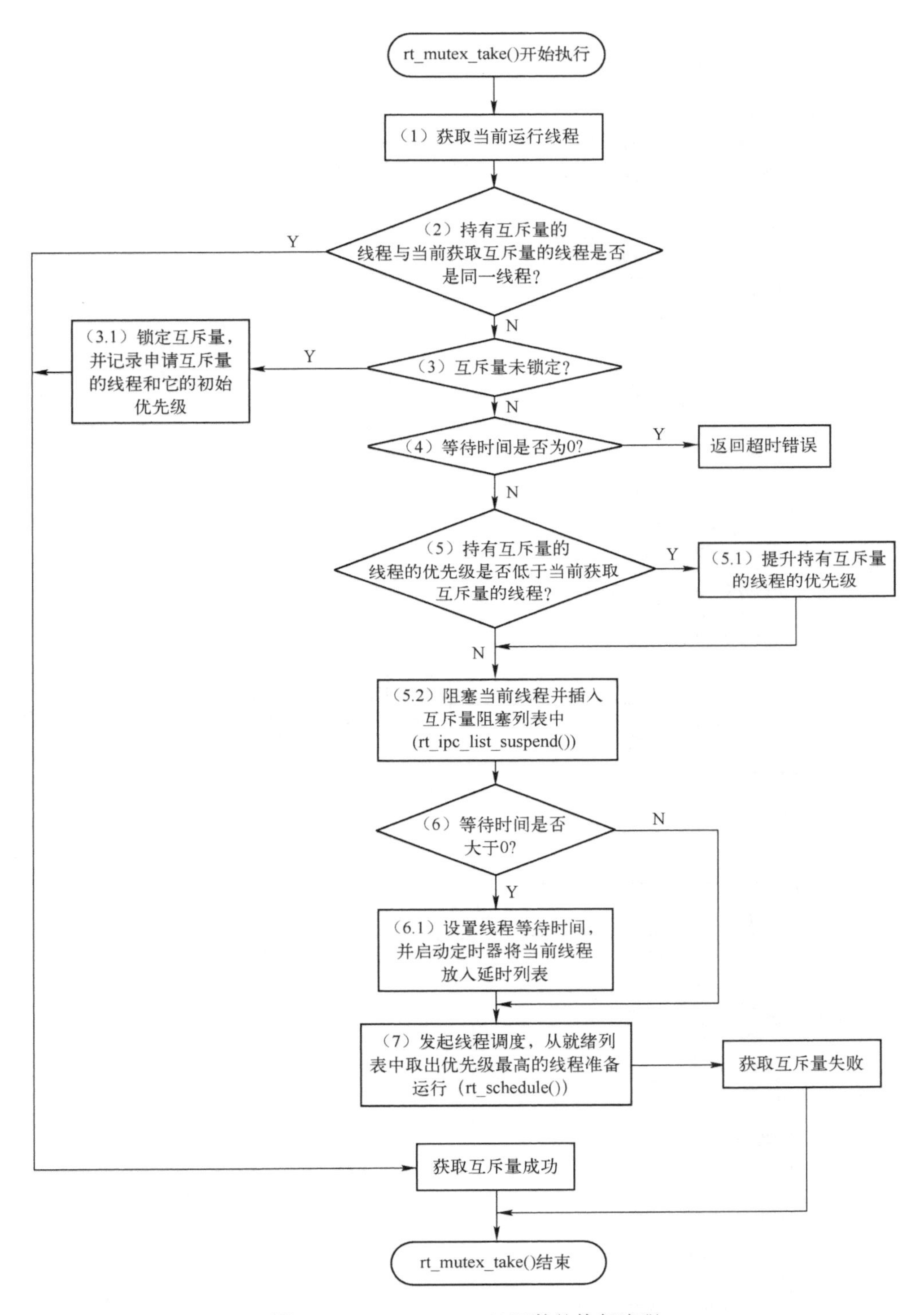

图 9-23　rt_mutex_take( ) 函数的执行流程

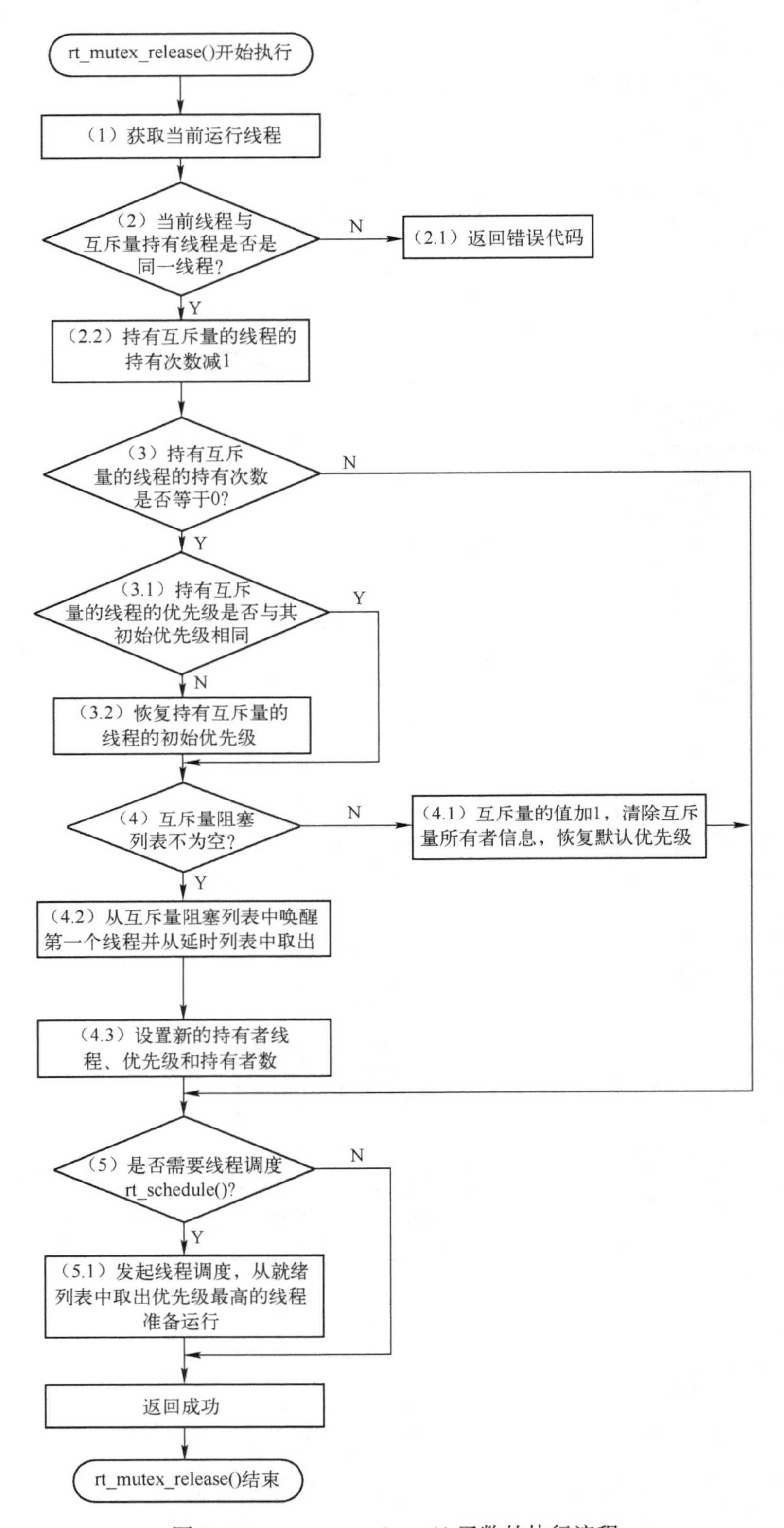

图 9-24　rt_mutex_release( ) 函数的执行流程

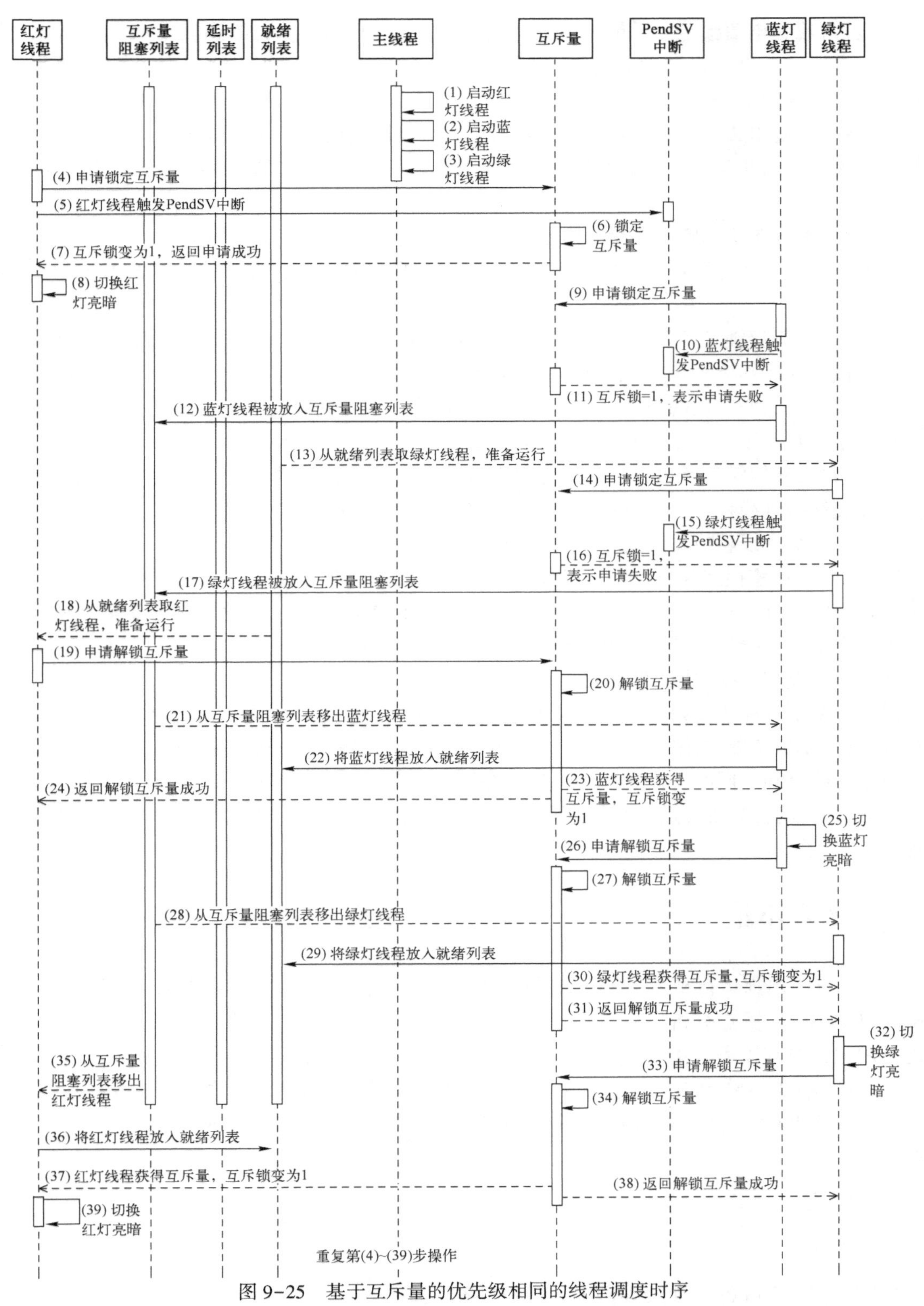

图 9-25　基于互斥量的优先级相同的线程调度时序

□表示线程或列表的有效运行时间，实线箭头表示线程运行、进入列表或申请互斥量，虚线箭头表示从列表取线程（互斥量）或返回申请互斥量结果。

2）**红灯线程申请锁定互斥量**。终止主线程后，RT-Thread 从就绪列表中取出最高优先级的线程（此时为红灯线程）激活运行。由于互斥锁为 0，红灯线程申请锁定互斥量成功，锁定成功，互斥锁变为 1，同时切换红灯亮暗。

3）**蓝灯线程申请锁定互斥量**。由于互斥量已被红灯线程锁定（互斥锁为 1），蓝灯线程申请互斥量失败，因此蓝灯线程会被放到互斥量阻塞列表中，并从就绪列表中取出绿灯线程准备运行。

4）**绿灯线程申请锁定互斥量**。由于互斥量仍被红灯线程锁定（互斥锁为 1），绿灯线程申请互斥量也失败，因此绿灯线程同样也被放到互斥量阻塞列表中，并从就绪列表中取出红灯线程准备运行。

5）**红灯线程解锁互斥量**。由于互斥量是由红灯线程锁定的，因此红灯线程能成功解锁互斥量，解锁后互斥锁为 0。此时，互斥量会被释放，并移转给正在等待互斥量的蓝灯线程，之后红灯线程又开始新一轮的申请锁定互斥量。蓝灯线程变为互斥量所有者，表示蓝灯线程成功锁定互斥量，互斥锁变为 1，同时切换蓝灯亮暗。

6）**蓝灯线程解锁互斥量**。蓝灯线程解锁互斥量成功（互斥锁=0），互斥量从互斥量列表移出并转交给绿灯线程，之后蓝灯线程又开始新一轮的申请锁定互斥量。绿灯线程变为互斥量所有者，表示绿灯线程成功锁定互斥量，同时切换绿灯亮暗。

7）**绿灯线程解锁互斥量**。绿灯线程解锁互斥量成功（互斥锁=0），互斥量从互斥量列表移出并转交给红灯线程，之后绿灯线程又开始新一轮的申请锁定互斥量。红灯线程变为互斥量所有者，表示红灯线程成功锁定互斥量，同时切换红灯亮暗。

此后，重复图 9-24 中的第（4）~（39）步。

说明：演示程序主要是通过在相关的代码之间插入 printf() 函数的方式，输出相关的信息，执行 printf() 函数需要占用一些时间。为了让灯的亮暗切换效果明显一些，加入了空循环语句，也会占用一些时间。同时，由于线程优先级相同，SysTick 中断会每 1 ms 中断一次，每次时间片（10 ms）到就会对线程进行轮询调度。因此，在串口实际输出执行结果时，会出现输出错位现象。

9.6 本章小结

理解 RTOS 内部运行机制，必须具备一些基础知识，本章概述了这些基础知识。在 RT-Thread 启动部分，重点分析了从芯片复位开始执行的第一条指令，到操作系统启动并执行主线程这一过程，对其流程、主要函数进行了剖析。随后，对延时函数、事件、消息队列、信号量、互斥量等 RTOS 中具有调度触发机制的部件进行了剖析。通过对这些内容的学习，可基本了解 RTOS 是如何运行的、是如何为应用编程提供服务的，达到知其然，且了解其所以然的目的。

习题

1. 简述 ARM Cortex-M 处理器中 SP 寄存器的作用。
2. 用 C 语言定义一个学生类型结构体，结构体成员自定，不少于 5 个。
3. 简述 RT-Thread 的启动过程。

4. 简述 PendSV_Handler 的执行过程。

5. 参考“..\03-Software\CH09-RT-Analysis\StartAnalysis_A”，在 .hex 文件中，找到蓝灯线程函数存放处。

6. 参考“..\03-Software\CH09-RT-Analysis\StartAnalysis_B”，编程给出线程栈空间中更详细的信息。

7. 试简要分析延时函数的调度机制。

8. 试简要分析消息队列的调度机制。

9. 参考“..\03-Software\CH09-RT-Analysis\StartAnalysis_B”，编程给出 Flash 模块空间及 RAM 空间的使用情况。

附　　录

附录 A　RT-Thread 版本更新方法

从上海赛睿德电子科技有限公司官网下载 RT-Thread 源码，其目录结构见表 A-1。

表 A-1　RT-Thread 源码结构

文件夹名称	存 放 文 件
libcpu	CPU 文件
bsp	板级文件
include、src	系统内核文件
components	功能组件
doc	文档文件

本书有 User 程序使用 RT-Thread 源码的用户工程，也有 RT-Thread 驻留在 BIOS 的 User 工程，RT-Thread 源码均可更换，方法：从 RT-ThreadNano 源码包中选取文件，替换本书工程的 RT-Thread_Src 文件夹下的文件。需要替换的文件见表 A-2。

表 A-2　文件替换表

RT-Thread 文件夹	用户文件夹	替 换 文 件
\libcpu\arm\cortex-m4	..\05_UserBoard\RT-Thread_Src	Context_gcc. S、cpuport. c
\bsp	..\05_UserBoard\RT-Thread_Src	board. c
\include	..\05_UserBoard\RT-Thread_Src\include	全部文件及文件夹
\src	..\05_UserBoard\RT-Thread_Src\src	全部文件及文件夹
\components	..\05_UserBoard\RT-Thread_Src\src\components	根据情况选择

RT-ThreadNano 的内核精简且接口规范适配度较高，将这些文件替换覆盖到用户程序目录中之后，只需要做部分修改，即可实现移植。具体修改内容如下。

1）将 RT-Thread 相关头文件路径加入工程项目的文件包含中。

2）修改 board. c 文件中 rt_heap 数组的大小。对操作系统线程堆栈空间的分配是通过申请一个全局静态数组变量实现的，空间位于 RAM 空间中的 . bss 段，在分配时需要注意大小合适。

3）OSFunc. c 文件中整合了操作系统启动的相关函数，提供统一启动方式接口，避免重复定义，需要将/src/components. c 中操作系统启动相关的部分函数注释，可参考之前版本的注释内容。

4）根据需要修改 rtconfig. h 文件，也可以使用工程中之前配置好的 rtconfig. h 文件。

附录 B　AHL-STM32L431 引出脚

AHL-STM32L431 有 73 个引出脚，见表 B-1。大部分是 MCU 的引脚直接引出，有的引脚功能被固定下来。在进行具体应用的硬件系统设计时请查阅此表。

表 B-1　AHL-STM32L431 的引出脚复用功能

编号	特定功能	MCU 引脚名	复用功能
1	GND	GND	
2		PTC9	TSC_G4_IO4/SDMMC1_D1
3		PTC8	TSC_G4_IO3/SDMMC1_D0
4		PTC7	TSC_G4_IO2/SDMMC1_D7
5		PTC6	TSC_G4_IO1/SDMMC1_D6
6		PTC5	COMP1_INP/ADC1_IN14/WKUP5/USART3_RX
7		PTC4	COMP1_INM/ADC1_IN13/USART3_TX
8	用户串口	PTA3	**UART_2_RX(UART_User)**
9	GND	GND	
10	用户串口	PTA2	**UART_2_TX(UART_User)**
11		PTB1	COMP1_INM/ADC1_IN16/TIM1_CH3N/USART3_RTS_DE/LPUART1_RTS_DE/QUADSPI_BK1_IO0/LPTIM2_IN1/
12		PTB0	ADC1_IN15/TIM1_CH2N/SPI1_NSS/USART3_CK/QUADSPI_BK1_IO1/COMP1_OUT/SAI1_EXTCLK
13	调试串口	PTC11	**UART_3_RX（UART_Debug，BIOS 保留使用）**
14	调试串口	PTC10	**UART_3_TX（UART_Debug，BIOS 保留使用）**
15		PTA7	ADC1_IN12/IM1_CH1N/I2C3_SCL/SPI1_MOSI/QUADSPI_BK1_IO2/COMP2_OUT
16		PTA6	ADC1_IN11/TIM1_BKIN/SPI1_MISO/COMP1_OUT/USART3_CTS/LPUART1_CTS/QUADSPI_BK1_IO3/TIM1_BKIN_COMP2/TIM16_CH1
17	GND	GND	
18	GND	GND	
19	GNSS-ANT		GPS/北斗天线接入（保留）
20	GND	GND	
21		PTA5	COMP1_INM/COMP2_INM/ADC1_IN10/DAC1_OUT2/TIM2_CH1/TIM2_ETR/SPI1_SCK/LPTIM2_ETR
22		PTA15	JTDI/TIM2_CH1/TIM2_ETR/USART2_RX/SPI1_NSS/SPI3_NSS/USART3_RTS_DE/TSC_G3_IO1/SWPMI1_SUSPEND
23		PTB3	COMP2_INM/JTDO-TRACESWO/TIM2_CH2/SPI1_SCK/SPI3_SCK/USART1_RTS_DE/SAI1_SCK_B
24		PTB4	COMP2_INP/NJTRST/I2C3_SDA/SPI1_MISO/SPI3_MISO/USART1_CTS/TSC_G2_IO1/SAI1_MCLK_B
25		PTB5	LPTIM1_IN1/I2C1_SMBA/SPI1_MOSI/SPI3_MOSI/USART1_CK/TSC_G2_IO2/COMP2_OUT/SAI1_SD_B/TIM16_BKIN
26	GND	GND	
27		PTB6	COMP2_INP/LPTIM1_ETR/I2C1_SCL/USART1_TX/TSC_G2_IO3/SAI1_FS_B/TIM16_CH1N
28		PTB14	TIM1_CH2N/I2C2_SDA/SPI2_MISO/USART3_RTS_DE/TSC_G1_IO3/SWPMI1_RX/SAI1_MCLK_A/TIM15_CH1
29		PTB15	RTC_REFIN/TIM1_CH3N/SPI2_MOSI/TSC_G1_IO4/SWPMI1_SUSPEND/SAI1_SD_A/TIM15_CH2

（续）

编号	特定功能	MCU 引脚名	复用功能
30		PTB13	TIM1_CH1N/I2C2_SCL/SPI2_SCK/USART3_CTS/LPUART1_CTS/TSC_G1_IO2/SWPMI1_TX/SAI1_SCK_A/TIM15_CH1N
31		PTB12	TIM1_BKIN/TIM1_BKIN_COMP2/I2C2_SMBA/SPI2_NSS/USART3_CK/LPUART1_RTS_DE/TSC_G1_IO1/SWPMI1_IO/SAI1_FS_A/TIM15_BKIN
32	GND	GND	
33	保留		保留无线通信模组的天线接入使用
34	GND	GND	
35	GND	GND	
36	P3V3_ME		输出检测用 3.3 V
37		PTA8	MCO/TIM1_CH1/USART1_CK/SWPMI1_IO/SAI1_SCK_A/LPTIM2_OUT/
38		PTB11	TIM2_CH4/I2C2_SDA/USART3_RX/LPUART1_TX/QUADSPI_BK1_NCS/COMP2_OUT
39		PTB10	TIM2_CH3/I2C2_SCL/SPI2_SCK/USART3_TX/LPUART1_RX/TSC_SYNC/QUADSPI_CLK/COMP1_OUT/SAI1_SCK_A
40		PTA4	COMP1_INM/COMP2_INM/ADC1_IN9/DAC1_OUT1/SPI1_NSS/SPI3_NSS/USART2_CK/SAI1_FS_B/LPTIM2_OUT
41		PTH1	OSC_OUT
42		PTH0	OSC_IN
43	GND	GND	
44		PTA1	OPAMP1_VINM/COMP1_INP/ADC1_IN6/TIM2_CH2/I2C1_SMBA/SPI1_SCK/USART2_RTS_DE/TIM15_CH1N
45		PTA0	OPAMP1_VINP/COMP1_INM/ADC1_IN5/RTC_TAMP2/WKUP1/TIM2_CH1/USART2_CTS/COMP1_OUT/SAI1_EXTCLK/TIM2_ETR
46		PTC1	ADC1_IN2/LPTIM1_OUT/I2C3_SDA/LPUART1_TX
47		PTC0	ADC1_IN1/LPTIM1_IN1/I2C3_SCL/LPUART1_RX/LPTIM2_IN1
48		PTC2	ADC1_IN3/LPTIM1_IN2/SPI2_MISO
49		PTC3	ADC1_IN4/LPTIM1_ETR/SPI2_MOSI，SAI1_SD_A/LPTIM2_ETR
50	RESET	NRST	
51	GND	GND	
52	GND	GND	
53	保留		
54	蓝灯引脚	PTB9	IR_OUT/I2C1_SDA/SPI2_NSS/CAN1_TX/SDMMC1_D5/SAI1_FS_A
55	绿灯引脚	PTB8	I2C1_SCL/CAN1_RX/SDMMC1_D4/SAI1_MCLK_A/TIM16_CH1
56	红灯引脚	PTB7	COMP2_INM/PVD_IN/LPTIM1_IN2/I2C1_SDA/USART1_RX/TSC_G2_IO4
57	RST	NRST	
58	SWD_DIO	PTA13	JTMS-SWDIO/IR_OUT/SWPMI1_TX/SAI1_SD_B
59		PTD2	USART3_RTS_DE/TSC_SYNC/SDMMC1_CMD
60	GND	GND	
61		PTC12	SPI3_MOSI/USART3_CK/TSC_G3_IO4/SDMMC1_CK
62	SWD_CLK	PTA14	JTCK-SWDCLK/LPTIM1_OUT/I2C1_SMBA/SWPMI1_RX/SAI1_FS_B
63	GND	GND	
64	3.3 V		3.3 V 输出（150 mA）
65	GND	GND	

（续）

编号	特定功能	MCU 引脚名	复用功能
66	5 V 输入		
67	5 V 输入		
68	GND	GND	
69		PTC13	RTC_TAMP1/RTC_TS/RTC_OUT/WKUP2
70		PTA12	TIM1_ETR/PI1_MOSI/USART1_RTS_DE/CAN1_TX
71		PTA11	TIM1_CH4/TIM1_BKIN2/SPI1_MISO/COMP1_OUT/USART1_CTS/CAN1_RX/TIM1_BKIN2_COMP1
72		PTA10	TIM1_CH3/I2C1_SDA/USART1_RX/SAI1_SD_A
73		PTA9	TIM1_CH2/I2C1_SCL/USART1_TX/SAI1_FS_A/TIM15_BKIN

附录 C　AHL-STM32L431 使用过程中的常见问题及解决办法

1. 一般下载错误

“**连接 GEC**”时，提示“**已连接串口 COMx，但未找到设备**”，如图 C-1 所示。出现该提示的原因可能是：①USB 串口未连接终端设备；②USB 串口驱动问题；③终端程序未执行。

图 C-1　连接 GEC 出错

此时，按照以下步骤检查。

1）检测终端设备是否在运行。处于运行状态的终端模块指示灯处于闪烁状态。若未运行，可尝试给终端重新上电，此时，若指示灯闪烁，单击“重新连接 GEC”按钮，若提示“成功连接 GEC-xxxx(COMx)”，表示串口连接成功。

2）检测 USB 串口线是否连接至终端。可能存在串口线松动的情况。可重新连接串口线，单击“重新连接 GEC”按钮，若提示“成功连接 GEC-xxxx(COMx)”，则表示串口连接成功。

3）若经过以上步骤均不能检测到终端设备，可能是串口驱动问题。可右击“我的电脑(Windows 10 系统为“此电脑”)”，选择“管理”命令，单击“设备管理器”项，打开 端口 (COM 和 LPT) 查看串口驱动情况。可以尝试更新驱动。若有蓝牙串口等，应该删除。

特别提示：只有在设备管理器中查到串口正常，才能正常工作。

2. 特殊下载错误

若因用户程序中断使用不当或未知原因，导致无法进入下载串口中断服务例程，从而无法下载程序，在串口连接正常的情况下，按照正常速度按下**复位按钮六次以上，绿灯闪烁，这是可下载程序的状态，重新连接 GEC，一般情况下即可正常下载。**

参考文献

[1] 王宜怀，史洪玮，孙锦中，等．嵌入式实时操作系统：基于RT-Thread的EAI&IoT系统开发［M］．北京：机械工业出版社，2021.

[2] 邱祎，熊谱翔，朱天龙．嵌入式实时操作系统：RT-Thread设计与实现［M］．北京：机械工业出版社，2019.

[3] 王宜怀，朱仕浪，姚望舒．嵌入式实时操作系统MQX应用开发技术［M］．北京：电子工业出版社，2014.

[4] The Free Software Foundation Inc. Using as the GNU assembler［Z］. Version 2. 11. 90，2012.

[5] RANDAL E B，DAVID R，HALLARON O. Computer systems：a programmer's perspective［M］. 3rd ed. Pittsburgh：Carnegie Mellon University，2016.

[6] ARM. Armv7-M Architecture Reference Manual［Z］. 2014.

[7] ARM. Arm Cortex M4 Processor Technical Reference Manual［Z］. 2015

[8] NATO Communications and Information Systems Agency. NATO standard for development of reusable software components［S］. 1991.

[9] 姚文祥．Arm Cortex-M3与Cortex-M4权威指南：第3版［M］．吴常玉，曹孟娟，王丽红，译．北京：清华大学出版社，2015.

[10] 王宜怀，李跃华，徐文彬，等．嵌入式技术基础与实践［M］．6版．北京：清华大学出版社，2021.

[11] 王宜怀，张建，刘辉，等．窄带物联网NB-IoT应用开发共性技术［M］．北京：电子工业出版社，2019.

[12] STMicroelectronics. STM32L431xx Datasheet［Z］. 2018.

[13] STMicroelectronics. STM32L4xx Reference manual［Z］. 2018.

[14] GANSSLE J. The art of designing embedded systems［M］. 2nd ed. Burlington：Newnes，2008.

[15] 张海藩，牟永敏．软件工程导论［M］．6版．北京：清华大学出版社，2013.

[16] 王万良．人工智能导论［M］．5版．北京：高等教育出版社，2020.

[17] Allwinner Technology Co.，Ltd. D1-HUser Manual［Z］. 2022.

[18] Allwinner Technology Co.，Ltd. D1-HDatasheet［Z］. 2022.